浙江省普通高校“十三五”新形态教材

计算机网络实验教程

主　编　陈　潮　黄安安
副主编　周胜利

扫一扫，下载本书课件

西南交通大学出版社
·成　都·

内容简介

本书是“计算机网络”课程配套的实验教材，以 Cisco Packet Tracer 软件为实验平台，全书分为 3 个部分。第一部分介绍 Cisco Packet Tracer 软件；第二部分介绍常用网络设备的配置与管理；第三部分按照 TCP/IP 协议体系的层次，从低层到高层进行介绍，每层设计若干个实验，最后设计两个综合实验，全书共设计实验 19 个，覆盖计算机网络的常用网络设备配置和常用网络协议分析的知识。

本书可作为普通高等学校计算机、通信、网络空间安全等相关专业“计算机网络”课程的配套实验教材，也可作为各类培训机构相关课程的实验教材或实验教学参考书。

图书在版编目（CIP）数据

计算机网络实验教程 / 陈潮，黄安安主编. — 成都：西南交通大学出版社，2022.8

浙江省普通高校“十三五”新形态教材

ISBN 978-7-5643-8872-0

Ⅰ. ①计… Ⅱ. ①陈… ②黄… Ⅲ. ①计算机网络－实验－高等学校－教材 Ⅳ. ①TP393-33

中国版本图书馆 CIP 数据核字（2022）第 154504 号

浙江省普通高校“十三五”新形态教材

Jisuanji Wangluo Shiyan Jiaocheng

计算机网络实验教程

主 编 / 陈 潮 黄安安

责任编辑 / 张少华

封面设计 / 吴兵

西南交通大学出版社出版发行

（四川省成都市金牛区二环路北一段 111 号西南交通大学创新大厦 21 楼 610031）

发行部电话：028-87600564

网址：http://www.xnjdcbs.com

印刷：四川煤田地质制图印务有限责任公司

成品尺寸 185 mm×240 mm

印张 17.75 字数 356 千

版次 2022 年 8 月第 1 版

印次 2022 年 8 月第 1 次

书号 ISBN 978-7-5643-8872-0

定价 48.00 元

课件咨询电话：028-81435775

图书如有印装质量问题 本社负责退换

前　言

2014年2月27日，在中央网络安全和信息化领导小组第一次会议上，习近平总书记在谈到国家安全观时强调："没有网络安全就没有国家安全。"网络安全事关国家安全、社会安全和人民福祉。网络安全问题已经引起世界各国的高度重视，各国都投入大量的人力、物力和财力进行网络安全人才的培养，而"计算机网络"是网络安全专业技术人员需要掌握的一门基础课程，因此有必要进行计算机网络课程配套教材的研发。计算机网络是一门理论与实践紧密结合的信息技术基础课程，理论知识点比较抽象、晦涩难懂，需要通过大量的实验验证来加深学生对网络设备的工作原理和网络协议的理解。Cisco Packet Tracer是思科公司开发的一款计算机网络仿真软件，为教学提供计算机网络的设计、配置和排除故障等仿真环境，通过动画的形式来展示网络数据包的封装和传输过程，方便学生观察和分析，能够提高课堂教学的趣味性，从而使学生更好地掌握计算机网络知识和技能。

本书实验内容主要包括常用网络设备的配置和常用网络协议的分析两大部分，分为7章，共19个实验。第1章介绍Cisco Packet Tracer的下载、安装和基本操作方法。第2章介绍常用网络设备的配置方法。第3章介绍数据链路层协议，包含交换机的工作原理、生成树协议、虚拟局域网和三层交换机实现VLAN间路由4个实验。第4章介绍网络层协议，包含MAC地址、IP地址与ARP协议，IP协议，ICMP协议，路由协议，路由器实现VLAN间路由5个实验。第5章介绍运输层协议，包含运输层端口号和TCP的连接管理2个实验。第6章介绍应用层协议，包含域名解析、DHCP协议、HTTP协议和电子邮件协议4个实验。第7章包含2个综合实验，校园网络规划与实现、无线网络。本实验教材搭配"计算机网络"课程教材使用，建议实验课时为32课时，任课教师可根据课程课时情况，进行适当增删。

本书的主要特点如下：

（1）使用最新版本的Cisco Packet Tracer 7.0软件，并对Cisco Packet Tracer的基本操作方法进行了详细的介绍，方便学生快速掌握软件的基本使用方法。

（2）本书内容包括常用网络设备的配置和常用网络协议的分析，集网络硬件与软件于一体，使学生更加全面地掌握计算机网络知识。每个实验对应计算机网络的重要知识点，每个实验都包括基础知识、实验目的、实验拓扑、实验步骤与结果、思考题。实验的组织按照TCP/IP协议体系展开，从简单到复杂，从单一到综合，注重实验之间的关系。

（3）本书是浙江省本科院校“十三五”新形态教材，为了适应“互联网+”教学的需要，为每个实验专门录制了教学视频，供学生在线学习使用。

本书第1章到第5章由陈潮编写，第7章由黄安安编写，第6章由周胜利编写，陈潮负责全书内容的选材和统稿工作。此外，本书所有实验文件均基于Cisco Packet Tracer 7.0版本，请读者在进行实验时使用Packet Tracer 7.0 或以上版本打开实验文件，读者可通过书中二维码下载。

由于作者水平所限，书中难免存在不足和疏漏之处，恳请广大读者和同行批评指正。

作者的联系电子邮箱：chenchaocn@163.com。

作 者

2021 年6 月于杭州

目 录

第 1 章　初识 Packet Tracer

1.1　安装 Packet Tracer

1.1.1　Windows系统的Packet Tracer安装

Windows版本的Packet Tracer分为32位和64位两个版本，根据操作系统的类型选择相应版本进行安装，下面以Windows 10操作系统为例介绍Packet Tracer的安装方法。首先确定操作系统的类型和版本等信息，查看系统类型的方法：桌面上右击此电脑图标，再单击属性，打开系统的基本信息界面，如图1-1所示，在系统类型中显示为64位操作系统，应该下载64位的Packet Tracer软件，文件名为PacketTracer-7.3.0-win64-setup.exe。

图1-1　系统的基本信息界面

双击PacketTracer-7.3.0-win64-setup.exe文件，进入安装界面，如图1-2所示，选择接受协议。

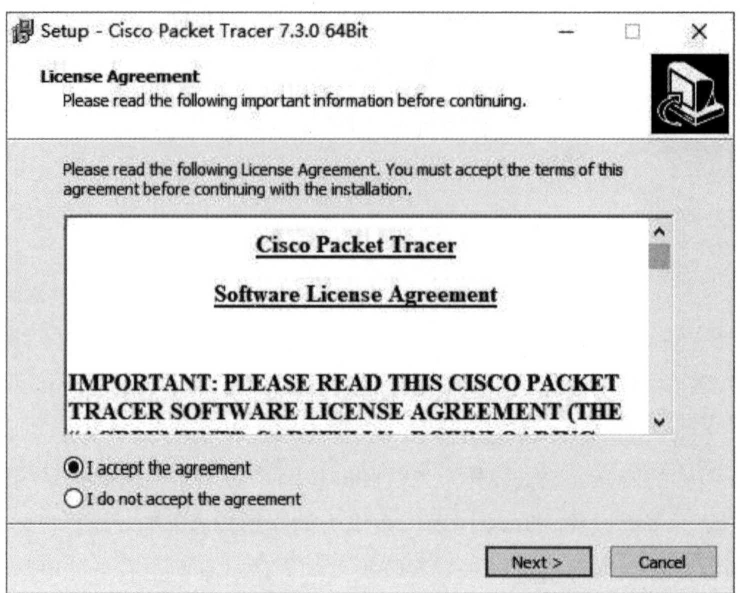

图1-2　协议界面

在图1-3所示的界面中配置软件的安装路径，默认安装在C:\Program Files文件夹中，Packet Tracer允许在一台计算机中安装多个版本的Packet Tracer软件，在安装路径中以不同的版本号以显区别，本例安装的是7.3.0版本。

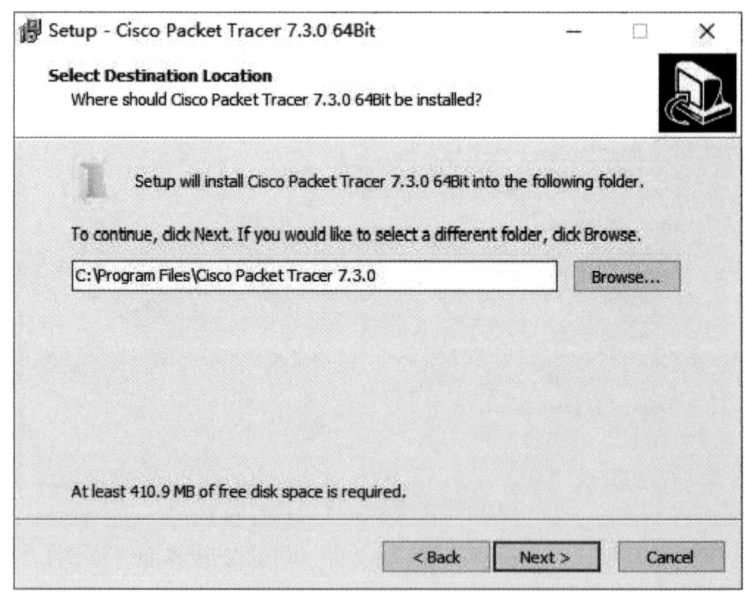

图1-3　配置安装路径

在图1-4所示界面中配置在开始菜单中显示的程序名称，默认为Cisco Packet Tracer，用户也可以根据需要自行配置。

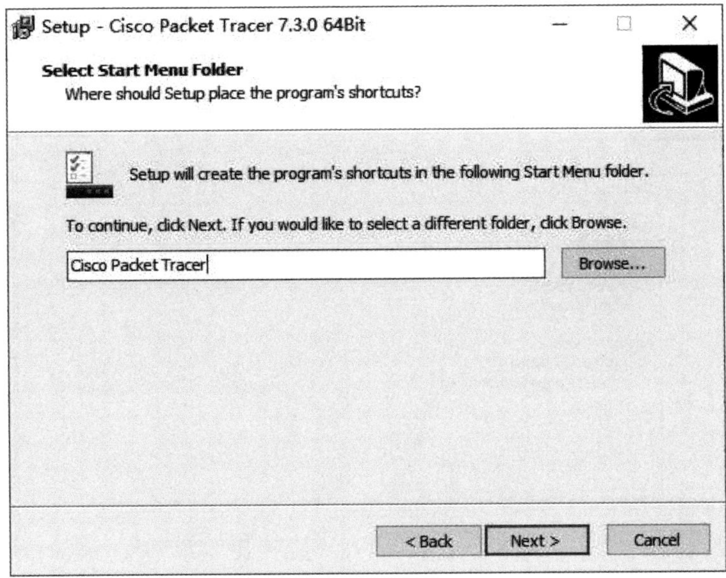

图1-4　开始菜单程序名称

在图1-5所示的界面中配置是否创建快捷方式图标，默认会创建桌面快捷图标，用户也可以选择创建快速启动栏图标。

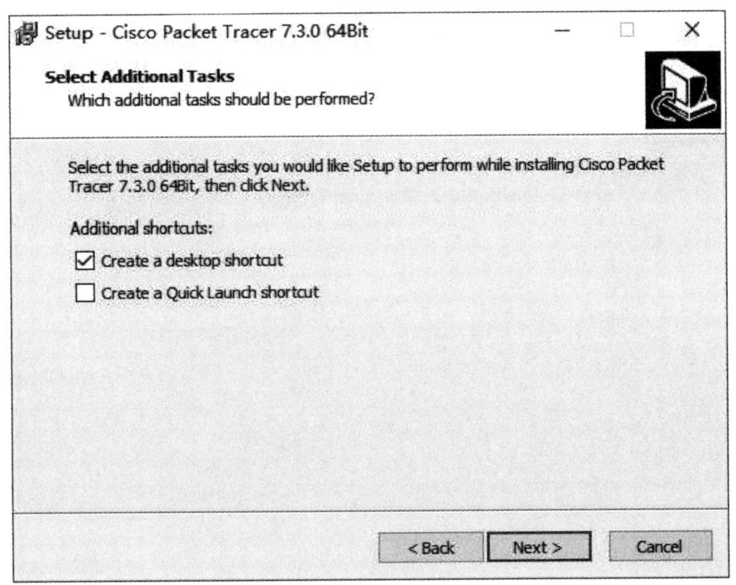

图1-5　配置快捷图标

在图1-6所示的界面中确认前面步骤中的配置信息，若需要修改配置信息，则单击“Back”返回上步骤重新进行配置，若确认配置信息无误，则单击“Install”进行安装。

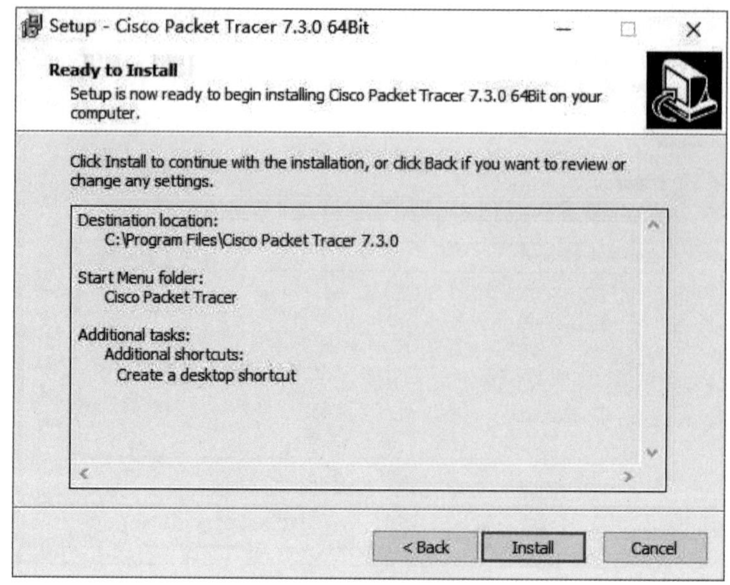

图1-6　确认安装配置

安装过程如图1-7所示，安装结束如图1-8所示，用户可选择是否运行Packet Tracer软件，默认安装完成后运行Packet Tracer软件。

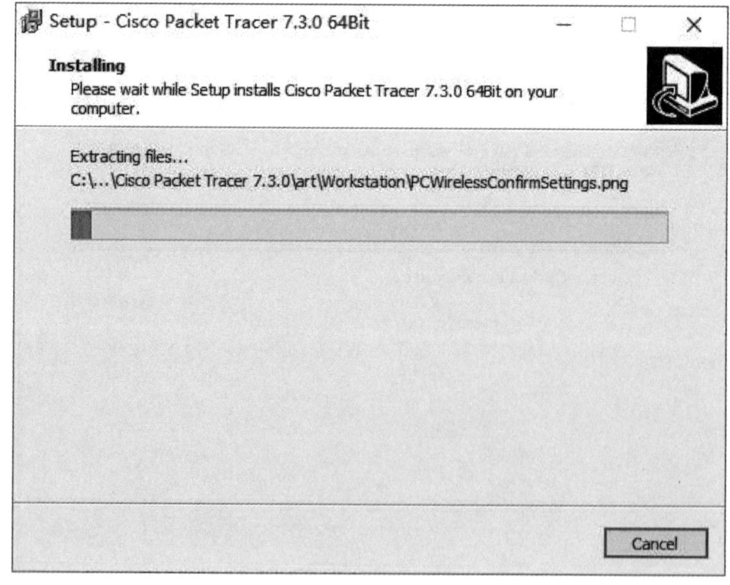

图1-7　安装过程

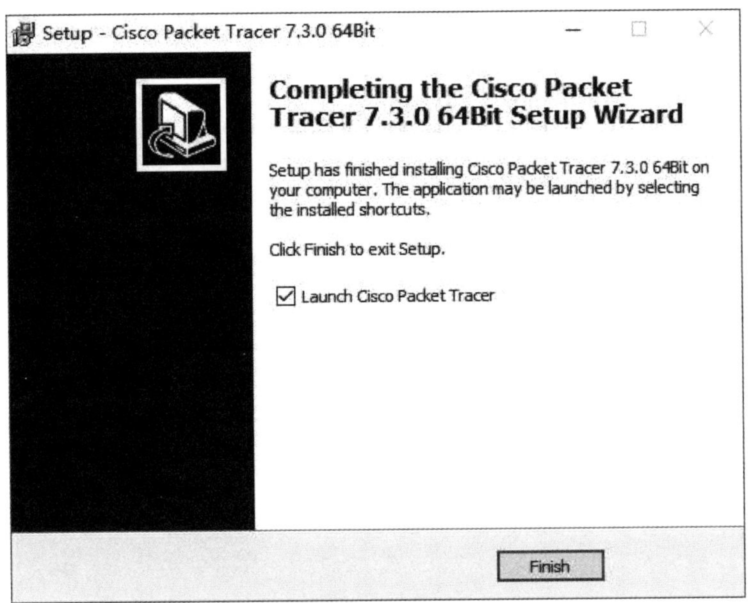

图1-8　安装完成

1.1.2 MAC OS系统的Packet Tracer安装

由于苹果应用程序商店中未提供Packet Tracer软件的安装，因此需要先下载MAC OS版本的Packet Tracer软件，在错误!未找到引用源。所示的下载页面的MAC OS桌面版本中，双击PacketTracer730_mac.dmg文件，进入安装界面，如图1-9所示，单击继续。

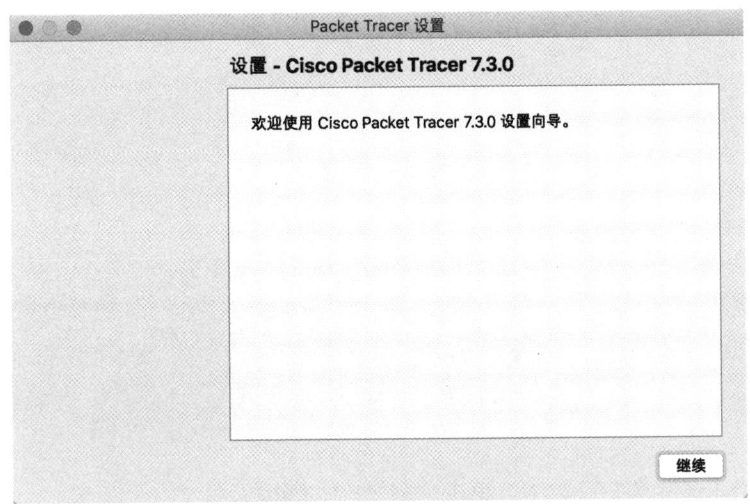

图1-9　Packet Tracer设置

许可协议如图1-10所示，单击“我接受此许可”，再单击“继续”，继续安装。

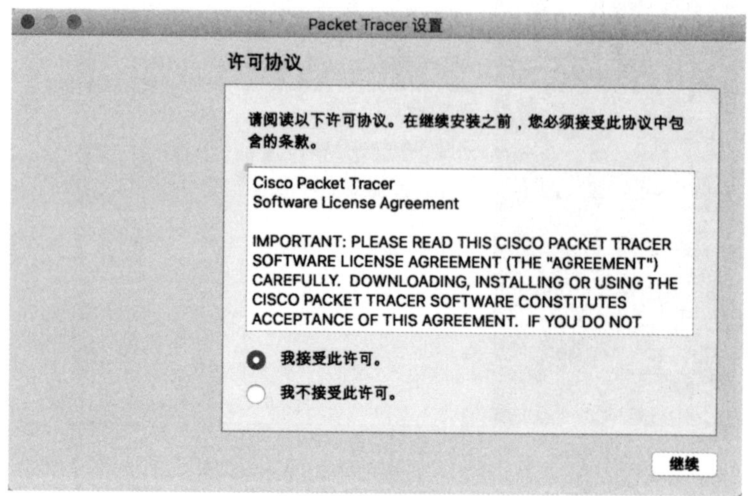

图1-10　Packet Tracer设置

完成安装准备工作如图1-11所示，单击“安装”，开始安装。

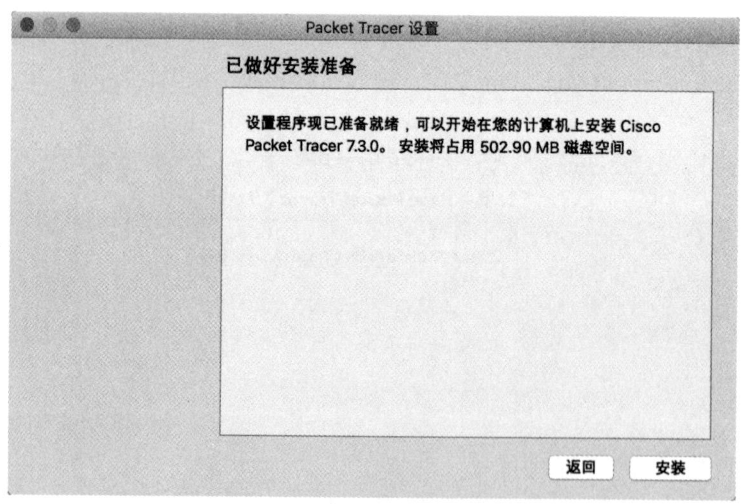

图1-11　Packet Tracer设置

创建维护工具如图1-12所示，单击“继续”，继续安装。

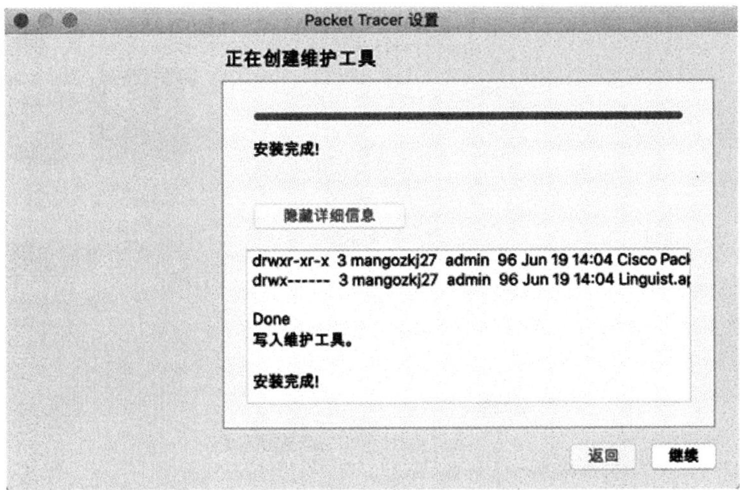

图1-12　Packet Tracer设置

完成Cisco Packet Tracer 7.3.0向导如图1-13所示，单击“完成”，即可完成软件安装。

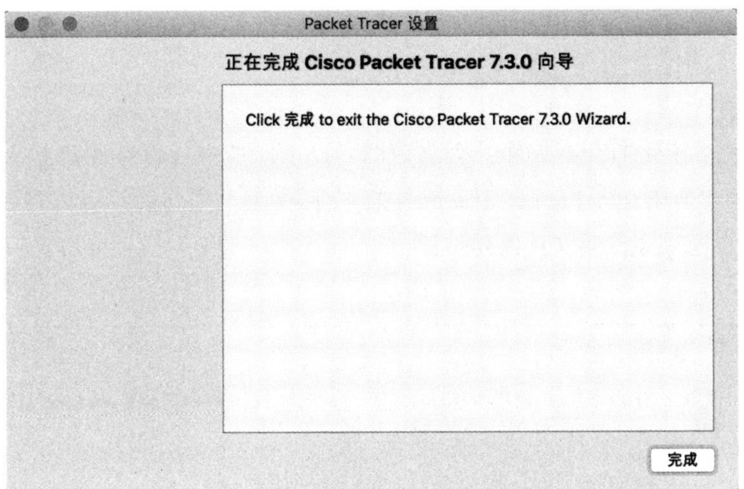

图1-13　Packet Tracer设置

1.1.3 iOS系统的Packet Tracer安装

iPhone和iPad用户可通过App Store安装移动版Packet Tracer软件，打开App Store搜索Cisco Packet Tracer Mobile，点击“获取”进行安装，过程如图1-14所示。

注意：移动版本Packet Tracer的功能较少，目前版本是3.0，建议使用基于计算机版本的Packet Tracer。

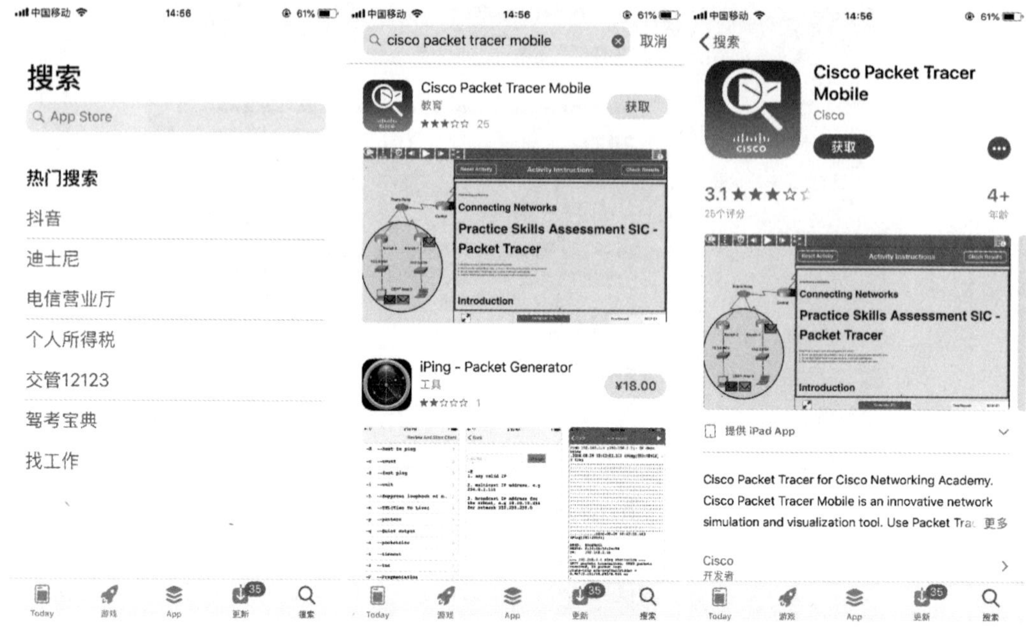

图1-14　App Store安装Packet Tracer

1.2 配置Packet Tracer

首次使用Packet Tracer软件，会出现图1-15所示的文件保存路径提示，默认保存在C:/Users/用户名/Cisco Packet Tracer 7.3.0文件夹下，用户后续可以在Option菜单的“Preferences”选项中修改文件保存路径。

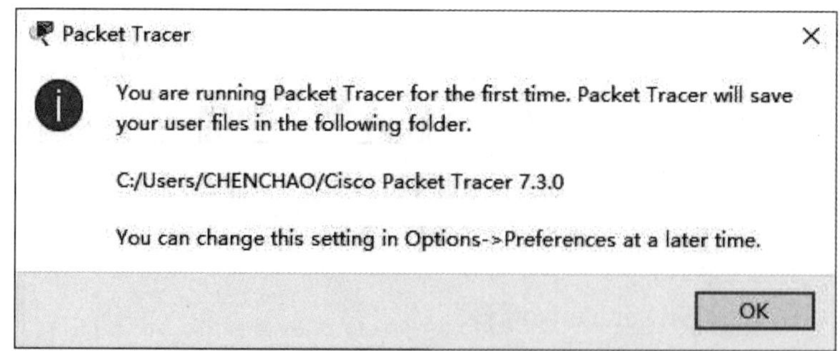

图1-15　文件保存路径提示

图1-16所示为Packet Tracer软件的启动界面，显示思科网络技术学院的介绍信息和版本信息。

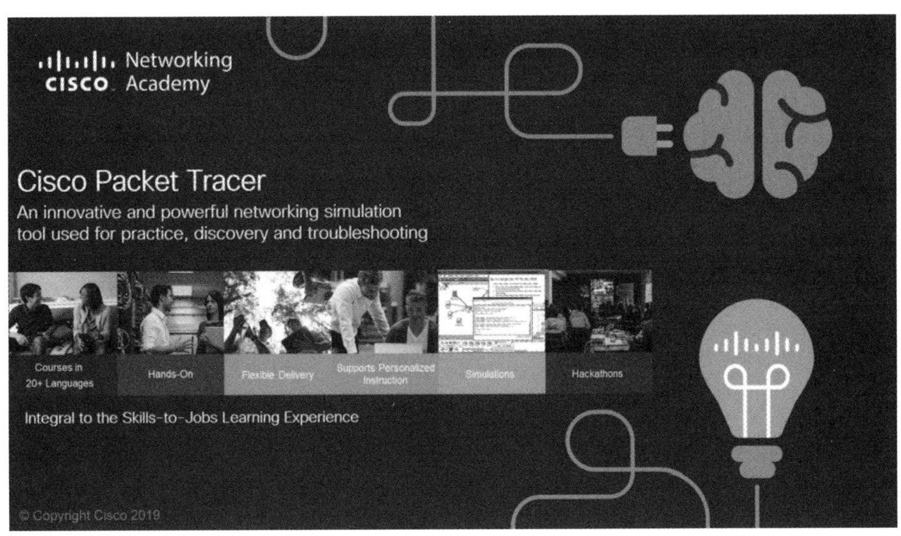

图1-16　启动界面

启动软件后，Packet Tracer软件显示登入界面，如图1-17所示，用户输入用户名和密码登入思科网络技术学院。若未注册思科网络技术学院账号，也可以采用Guest方式，单击右下角的“Guest Login”，大概15秒后，单击图1-18右下角的“Confirm Guest”确认。

注意：若采用Guest模式使用Packet Tracert软件，不仅登入时有15秒的等待时间，同时对文件的保存次数有限制，超过保存次数后，将无法保存文件，因此建议注册思科网络技术学院账号或安装第三方的去除登入限制补丁。

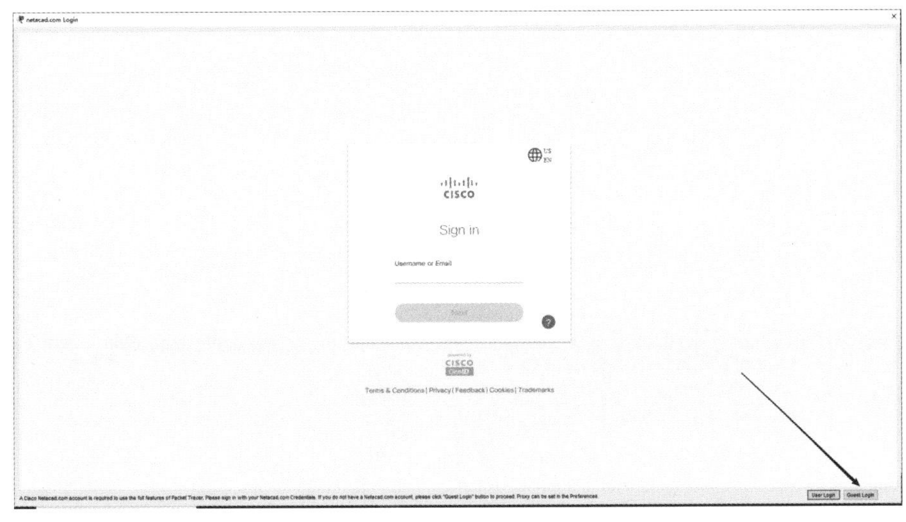

图1-17　登入界面

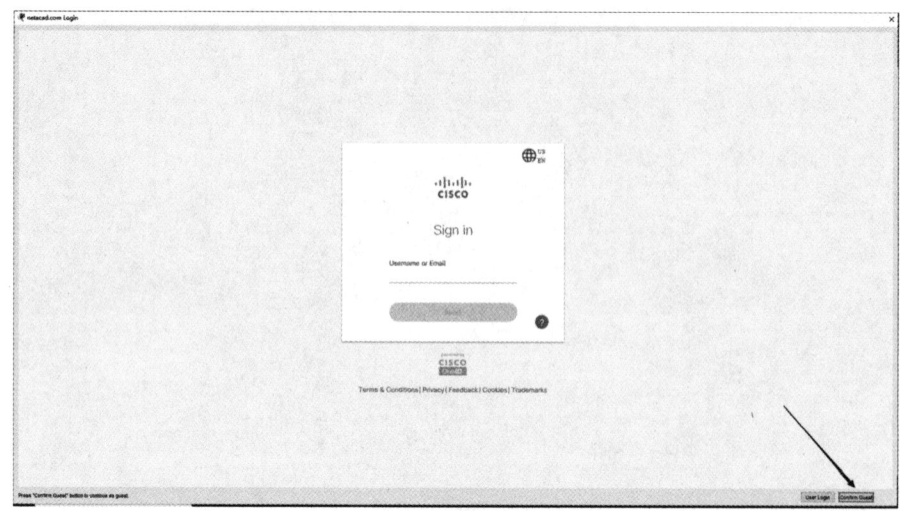

图1-18　访客模式

Packet Tracer的工作界面如图1-19工作界面所示，主要包括菜单栏、主工具栏、常用工具栏、逻辑物理工具区导航栏、工作区、实时/仿真工具栏、设备类型选择框、设备选择框和数据包窗口等，功能描述如表1-1所示。

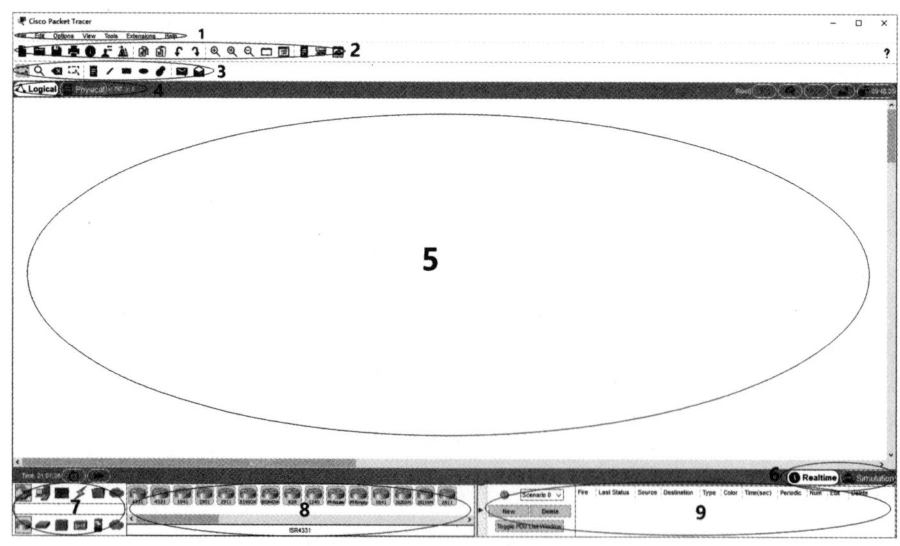

图1-19　工作界面

表1-1　工作界面功能描述

编号	名称	功能描述
1	菜单栏	包括文件（File）、编辑（Edit）、选项（Option）、视图（View）、工具（Tools）、扩展（Extensions）和帮助（Help）七个子菜单，主要功能包括文件的新建、打开、保存和打印、软件配置、视图配置、活动向导等
2	主工具栏	为常用菜单命令提供快捷图标
3	常用工具栏	为工作区的常用命令提供快捷图：选择、检查、删除、调整形状大小、注释、调色板、添加简单PDU和添加复杂PDU
4	逻辑/物理工作区导航栏	实现物理工作区和逻辑工作区之间切换。在逻辑工作区中，提供返回到群集中的上一个级别、创建新群集、移动对象、设置平铺背景和视口等功能。在物理工作区中，提供浏览物理位置、创建新城市、创建新建筑物、创建新机柜、移动对象和设置背景等功能
5	工作区	提供创建网络、观察仿真、查看各种信息和统计数据等功能
6	实时/仿真工具栏	实现实时模式和仿真模式之间切换。提供了“重新启动设备”和“快进时间”按钮，以及“模拟模式”中的“播放控制”按钮和“事件列表”切换按钮，还包含一个时钟，该时钟在实时模式和模拟模式下显示相对时间
7	设备类型选择框	提供各种设备类型的选择，中间有一个搜索框可以直接搜索特定设备
8	设备选择框	提供用户需要使用的具体设备
9	数据包窗口	在仿真模式下实现对数据包的管理

数据包窗口通过如图1-20标注的箭头进行隐藏与显示，也可以通过左侧边框拖动调整大小。

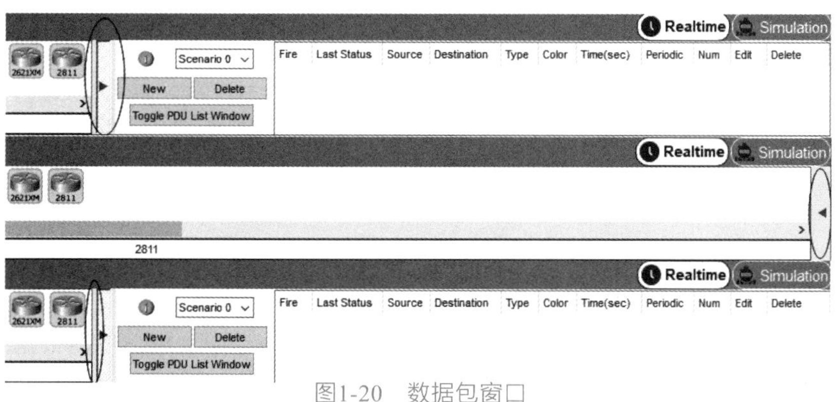

图1-20　数据包窗口

Packet Tracer具有逻辑与物理两个工作区和实时与模拟仿真两个模式，启动后，默认处于实时模式下的逻辑工作区，构建网络后，可以在实时模式下查看配置信息，也可以切换到仿真模式观察网络运行的细节，同时还可以切换到物理工作区安排网络设备的物理位置。

Packet Tracer默认的保存文件格式为.pkt，若希望将逻辑工作区和物理工作区的所有自定义设备图标和背景保存，则可以保存为.pkz格式文件。.pkz文件可以将.pkt文件和其他格式文件保存为一个.pkz文件，从而方便在计算机之间进行复制和移动。要创建.pkz文件，单击“File→Save As Pkz”，输入pkz的文件名，然后单击“保存”，在“Pkz-Select Files”对话框中，如图1-21所示，可以添加和删除要与pkt一起保存的文件。要添加文件，单击“Add”按钮并浏览到要添加的文件，然后单击打开。要删除文件，可以从列表中选择文件，然后单击“Remove”，完成添加和删除文件后，单击“OK”以创建.pkz文件。

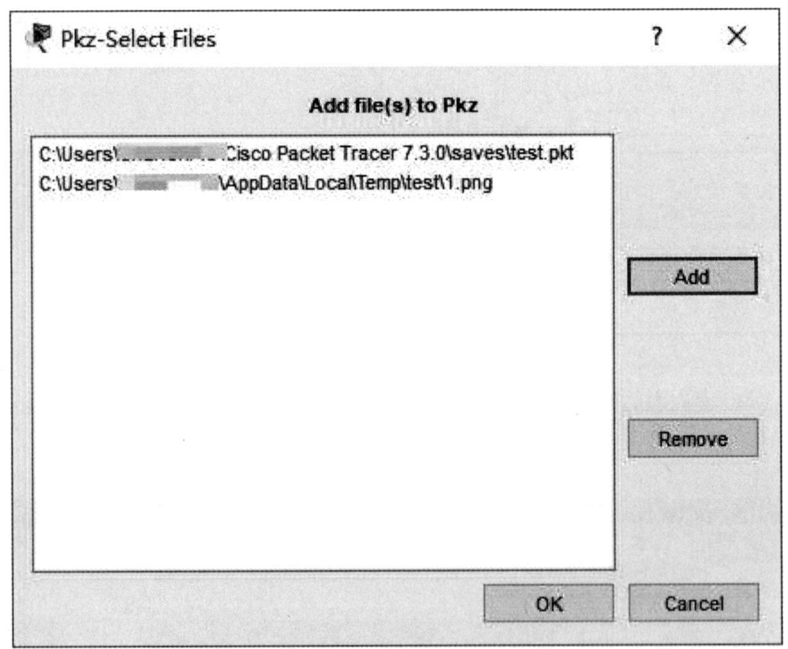

图1-21 保存为.pkz文件

1.2.1 菜单栏

Packet Tracer菜单栏的配置主要在Options/Preferences中，用户可以根据个人的偏好对Packet Tracer软件进行个性化设置，如图1-22所示，包括九个设置面板。

Interface面板的配置包括个人偏好设置、日志、语言和色彩方案4个部分：

（1）Customiza User Experience：个人偏好设置各部分的功能如表1-2所示，用户可以根据个人的爱好进行选择设置。

（2）Logging：日志功能方便用户导出日志。

（3）Select Language：语言设置中，用户需要下载语言包，复制到C:\Program Files\Cisco Packet Tracer 7.3.0\languages路径下，在图1-22的语言列表中显示该种语言，选中该语言，单击“Change Language”，重新启动Packet Tracer软件，即可完成语言设置。

（4）Color Scheme：色彩方案设置，提供Default、Classic和Slate三种色彩方案，同样需要重新启动Packet Tracer软件，才能生效新色彩方案。

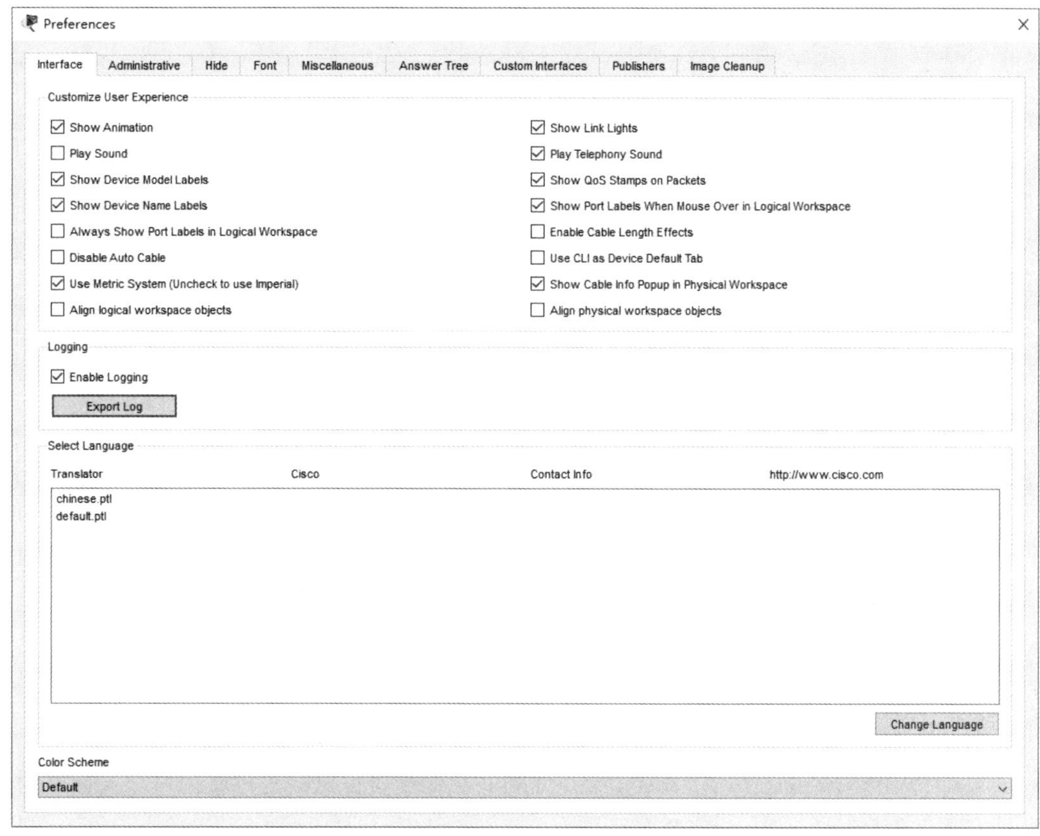

图1-22　Preferences设置

表1-2　用户偏好设置表

功能选项	功能描述
Show Animation	显示动画
Show Link lights	显示连接指示灯
Play Sound	播放声音
Play Telephony Sound	播放电话声音
Show Device Model Labels	显示设备型号标签
Show QoS Stamps on Packets	在数据包上显示QoS标记
Show Device Name Labels	显示设备名称标签
Show Port Labels When Mouse Over in Logical Workspace	在逻辑工作区当鼠标悬浮在设备上时，显示端口标签
Always Show Port Labels in Logical Workspace	在逻辑工作区始终显示端口标签
Enable Cable Length Effects	启动线缆长度限制
Disable Auto Cable	连接设备自动选择线缆功能失效
Use CLI as Device Default Tab	使用CLI作为设备默认选项卡
Use Metric System(Uncheck to use Imperial)	使用公制（取消选中使用英制）
Show Cable Info Popup in Physical Workspace	在物理工作区中显示电缆信息弹出窗口
Align logical workspace object	对齐逻辑工作区对象
Align physical workspace object	对齐物理工作区对象

Administrative面板如图1-23所示，包括密码设置、界面锁定设置、存储配置信息和用户文件夹路径设置四个部分：

（1）Choose Password：密码设置，可以来设置密码防止个人偏好信息被其他用户修改。

（2）Interface Locking：界面锁定设置，用来锁定选项卡和菜单使之功能失效。

（3）Write Options To PT Installed Folder：存储配置信息，可以将用户个人偏好的配置信息存在到Packet Tracer安装路径。

（4）User Folder：用户文件夹路径，用来存储用户保存的Packet Tracer文件，用户可根据需要修改用户文件夹路径。

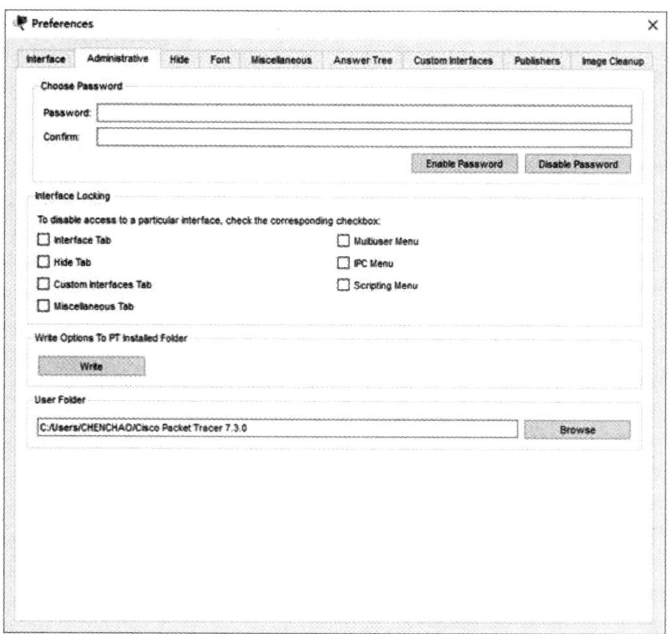

图1-23　Administrative设置

图1-24所示的Hide面板设置中，用户通过勾选来设置选项卡的显示与隐藏，例如设备编辑对话框中的物理、配置、命令行、桌面和网页等选项卡。

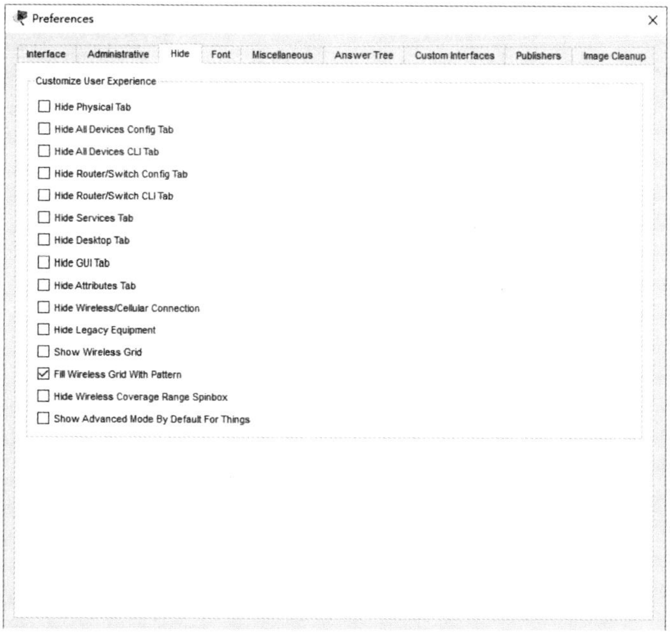

图1-24　Hide设置

图1-25所示的Font面板，用来设计字体的大小和颜色，主要包括四个部分：

（1）Application：程序字体大小设置，通过移动滑动块来设置程序中字体的大小；

（2）Dialogs：对话框设置，用来设置命令行的字体及大小；

（3）General Interface：常规界面设置，用来设置工具提示标签的字体及大小；

（4）Colors：颜色设置，用来设置路由器IOS文字与背景、PC控制台文字与背景、工具提示标签文字与背景的字体颜色。

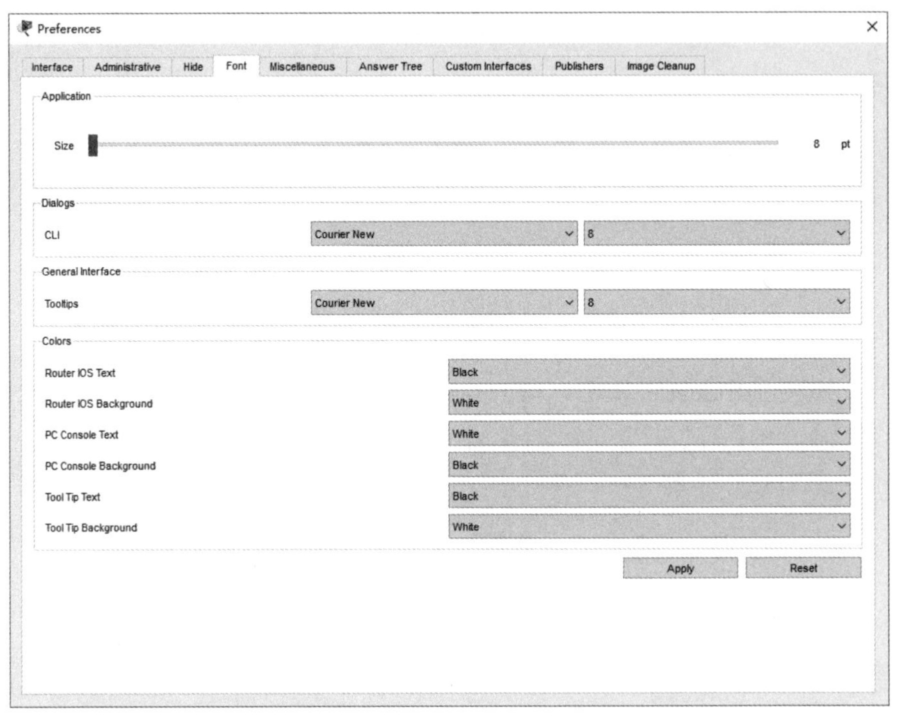

图1-25　Font设置

图1-26所示的Miscellaneous设置中，包括五个功能设置区域：

（1）General：常规设置，用户可以选择是否开启文件自动保存。若开启文件自动保存，可以设置文件自动保存的时间间隔，自动保存的文件格式为.bak，与手动保存的文件在同一个路径，当文件未保存时，将从bak文件恢复并覆盖原文件。开启文件自动保存，Packet Tracer中会出现短暂的暂停，若此功能影响软件的操作，可以不开启该功能。

（2）Simulation-Buffer Full Action：仿真模式下的缓存区设置，当缓存区存储满后，提供提示、自动清除事件列表和自动显示先前事件三个选择，用户可以根据个人偏好进行选择设置。

（3）Simulation-Buffer Behavior：缓存区设置，设置是否只缓存过滤后的事件，当仅缓存过滤后的事件，可以节省缓存空间。

（4）Interface：界面设置，设置是否在Packet Tracer工作区的设备对话框导航时显示设计对话框任务栏。

（5）External Network Access：外部网络访问设置，设置是否允许设备脚本程序访问外部网络。

（6）Proxy Settings：代理设置，用来设置访问网络需要的代理，用户可以根据个人偏好决定是否使用代理访问网络。若使用代理，确保单击“Apply Proxy”以保存配置。

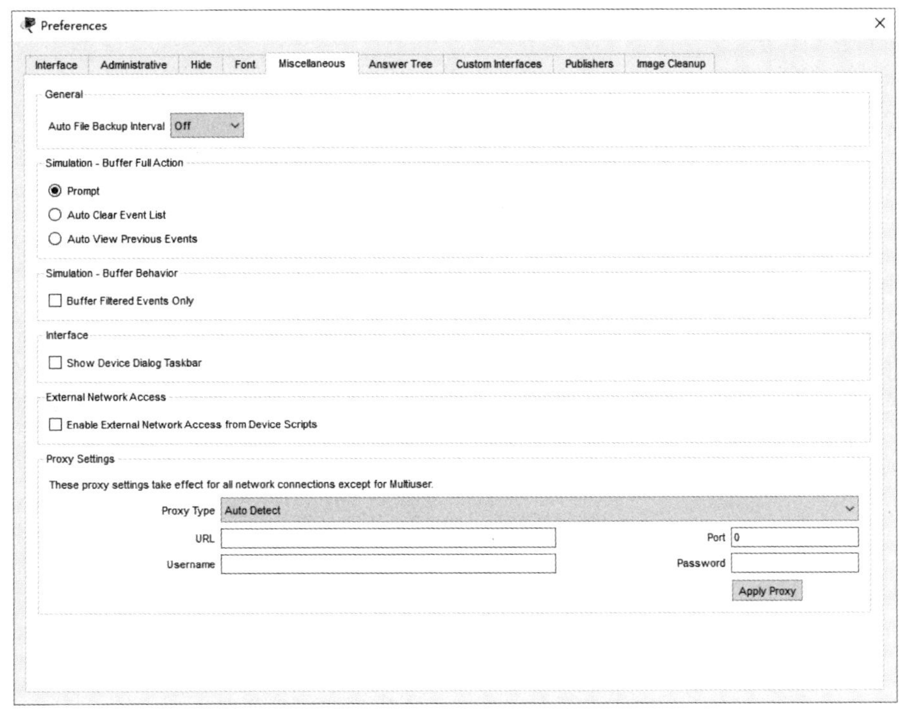

1-26　Miscellaneous设置

图1-27所示的Answer Tree设置中，用户可以设置是否显示路由器设备、交换机设备和终端设备的活动向导节点。

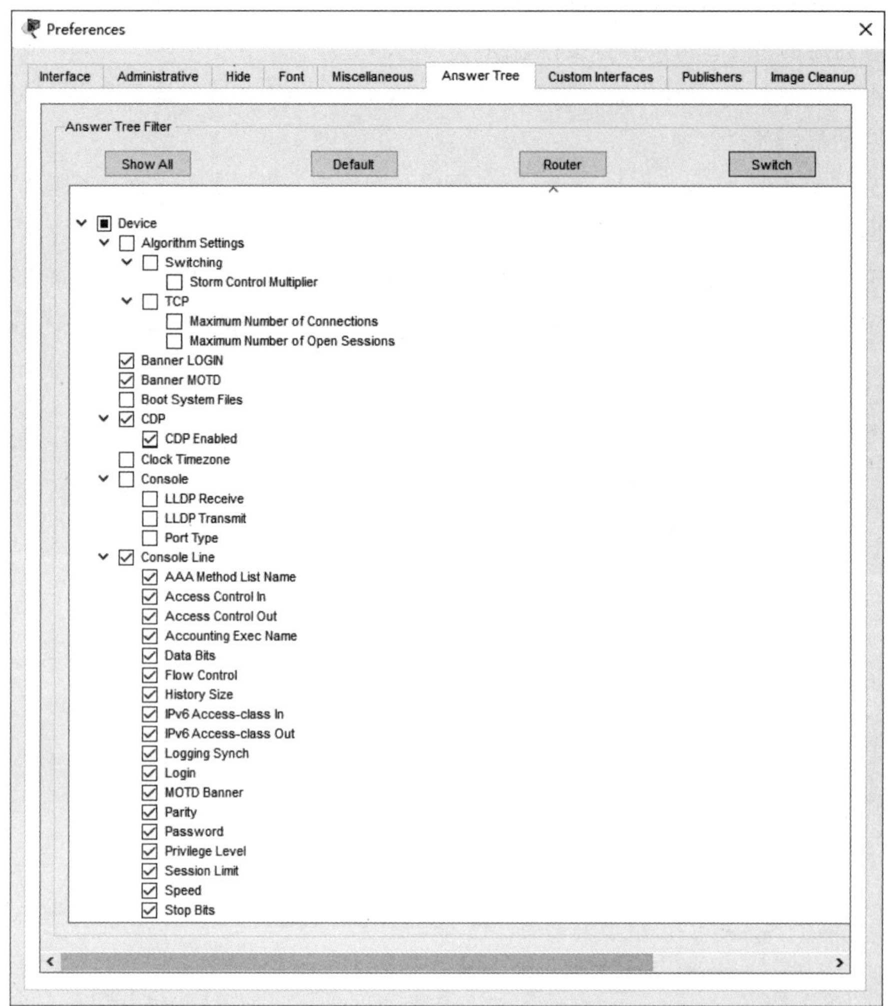

图1-27　Answer Tree设置

其余三个面板的功能较简单，主要功能如下：

（1）Custom Interfaces：界面定制，用户可以根据个人偏好在下拉下表中选择定制。

（2）Publishers：发布设置，来自可信发布者带数字证书签名的exApps、脚本模块和pkt文件将会自动导入或打开，而来自不可信发布者的同样文件将被锁定。

（3）Image Cleanup：图形文件清理，用户可以清理保存在Packet Tracer文件中的图片，以减小文件的大小。

1.2.2　主工具栏

主工具栏默认下由18个快捷图标按钮工具组成，方便用户快速使用菜单栏中的常用命令，具体功能描述如表1-3所示。

表1-3　主工具栏图标功能

工具图标	功能描述	工具图标	功能描述
	新建文件		撤销一步
	打开文件夹		重复一步
	保存文件		放大
	打印文件		重置大小
	网络信息描述		缩小
	用户资料信息		显示查看信息
	活动向导		显示工作区列表
	复制		显示命令日志
	剪切		设备配置对话框

1.2.3　常用工具栏

常用工具栏由11个快捷图标按钮工具组成，主要供用户在操作工作区时使用，主要功能描述如表1-4所示。

表1-4　常用工具栏图标功能

工具图标	功能描述	工具图标	功能描述
	选择工具		画长方形工具
	查看设备信息工具		画椭圆工具

工具图标	功能描述	工具图标	功能描述
	删除工具		画任意形状工具
	调整大小工具		添加简单PDU数据包
	注释工具		添加复杂PDU数据包
	画线工具		

1.2.4 设备类型选择框

设备类型选择框包括5个大类和16个小类的设备组成，具体功能描述如表1-5所示，用户可以通过设备类型来选择相应的设备。

表1-5 设备类型选择框描述

设备大类		设备小类	
	网络设备		路由器
			交换机
			集线器
			无线设备
			安全设备
			广域网仿真设备
	终端设备		终端设备
			家庭设备
			智慧城市设备
			工业设备

设备大类		设备小类	
	终端设备		电网设备
	组件		电路板
			驱动器
			传感器
	连接线		连接线缆
			结构化布线
	其他设备		
	多用户连接		

Packet Tracer提供10种常用的网络设备连接线，供用户选择使用，具体功能描述如表1-6 所示。

表1-6　线缆及其功能描述

线缆图标	线缆名称	功能描述
	自动连接线	根据两端设备接口的情况，自动选择相应的连接线缆，不推荐使用
	配置线	用于在计算机与路由器或交换机之间建立控制台连接，从而实现对路由器或交换机的配置
	直通线	用于不同OSI层次的设备之间的连接，例如交换机与计算机、路由器与集线器
	交叉线	用于相同OSI层次的设备之间的连接，例如集线器与集线器、计算机与计算机
	光纤	用于光纤接口之间建立连接

线缆图标	线缆名称	功能描述
	电话线	用于带有调制解调器端口的设备之间建立连接
	同轴电缆	用于在同轴端口之间建立连接
	串行接口	用于串行端口之间的连接，通常用于广域网的连接，连接时一端使用DCE接口，则另一端使用DTE接口
	八爪电缆	用于提供高密度连接，可同时配置8台网络设备，一端是带8端口异步电缆接口，另一端提供8个RJ-45插头
	IoE定制电缆	用于连接设备、组件、微控制器和单板计算机的电缆，集成接地线，电源线和数据线
	USB电缆	用于连接设备、组件、微控制器和单板计算机，作为数据连接使用

Packet Tracer也提供无线连接，可以在接入点和终端设备之间建立无线连接。要建立连接，只需卸下终端设备上的现有模块，插入无线模块，然后打开设备，设备将自动尝试将自身与接入点进行关联，如果存在2个以上的接入点，终端设备将与首先创建的接入点进行关联。

当连接两个设备时，通常会在连接的两端看到连接指示灯，用户可以通过连接指示灯来判断设备之间的物理连接状态，但是也有个别连接没有连接指示灯，连接指示灯的状态含义如表1-7所示。

表1-7　连接指示灯状态含义

指示灯状态	含义
长亮绿色三角形	表示物理链接已建立，但这并不表示链路上的线路协议状态
闪烁绿色三角形	表示有连接活动
长亮红色三角形	表示物理连接关闭，没有检测到任何信号
琥珀色圆形	表示端口处于阻塞状态，往往是STP的原因
黑色圆形	表示控制台电缆已连接到正确的端口，仅用于控制台连接使用

1.3　使用Packet Tracer

1.3.1　创建一个网络

创建一个由1台计算机与1台域名服务器组成的简单网络，域名服务器实现对域名的解析，具体步骤如下：

步骤1：生成设备。在设备类型框中单击终端设备图标，在设备列表中单击选中PC图标，拖动鼠标到工作区，鼠标变成十字图标，定位到设备放置的位置，单击鼠标，生成1台计算机，如图1-28所示，用同样的方法，在工作区生成1台服务器。

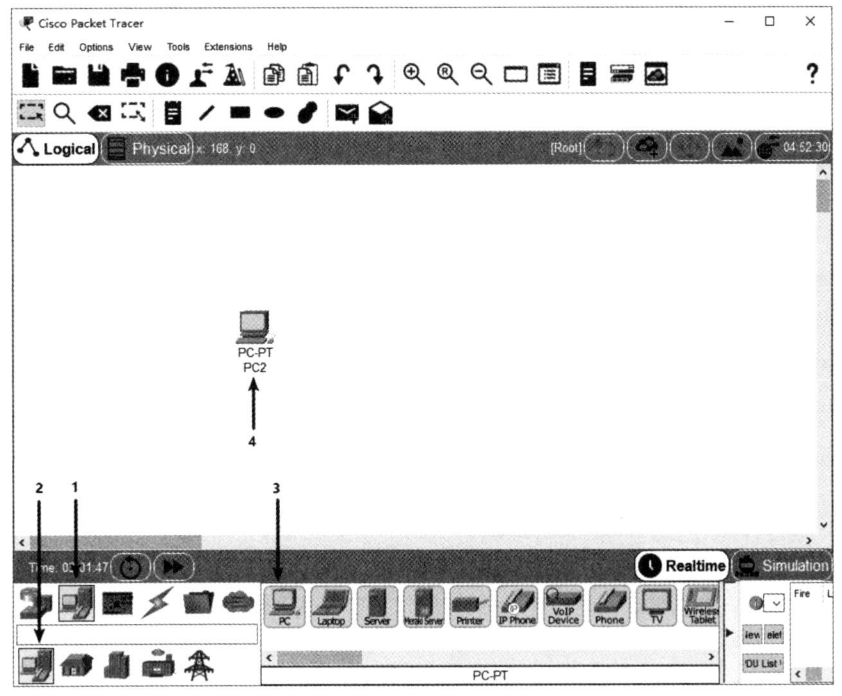

图1-28　选择设备

步骤2：连接设备。用选择设备的方法选中连接线，单击要连接的设备，出现设备的接口列表，单击选中相应接口，用同样的方法建立另一端的连接，如图1-29所示，线缆上的连接指示为绿色三角形，表示物理连接成功。

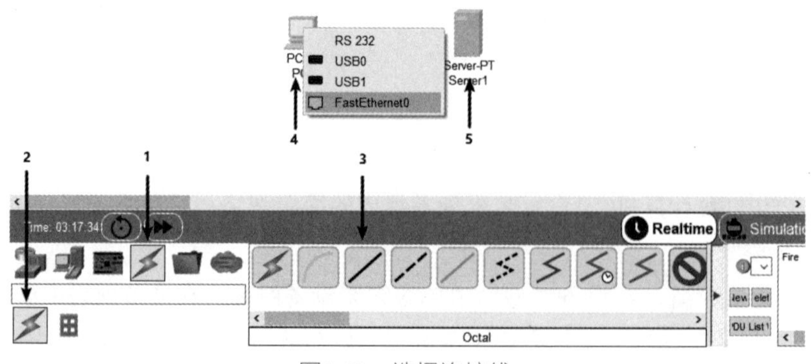

图1-29 选择连接线

步骤3：配置计算机与服务器。单击计算机设备图标，弹出如图1-30所示的“计算机配置”对话框窗口，切到Config面板，依次单击左侧列表中“INTERFACE”和“FastEthernet0”图标，在IP Configuration标签区域分别输入计算机的IP地址192.168.0.1和子网掩码255.255.255.0，默认情况下根据IP地址的分类自动生成默认子网掩码，用户也可以手动进行修改。

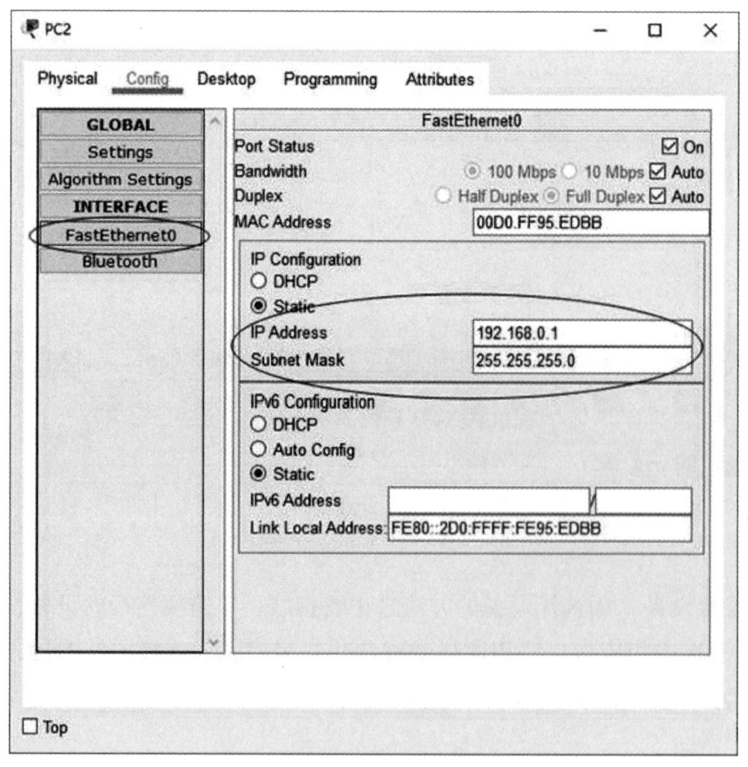

图1-30 “计算机接口配置”对话框

在Config面板的左侧列表的“GLOBAL-Settings”中，用户可以修改设备的显示名称，设备网关地址和域名解析服务器地址，如图1-31所示中设置域名服务器地址为192.168.0.250。

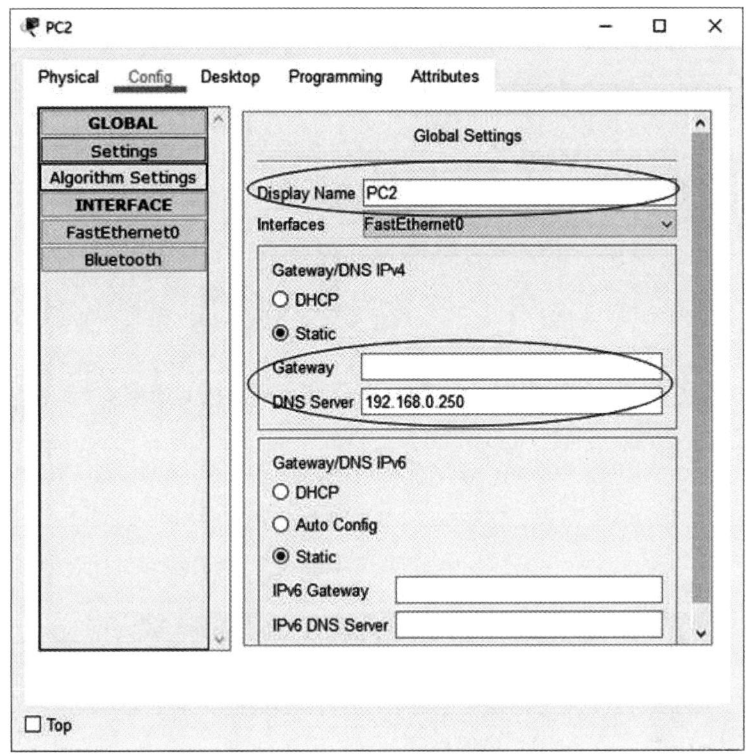

图1-31　计算机全局配置

计算机IP地址、网关地址和域名服务器地址的配置，也可以在Desktop面板的“IP Configuration”中完成，具体过程如图1-32和图1-33所示。

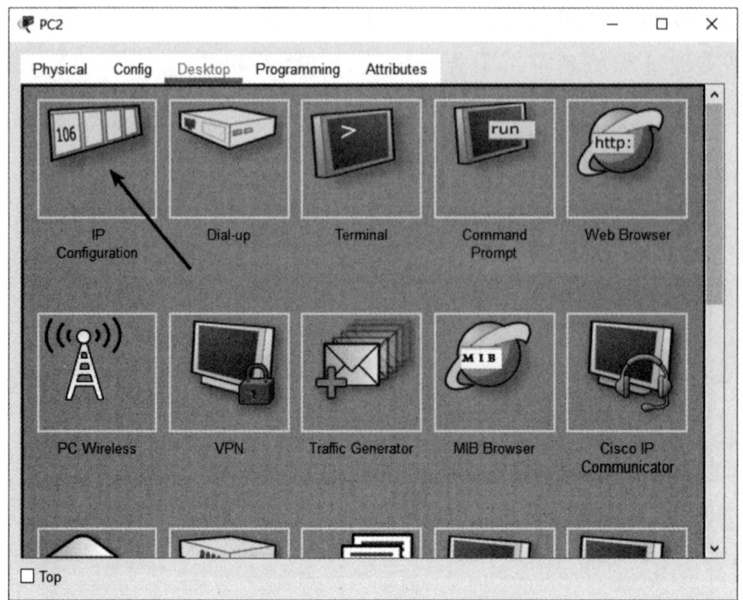

图1-32　计算机Desktop面板

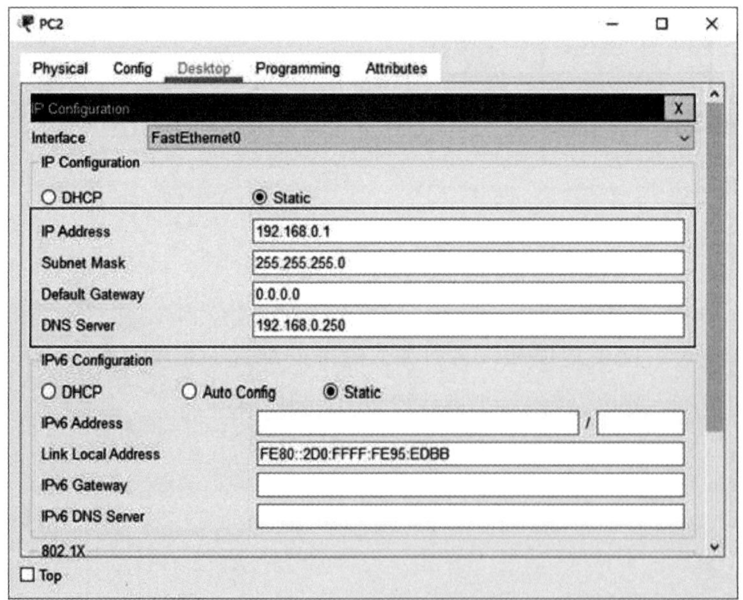

图1-33　计算机IP地址配置

同样的方法配置域名解析服务器的IP地址，如图1-34所示。

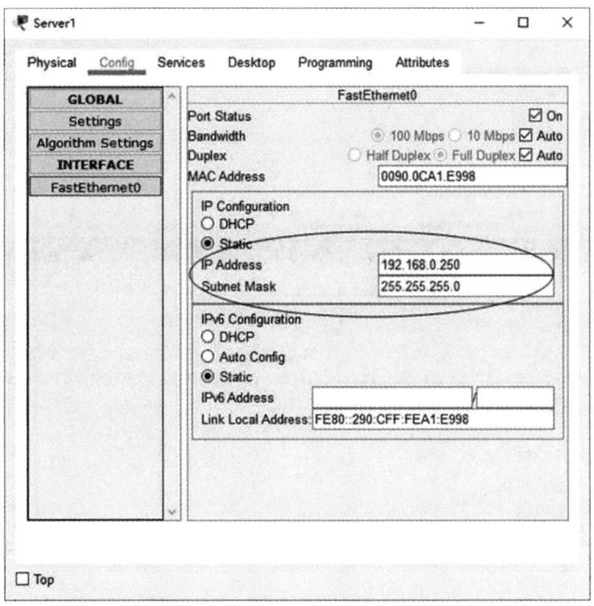

图1-34　域名服务器接口配置

要实现对www.firstlab.com的解析，必须在服务器中启动域名解析服务，并增加1条www.firstlab.com对应IP地址192.168.0.250的记录，配置过程如图1-35所示，输入域名和IP地址后，单击“Add”图标，即增加1条记录，并显示在列表中。

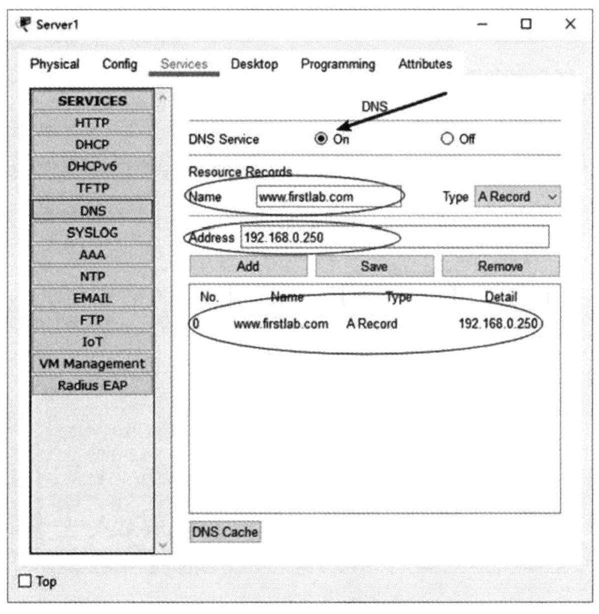

图1-35　DNS服务配置

步骤4：浏览网页验证。单击Desktop面板的“Web Browser”，打开浏览器窗口，在URL地址输入网址www.firstlab.com，单击“Go”图标，显示对应的网页，如图1-36所示，域名解析成功。

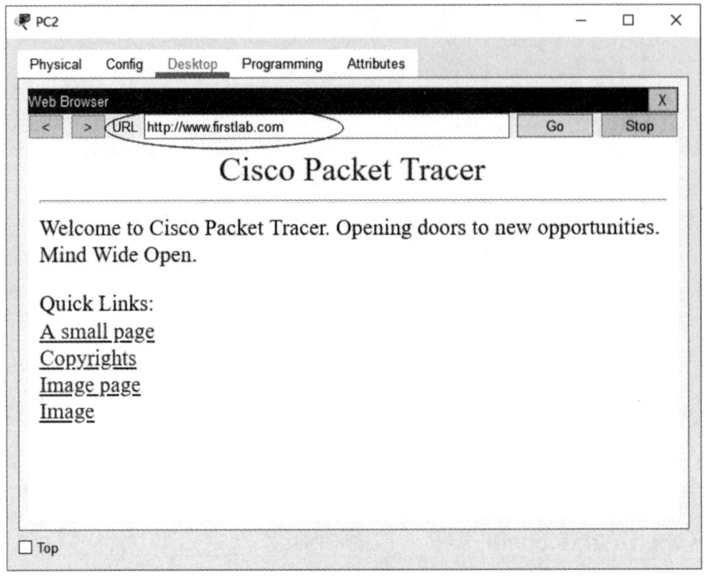

图1-36　浏览网页验证

步骤5：保存文件。用户单击File-Save或主工具栏保存文件图标以.pkt格式保存文件，如图1-37所示，文件保存成功。

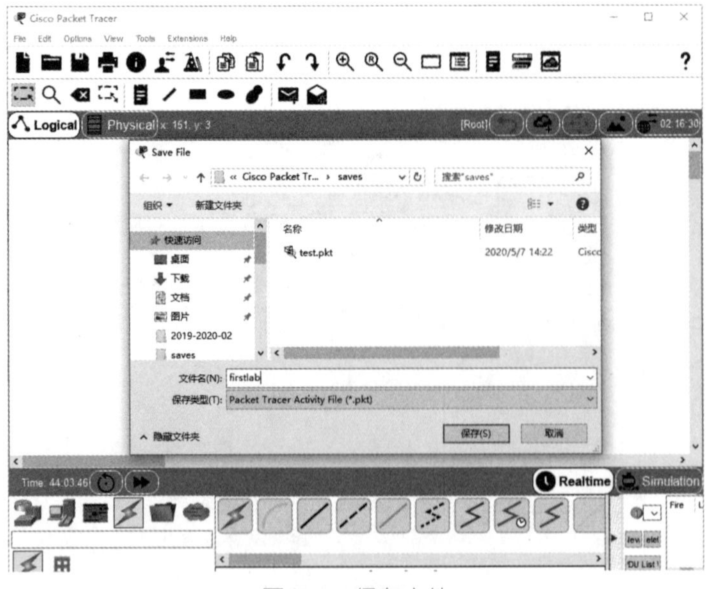

图1-37　保存文件

1.3.2　实时模式发送数据包

单击常用工具栏的添加简单PDU数据包，鼠标变成带加号的信封图标，分别单击发送数据包的源设备和接收数据包的目标设备，完成数据包的发送和接收，如图1-38所示，在PDU数据列表中显示数据包成功传输。

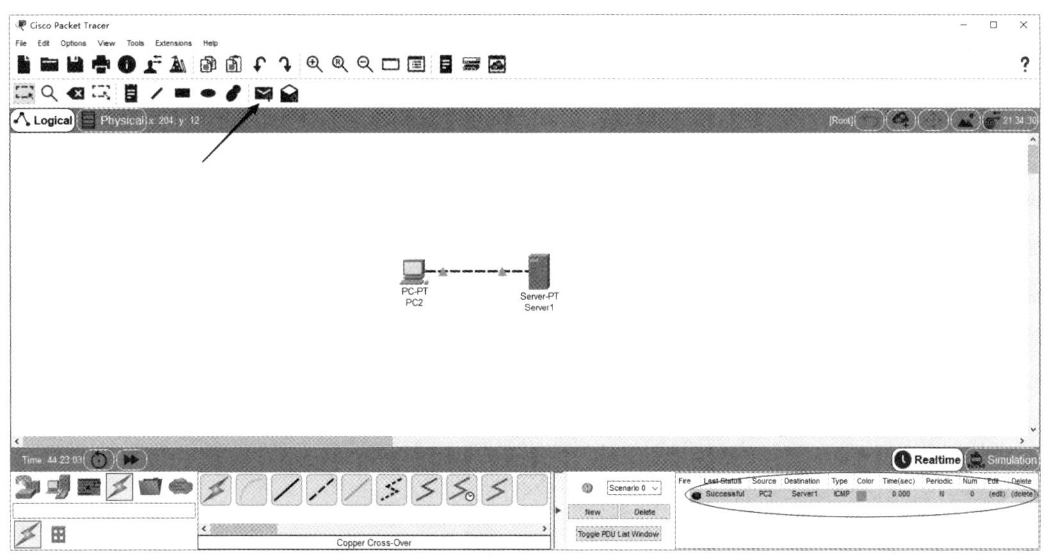

图1-38　实时模式

在图1-39所示的PDU数据包列表中，用户可以单击“New”图标来创建不同的场景，也可以单击“Delete”图标来删除场景，每种场景中可以多次发送数据包，也可以通过单击感叹号图标，打开如图1-40所示的“场景描述”对话框，添加对场景的描述性说明。同时单击“Toggle PDU List Windows”图标来切换PDU数据包的显示布局，另一种布局如图1-41所示，用户可以根据个人的偏好来切换PDU数据包的布局。

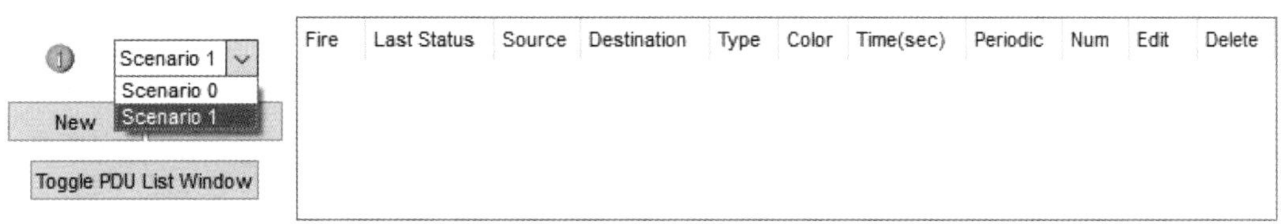

图1-39　PDU数据包列表

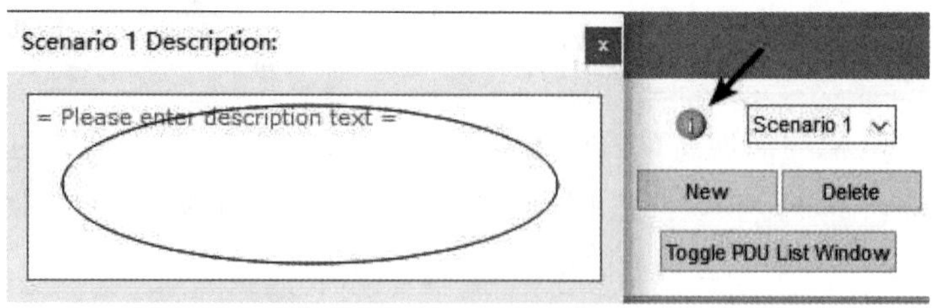

图1-40 “场景描述”对话框

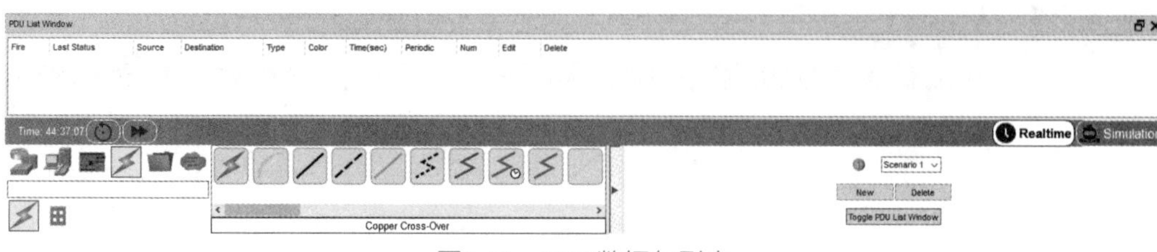

图1-41 PDU数据包列表

1.3.3 仿真模式发送数据包

切换Packet Tracer到仿真模式，出现仿真面板如图1-42所示，仿真面板由活动列表、播放控制和协议过滤三个部分组成：

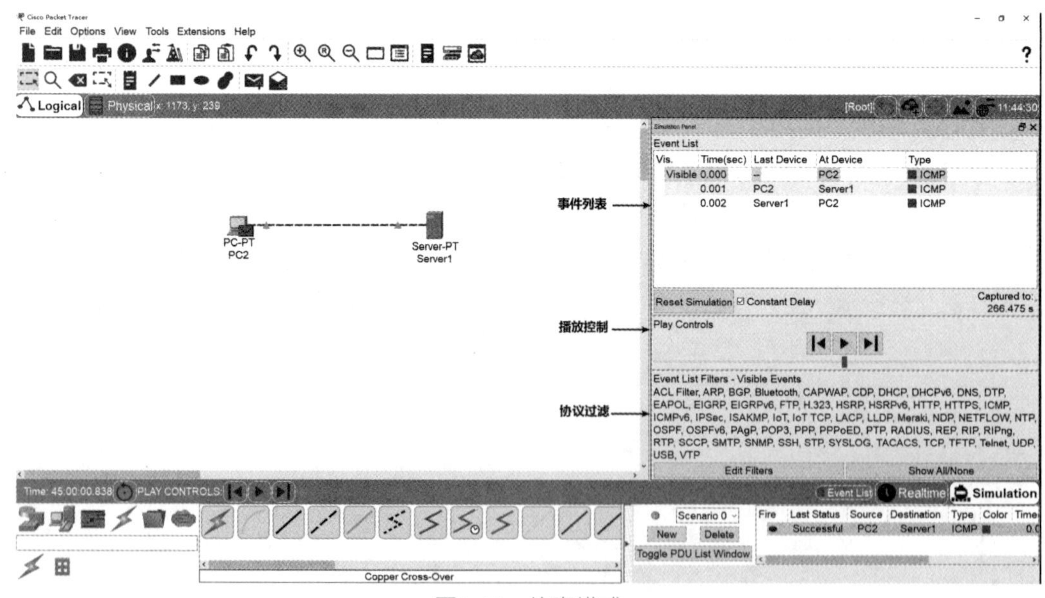

图1-42 仿真模式

（1）Event List：活动列表，用来显示数据传输过程中的活动，每传输1次数据包当作1次活动，每个活动显示时间、源设备、目的设备和类型。

（2）Play Controls：播放控制，用来控制数据传输活动，包括开始、前一个活动和后一个活动，同时通过拖曳播放控制中的小方块可以控制活动的时间。

（3）Event List Filters-Visible Events：活动列表过滤-显示活动，仿真模式下默认会显示Packet Tracer支持的所有协议，若用户希望只显示部分协议的活动，可以单击协议过滤中“Edit Filters”图标，打开“过滤”对话框，只需要勾选希望显示在活动列表中的协议即可，也可以单击“Show All/None”来显示所有协议的活动或不显示任何活动。

添加1个计算机到服务器的简单PDU数据包，活动列表中出现第1个活动，表示计算机将产生1个ICMP数据包。单击播放控制中的播放图标，计算机将向服务器发送1个数据包，产生活动列表中的第2个活动，同时以动画的形式展示1个数据包从计算机发送到服务器。数据包到达服务器后，再次单击播放控制中的播放图标，服务器将向计算机发送1个数据包，产生活动列表中的第3个活动，至此完成1个数据包的发送和接收过程。

用户查看数据包的信息，可以单击图1-42设备上的信封图标或活动列表中的活动，打开图1-43所示的PDU数据信息，在OSI Model面板中，按照七层的OSI参考模型显示各层的信息，也可以在Inbound PDU Details和Outbound PDU Details面板中以表格化的形式查看输入和输出数据包的详细信息。

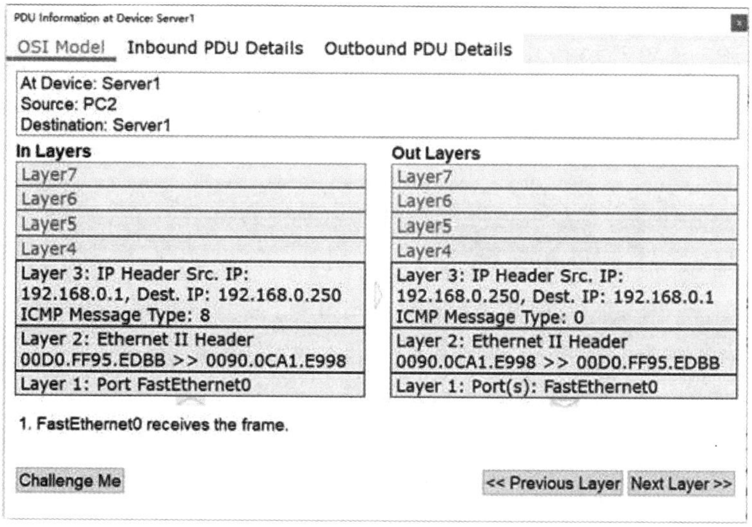

图1-43　PDU数据包信息

第2章 配置网络设备

2.1 访问网络设备

交换机、路由器等网络设备在生产过程中虽然有一些基本的配置，但是大多不满足用户的需求，因此往往需要用户对网络设备进行配置后，才能投入使用，例如在交换机中创建虚拟局域网、配置网络设备接口、配置路由器的路由表等。为了对网络设备进行配置，首先需要实现对网络设备的访问。Packet Tracer提供Console接口、远程登入和网页等形式实现对网络设备的访问，用户可以根据使用环境、个人偏好和网络环境来选择合适的访问方式，从而实现对网络设备的配置。

2.1.1 Console方式

Console接口是网络设备最常用的配置接口，一般交换机、路由器等网络设备都会配有这类接口，通过Console接口来访问网络设备，从而实现对网络设备的调试、测试与配置，如图2-1所示为思科2900系列交换机后背板，配置2个Console接口，多数为RJ-45接口，即网线接口。

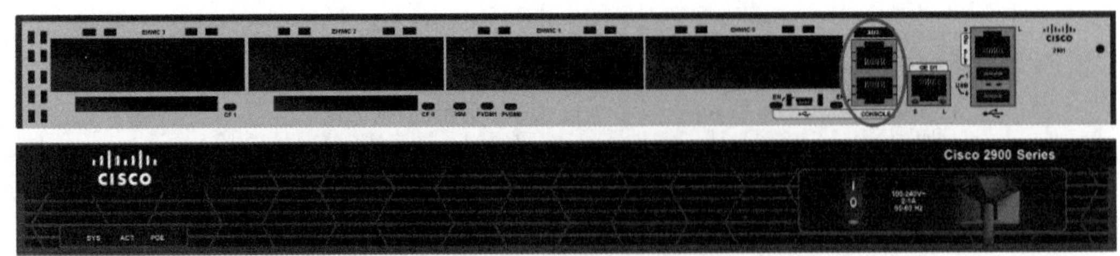

图2-1 Console接口

与Console接口进行连接的另一端一般是COM接口，即串口或RS 232接口，如图2-2所示，老旧计算机一般配有这类接口，使用图2-3所示的DB9线将计算机与网络设备进行物理连接。

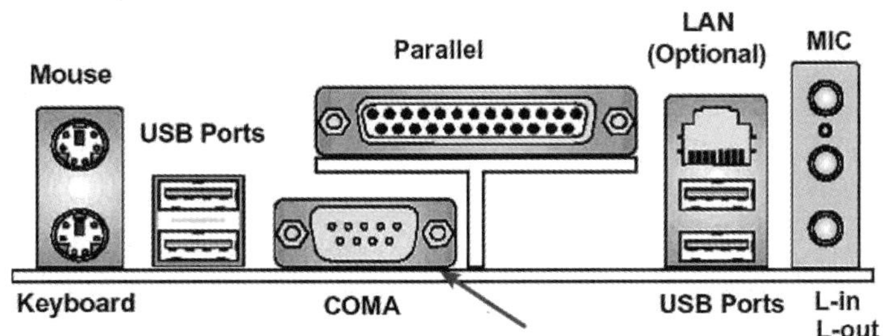

图2-2　COM接口

图2-3　DB9线

目前的计算机一般都不带COM接口，需要将一条如图2-4所示的COM口转USB接口线，连接在DB9线上，如图2-5所示，将USB接口连接在计算机上的USB接口即可完成物理连接。

图2-4　COM口转USB接口线

图2-5　DB9线与COM口转USB接口线连接

在Packet Tracer软件中，使用Console线，一端连接计算机的RS 232接口，另一端连接网络设备的Console接口，如图2-6所示，连接完成，如图2-7所示。

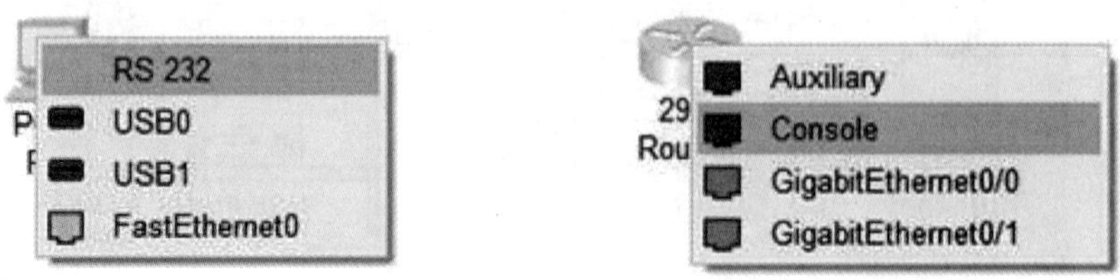

图2-6　连接COM口和Console口

图2-7　连接完成图

单击计算机打开计算机配置界面，选择Desktop桌面面板，再单击“Terminal”图标，如图2-8所示。

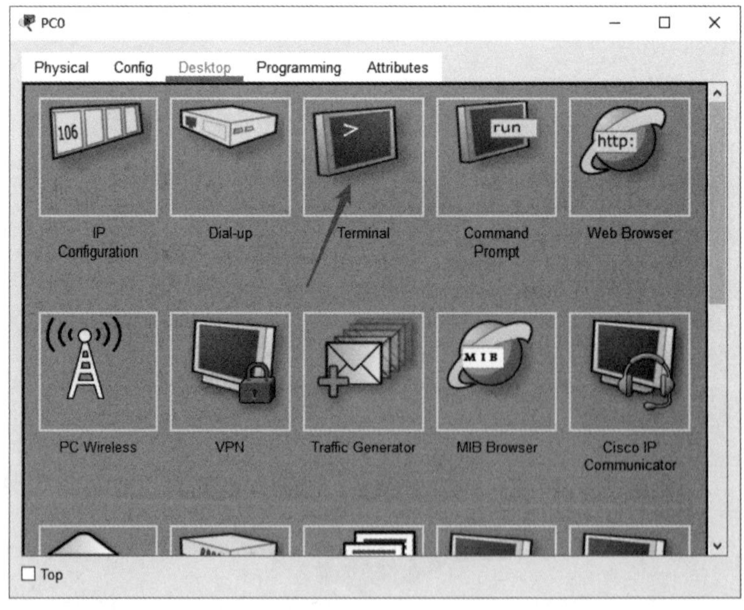

图2-8　Desktop面板

进入如图2-9所示的终端配置对话框，一般情况下使用默认配置，不需要修改，单击“OK”图标，打开如图2-10所示的终端命令行界面。

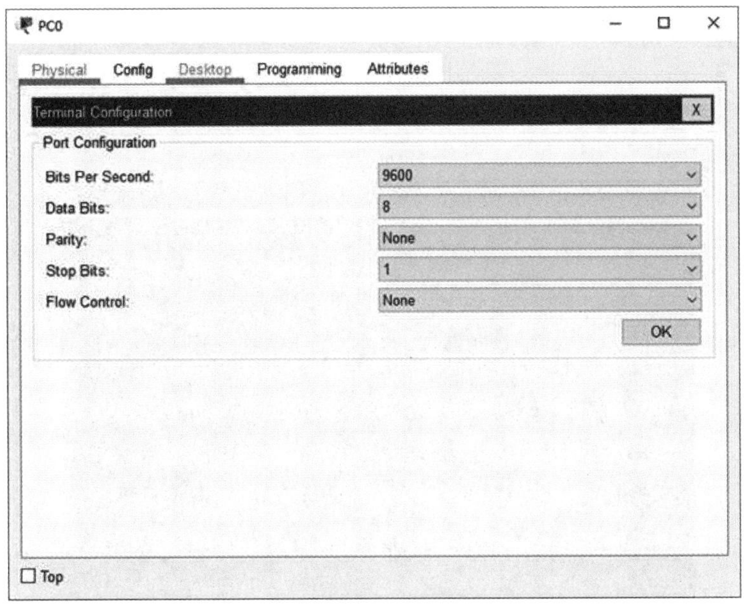

图2-9　“Terminal Configuration”对话框

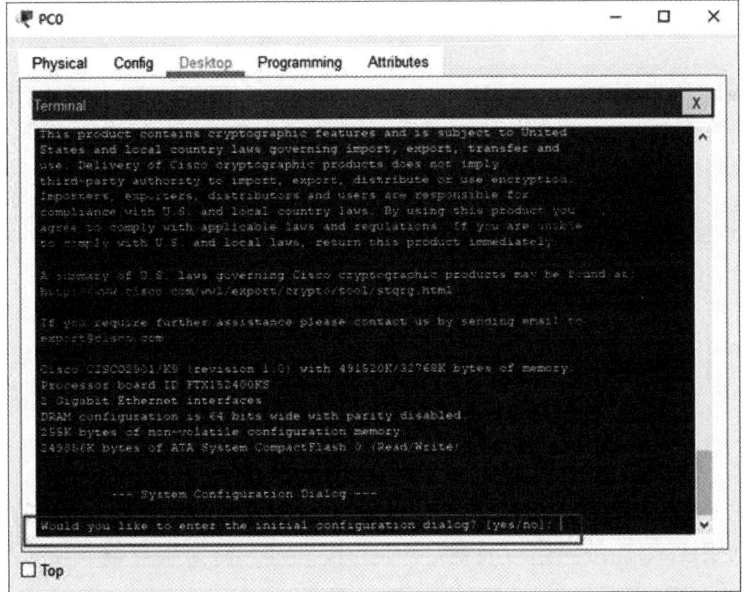

图2-10　Terminal命令行

图2-10的终端命令行中，已经显示网络设备的基本信息，包括网络设备厂商、型号、内存大小等信息，并让用户选择是否采用对话模式配置网络设备，不推荐使用对话模式，输入“no”，选择采用命令行配置网络设备，如图2-11所示，表明已经成功连接进入网络设备。

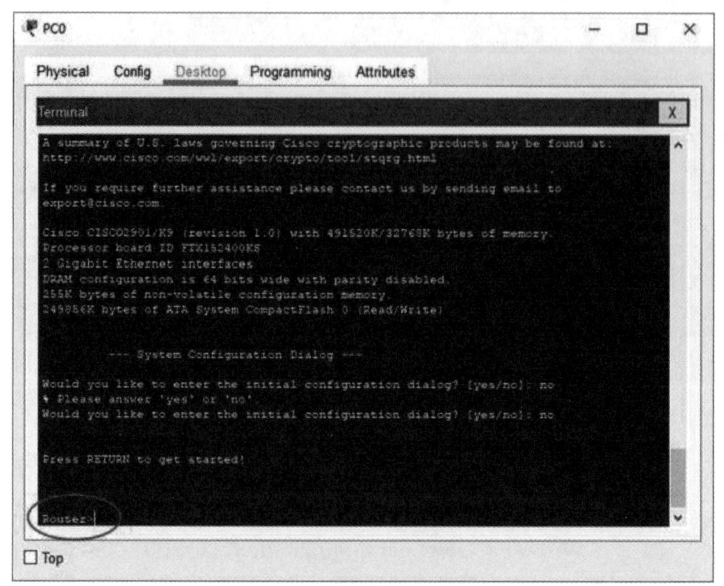

图2-11　命令行配置界面

在真实计算机中操作时，利用终端仿真程序来配置网络设备，一般使用Windows XP和Windows 7自带的“超级终端”软件，也可以在Windows操作系统中安装SecureCRT等软件。

默认情况通过Console接口可以直接连接访问网络设备，为了保护Console接口，防止非授权用户的访问配置，具体配置代码如下：

```
Router>enable                      //进入路由器的特权模式
Router#configure terminal          //进入路由器的全局模式
Router(config)#line console 0      //进入Console 0接口
Router(config-line)#password zpc   //配置Console 0接口密码为zpc
Router(config-line)#login          //登入确认使密码生效，务必登入确认，否则密码无效
```

当重新使用终端连接网络设备的Console接口时，需要用户输入密码，如图2-12所示，只有通过密码验证才能访问网络设备，需要注意的是输入密码时，不显示密码字符，也不显示“*”字符。

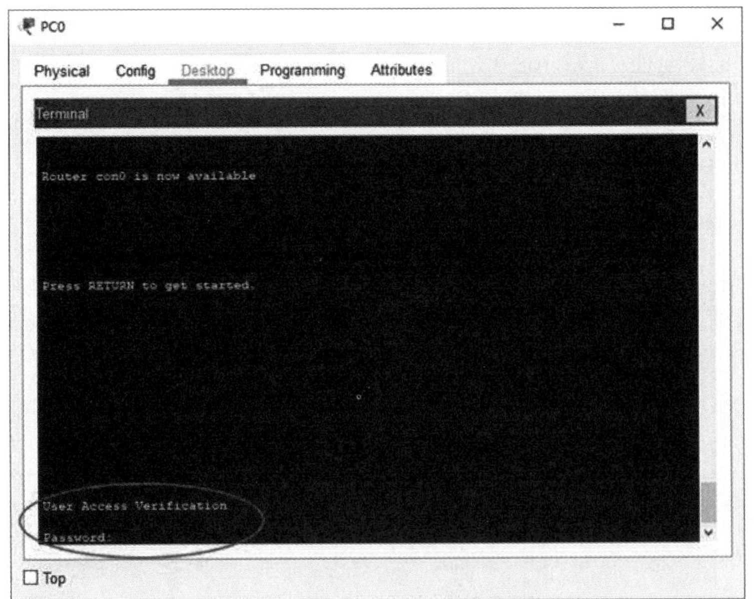

图2-12　Console接口密码验证

2.1.2　Telnet方式

通过计算机网络来远程登入访问配置网络设备，是一种非常受欢迎的方式。创建如图2 13所示的网络拓扑，由1台计算机、1台交换机和1台路由器组成，要实现PC0计算机通过Telnet方式访问Router0路由器，具体步骤如下：

步骤1：创建如图2-13所示的网络拓扑。

Console线连接PC0的RS 232和Router0的Console接口，直通线连接PC0的Fastethernet0和Switch0的Fastethernet0/1，直通线连接Router0的Gigabitethernet0/0和Switch0的Gigabitethernet0/1。

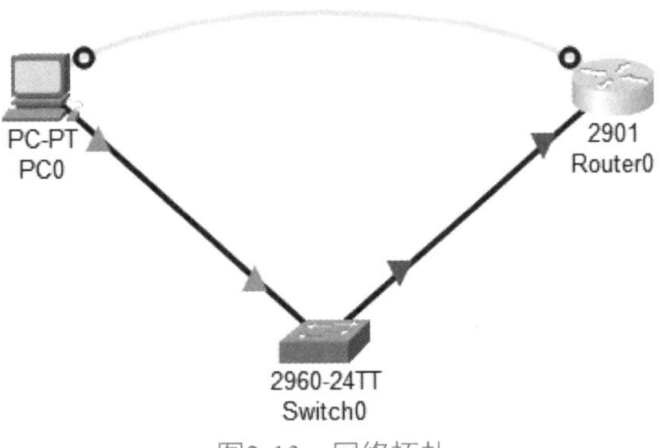

图2-13　网络拓扑

步骤2：配置计算机和路由器接口IP地址。

配置PC0的IP地址：192.168.0.1，子网掩码：255.255.255.0，如图2-14所示。

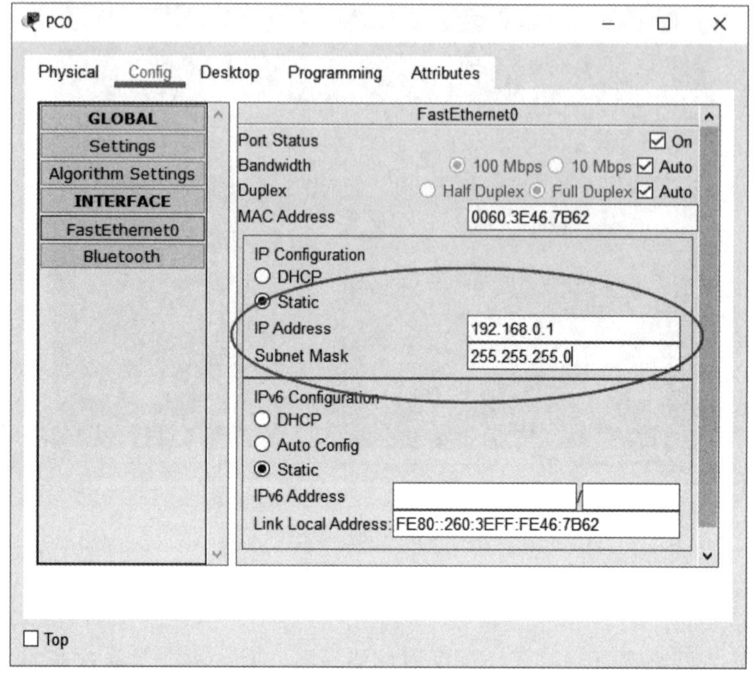

图2-14　配置计算机IP地址

Router0的Gigabitethernet0/0接口IP地址：192.168.0.254，默认情况下路由器的接口处于关闭状态。根据图2-13所示的网络拓扑，通过PC0的超级终端软件来访问Router0，配置代码如下：

```
Router>enable
Router#
Router#configure terminal
Router(config)#interface GigabitEthernet0/0    //进入G0/0接口
Router(config-if)#ip address 192.168.0.254 255.255.255.0    //配置IP地址和子网掩码
Router(config-if)#no shutdown    //开启接口，开户后接口指示灯变成绿色
```

步骤3：配置路由器的虚拟终端（VTY），思科路由默认有0-4号5条线路，配置代码如下。

```
Router>enable
Router#configure terminal
Router(config)#line vty 0    //进入VTY0号线路
```

Router(config-line)#password zpc　//配置VTY 0接口密码为zpc

Router(config-line)#login　//登入确认使密码生效

步骤4：测验Telnet访问路由器。

首先，通过PC0测试与Router0是否连接，单击PC0的“Desktop”面板，如图2-15所示。

图2-15　Desktop面板

单击“Command Prompt”启动命令行工具，通过ping 192.168.0.254测试与Router0的连通性，如图2-16所示，表示PC0与Router0能够连通。

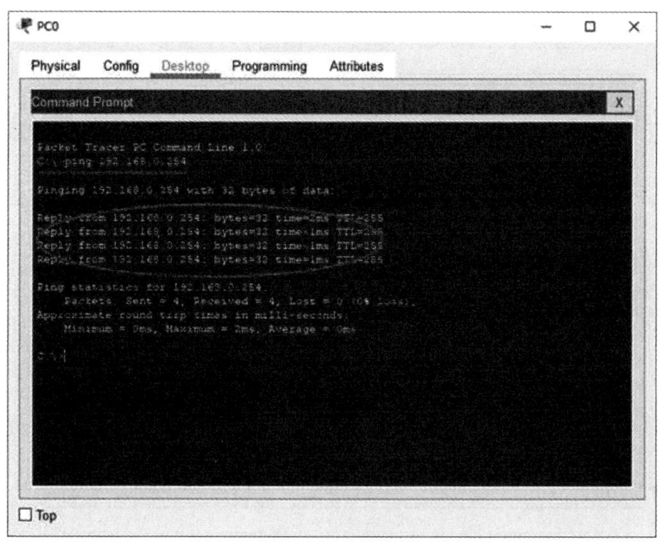

图2-16　命令行工具

在命令行界面中，输入“telnet 192.168.0.254”，提示连接成功，需要验证VTY密码，输入密码，成功访问路由器，如图2-17所示。

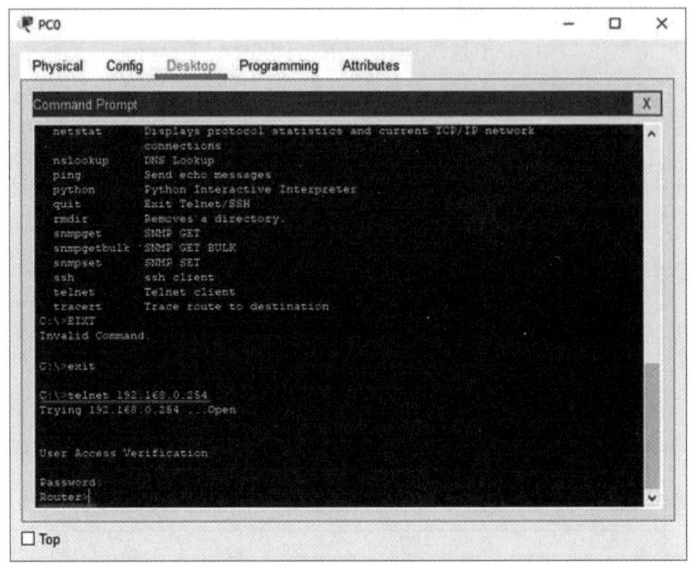

图2-17　telnet登入路由器

2.1.3　Web方式

访问配置网络通常采用CLI命令行和GUI图形化界面两种方式，上面介绍的Console方式和Telnet方式都是CLI方式，部分网络设备未提供CLI命令行方式，只提供GUI图形化界面访问配置网络设备的方式，例如一些无线路由器设备，下面通一个实例来说明，具体步骤如下：

步骤1：搭建如图2-18所示的实验拓扑。由1台计算机PC0和1台无线路由器Wireless Router0组成，是目前家用网络中最常见的网络拓扑。

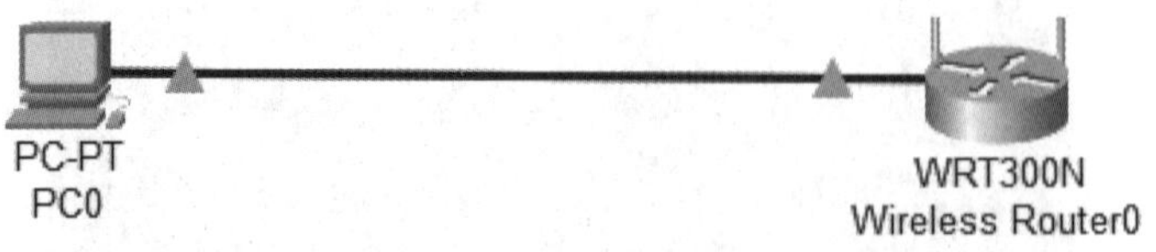

图2-18　实验拓扑

步骤2：计算机PC0通过无线路由器Wireless Router0的DHCP服务自动获取IP地址。单击PC0Desktop面板中的“IP Configuration”图标，打开如图2-19所示的“IP地址配置”对话框，在IP Configuration区域中，选择DHCP服务，大概若干秒后，计算机PC0获得无线路由器Wireless Router0分配的IP地址、子网掩码和默认网关，其中默认网关地址192.168.0.1即为无线路器的地址，通过该地址可以访问配置无线路由器。

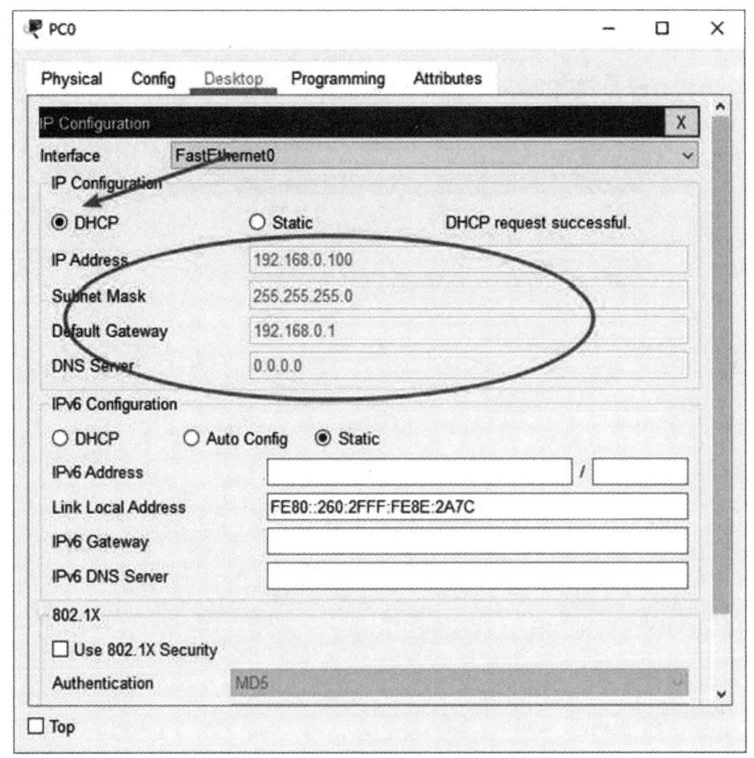

图2-19　“IP地址配置”对话框

步骤3：访问配置无线路由器。单击计算机PC0的Desktop面板中的“Web Browser”图标，打开如图2-20所示的“浏览器”对话框，在URL栏输入无线路由器的IP地址192.168.0.1，单击“Go”图标，弹出无线路由器的“认证”对话框，输入正确的用户名与密码后，进入无线路由器的访问配置界面，如图2-21所示，用户根据个人的需要，可以对无线路由器进行配置。

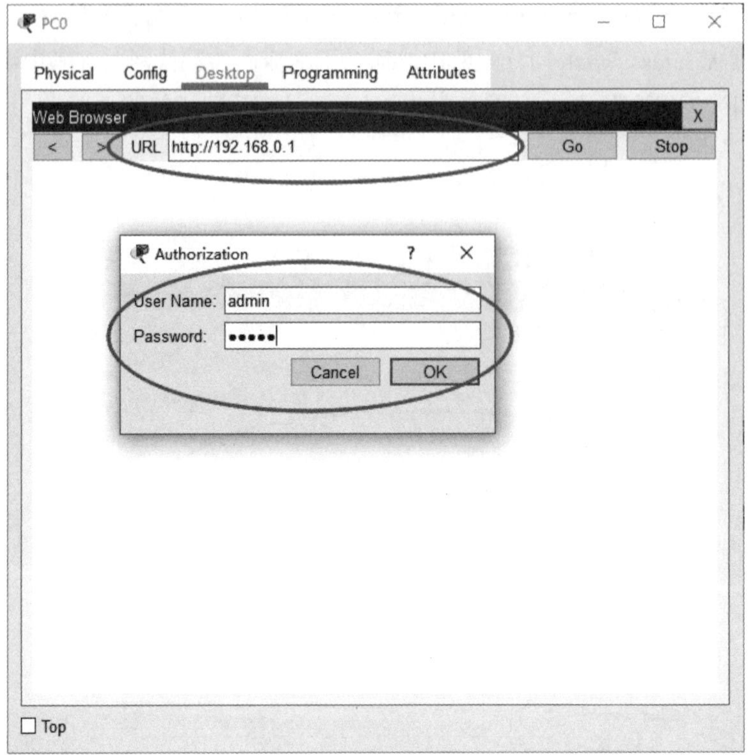

图2-20　浏览器对话框

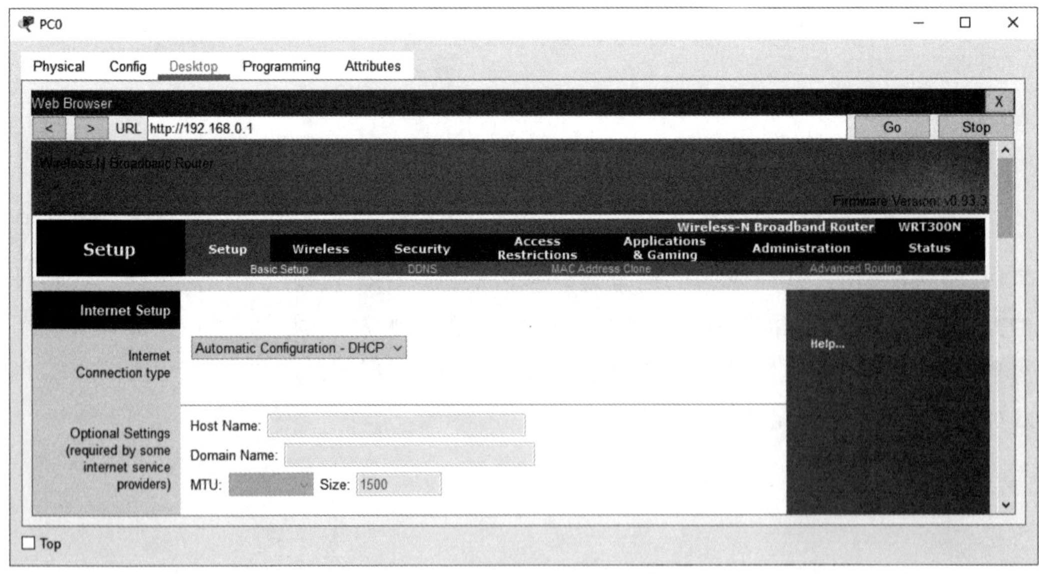

图2-21　无线路由器的访问配置界面

2.2　实验一：交换机的基本配置

实验视频：交换机的基本配置

2.2.1　基础知识

交换机是最常见的网络设备之一，常用于单位内部组建局域网。交换机是即插即用设备，不需要用户配置，即可以使用，但是有些情况下需要交换机进行配置，用户可以通过Console接口或远程登入的方式访问交换机，并使用命令行方式对交换机进行配置。交换机的四种工作模式：用户模式、特权模式、全局模式和接口模式，前三种模式下权限逐级提升，用户模式权限最低，只能查看交换机最基本的信息，全局模式权限最高，拥有配置交换机的全部权限，接口模式用来配置对应的接口，四种模式的切换与功能描述如表2-1 交换机的四种模式所示。

表2-1　交换机的四种模式

模式	提示符	访问方式	退出方式	功能描述
用户	Switch>	默认模式	输入“exit”； 输入“logout”	查看系统最基本的信息
特权	Switch#	在用户模式下输入“enable”	输入“exit”； 输入“disable”	可设置进入密码，查看更多的信息，同时具有部分配置交换机的功能
全局	Switch(config)#	在特权模式下输入“Configure Terminal”	输入“exit”； 输入“end”； 按下“Ctrl+Z”键 输入“exit”返回全局模式；	具有配置交换机的全部功能
接口	Switch(config-if)#	在全局模式下输入“Interface+接口类型和编号”，例如“interface fastethernet 0”	输入“end”返回特权模式； 按下“Ctrl+Z”键返回特权模式	配置该接口参数

用户模式下的部分命令如表2-2所示，其中粗体字表示关键字，斜体字表示需要用户自行输入，Word表示IP地址或计算机名称，[]表示可选，<>表示可选范围，命令的详细

格式说明可输入“？”字符，按回车键后，将显示当前的所有命令，注意“？”字符前带空格，如图2-22所示。

表2-2　用户模式的部分命令

命令格式	功能描述
connect Word	连接其他终端
disable	关闭特权命令
disconnect <1-16>	断开当前的网络连接
enable	开启特权命令，进入特权模式
exit	退出用户模式
logout	退出用户模式
ping Word	发送Ping数据包
show	显示系统运行信息
telnet [Word]	开启一个Telnet连接
terminal history size [<0-256>]	显示终端输入命令的记录，记录数在0-256之间。

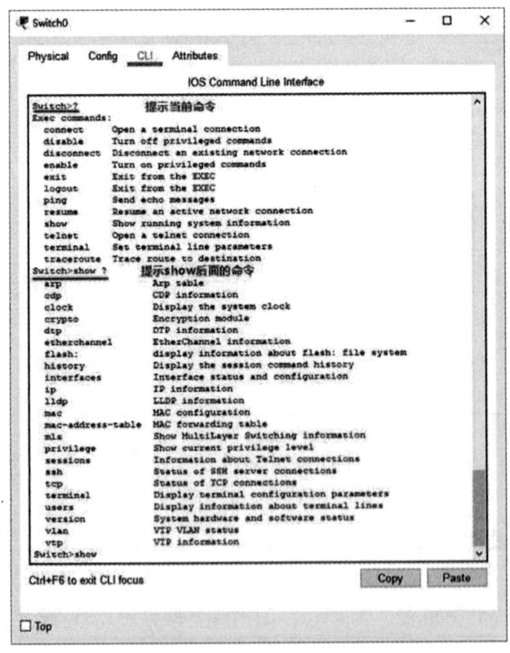

图2-22　命令提示帮助

特权模式下的部分命令如表2-3所示，当用户不清楚当前命令格式时，同样可以通过“？”来提示。

表2-3　特权模式的部分命令

命令格式	功能描述
clear	清除功能，可清除arp-cache、mac address-table等
configure terminal	进入全局模式
copy	复制文件，可复制到flash、ftp、running-config和startup-config
delete *[Word|flash:]*	删除flash中的文件
dir [flash:]	显示当前的文件
erase startup-config	删除flash中的运行信息
exit	退出特权模式
disable	退出特权模式
reload	重启路由器
ping *[Word]*	发送ping数据包，ping 目标IP地址和协议等
show	显示运行信息：Access-list、Arp、Dhcp、Flahs:、IP、Interfaces等
vlan database	配置vlan参数
terminal history size *[<0-256>]*	显示终端输入命令的记录，记录数在0~256之间
write	保存，运行信息存储到flash

全局模式的部分命令如表2-4所示，全场模式涉及多层次的命令，表格中只显示第一层次的部分命令，更多命令可通过输入“？”字符查看。

表2-4　全局模式的部分命令

命令格式	功能描述
banner motd # #	配置登入交换机时的欢迎语句，两个#之间为具体语句
end	退出命令，返回特权模式
exit	退出命令，返回特权模式

命令格式	功能描述
hostname *Word*	配置交换机的名称，Word即为新的交换机名称
interface	显示交换机的接口信息，后面可跟其他命令，例如Ethernet、FashtEthernet、GigabitEthernet和VLAN等，也可以通过range同时配置多个接口
ip	用来配置默认网关、DHCP服务器、域名查询等
line	用来配置Console接口和VTY接口
no	用来关闭某些功能，只需要在开启该功能的代码前加no
service password-encryption	使用明文方式登入特权模式的明文密码进行加密
vlan <*1-1005*>	创建VLAN，编号范围1~1005

在全局模式下，通过interface和line命令进入对应接口的配置模式，不同的接口具有不同的配置命令，同样可通过输入“？”字符查看。

2.2.2 实验目的

1. 了解交换机的四种工作模式。
2. 掌握交换机的模式切换及各模式下的命令行操作方法。

2.2.3 实验拓扑

实验拓扑图2-23所示，由1台2960交换机和1台计算机组成，交换机与计算机通过Console进行连接，通过计算机的超级终端对交换机进行配置。

图2-23 实验拓扑

2.2.4 实验内容

1. 修改交换机的名称。
2. 配置交换机的登入标语。
3. 配置交换机的连接密码，即Console接口密码。
4. 配置交换机的特权模式明文密码。

5. 查看完成的配置。
6. 加密交换机的明文密码。
7. 配置交换机的特权模式明文密码。
8. 保存配置。

2.2.5　实验步骤与结果

步骤1：创建如图2-23所示的实验拓扑。

步骤2：启动计算机的超级终端，单击图2-24的“Terminal”图标，启动超级终端，并配置默认参数，如图2-25所示，单击“OK”按钮，弹出命令行界面如图2-26所示。

图2-24　启动Terminal

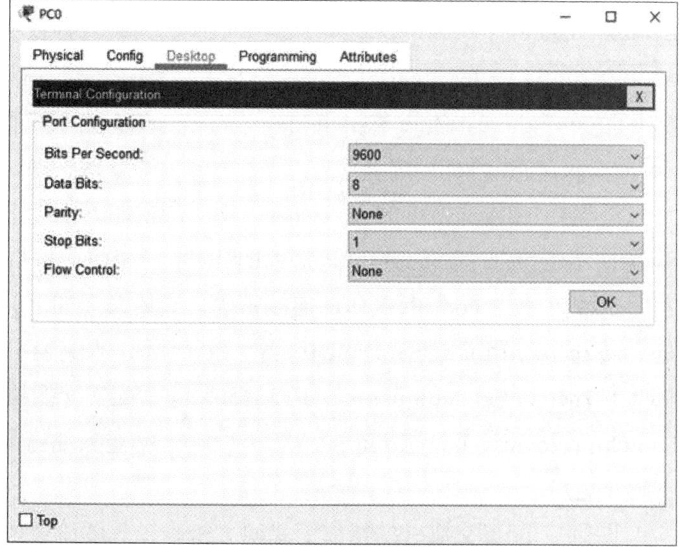

图2-25　配置Terminal参数

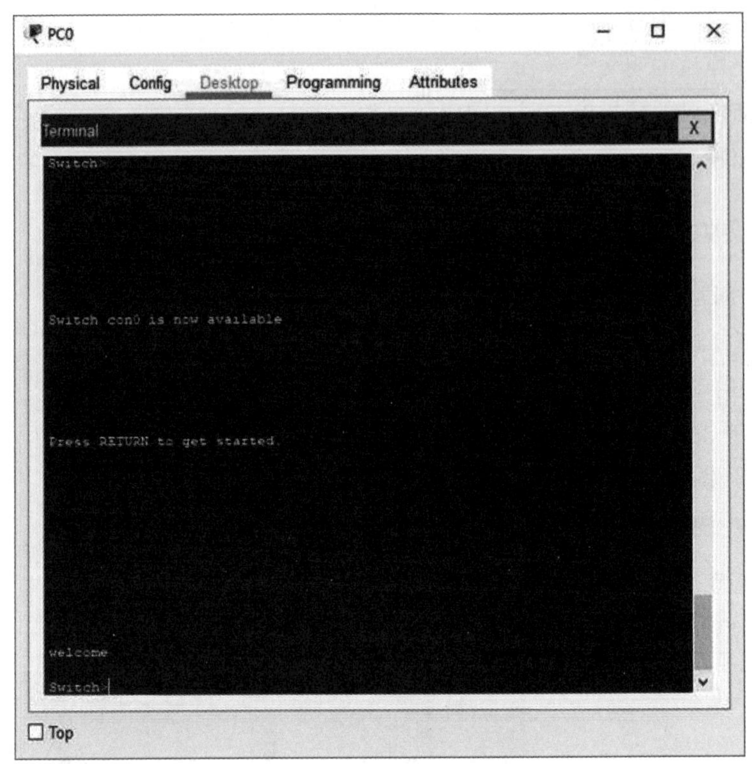

图2-26　命令行界面

步骤3：修改交换机的名称，具体命令如下：

Switch>enable　　　　　　　　　　　　//进入特权模式

Switch#configure terminal　　　　　　　//进入全局模式

Switch(config)#hostname Switch-zpc　　　//修改交换机名称为Switch-zpc

Switch-zpc(config)#　　　　　　　　　//修改交换机名称成功

步骤4：配置交换机的登入标语，具体命令如下：

Switch-zpc(config)#banner motd #Welcome!#　//修改交换机的登入标语为：Welcome!

步骤5：配置console接口的连接密码，具体命令如下：

Switch-zpc(config)#line console 0　　　　//进入交换机的Console接口

Switch-zpc(config-line)#password 123456　　//配置交换机的Console连接密码：123456

Switch-zpc(config-line)#login　　　　　　//登入使密码生效，务必登入确认，否则密码未启用

步骤6：配置交换机的特权模式明文密码，具体命令如下：

Switch-zpc(config-line)#exit　　//退出接口模式，进入全局模式

Switch-zpc(config)#

Switch-zpc(config)#enable password 123456mw　//配置交换机的特权模式明文密码

步骤7：查看前面的配置是否生效。

Switch-zpc#show running-config　//查看交换机的运行信息

```
Building configuration...

Current configuration : 1178 bytes
!
version 12.2
no service timestamps log datetime msec
no service timestamps debug datetime msec
no service password-encryption
!
hostname Switch-zpc       //交换机的名称已经修改
!
enable password 123456mw   //配置交换机的特权模式的明文密码：123456mw
!
!
!
no ip domain-lookup
!
!
!
spanning-tree mode pvst
spanning-tree extend system-id
!
interface FastEthernet0/1
!
interface FastEthernet0/2
!
interface FastEthernet0/3
```

```
!
interface FastEthernet0/4
!
interface FastEthernet0/5
!
interface FastEthernet0/6
!
interface FastEthernet0/7
!
interface FastEthernet0/8
!
interface FastEthernet0/9
!
interface FastEthernet0/10
!
interface FastEthernet0/11
!
interface FastEthernet0/12
!
interface FastEthernet0/13
!
interface FastEthernet0/14
!
interface FastEthernet0/15
!
interface FastEthernet0/16
!
interface FastEthernet0/17
!
interface FastEthernet0/18
!
interface FastEthernet0/19
```

```
!
interface FastEthernet0/20
!
interface FastEthernet0/21
!
interface FastEthernet0/22
!
interface FastEthernet0/23
!
interface FastEthernet0/24
!
interface GigabitEthernet0/1
!
interface GigabitEthernet0/2
!
interface Vlan1
 no ip address
 shutdown
!
banner motd ^CWelcome!^C      //登入标语为：Welcome!
!
!
!
line con 0
 password 123456              //Console0接口的密码为：123456
 login
!
line vty 0 4
 login
```

通过查看交换机的运行信息，前面步骤的配置已经在运行信息中，但是必须要保存，否则重启交换机后，前面步骤的配置信息将失效。

步骤8：加密交换机特权模式的明文密码。明文密码不安全，因此有必要进行加密。

```
Switch-zpc(config)#service password-encryption   //对明文密码进行加密
Switch-zpc(config)#exit
Switch-zpc#show running-config              //再次查看运行信息
Building configuration...
Current configuration : 1197 bytes
!
version 12.2
no service timestamps log datetime msec
no service timestamps debug datetime msec
service password-encryption
!
hostname Switch-zpc
!
enable password 7 08701E1D5D4C531A05      //明文密码已经加密
```

步骤9：配置交换机特权模式的密文密码。

```
Switch-zpc(config)#enable secret 123456mmm   //配置特权模式的密文密码：123456mmm
```

注意：同时配置特权模式的明文密码与密文密码时，密文密码生效。

步骤10：保存配置，两种保存配置方法如下：

```
Switch-zpc(config)#exit
Switch-zpc#copy running-config startup-config //将运行信息保存到开机信息中，等同write
Destination filename [startup-config]?
Building configuration...
[OK]
```

或者

```
Switch-zpc#write                    //保存配置信息
Building configuration...
[OK]
Switch-zpc#
```

2.2.6 思考题

当忘记交换机的密码时，如何避开交换机的密码验证？

2.3　实验二：路由器的基本配置

实验视频：路由器的基本配置

2.3.1　基础知识

路由器通常用于实现不同网络的互联，路由器的配置模式跟交换机相同：用户模式、特权模式、全局模式和接口模式，基本跟交换机相类似，但是路由器比交换机具有更多的功能，也具有更多的命令，同样可以在命令行输入“？”字符，提供当前的命令。

路由器通常支持模块化的接口，方便用户根据需要增加或删除相应的模块，如图2-27所示为思科2901路由器的后面板，其中箭头所示黑板面板部分为可添加模块的位置，圆圈内为该路由器支持的模块，具体功能如表2-5所示。

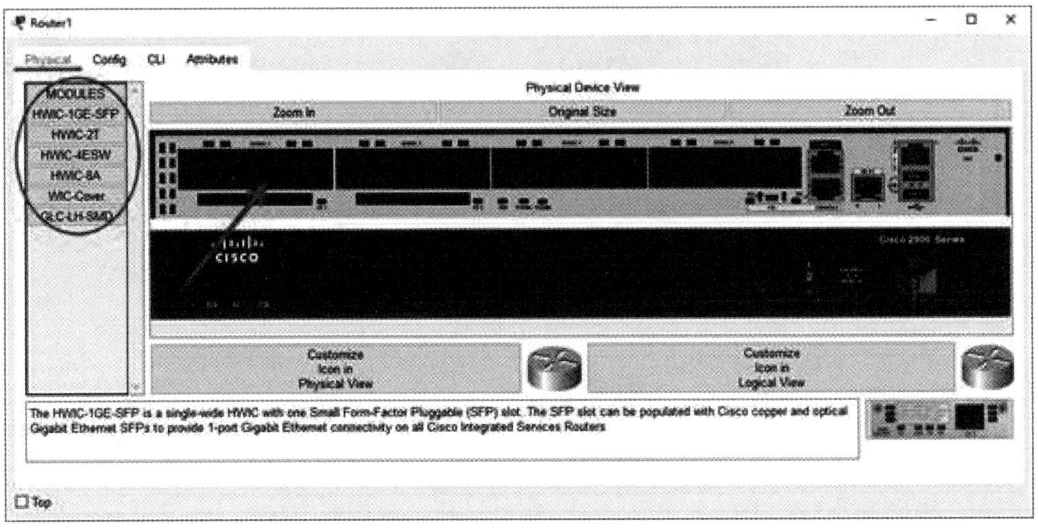

图2-27　思科2901路由器的后面板

表2-5　2901路由器模块

模块名称	模块图片	功能描述
HWIC-1GE-SFP		提供1个SFP接口，用来连接光纤或铜网络专线缆进行数据传输，通常用在以太网交换机、路由器、防火墙和网络接口卡中
HWIC-2T		提供2个高速串行接口
HWIC-4ESW		提供4个交换机接口
HWIC-8A		提供8个与控制台端口的异步EIA-232连接
WIC-Cover		提供盖板，保护内部电子元器件
GLC-LH-SMD		适用于工业以太网和智能电网中的交换机与路由器的千兆以太网接口

在路由器的添加模块前，必须先关闭路由器的电源，否则无法添加模块，下面以添加1个4个交换机接口的模块为例，过程如下：

1. 关闭路由器的电源，单击如图2-28中的1标记的电源.

2．选择HWIC-4ESW模块，单击图2-28中的2标记的模块.

3．选中并添加模块，单击图2-28中的3标记的模块，按住鼠标并拖动到路由器后面板的可安装模块的位置，释放鼠标，结果如图2-29所示，已经成功添加4个连接交换机的接口。

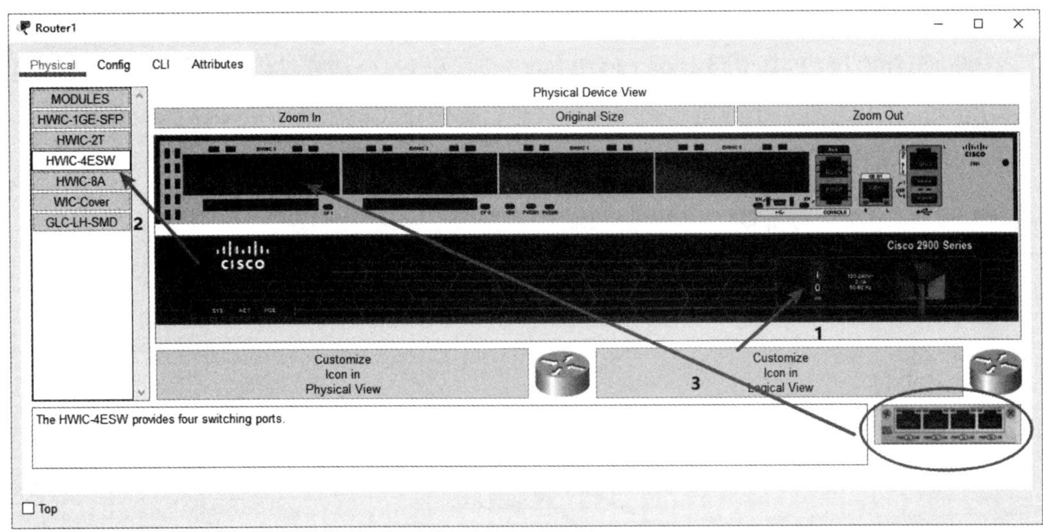

图2-28　路由器添加模块

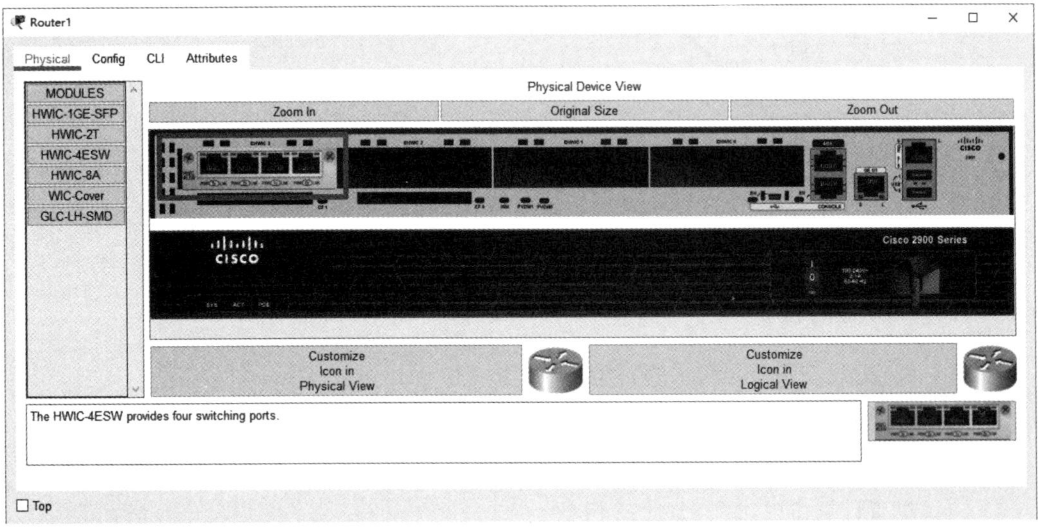

图2-29　路由器添加模块成功

2.3.2 实验目的

1. 掌握路由器命令行的命令操作方法。
2. 掌握路由器添加或删除模块的方法。

2.3.3 实验拓扑

实验拓扑由1台2901型路由器、1台2960型交换机和4台计算机组成，计算机PC1和路由器Router1的IP地址、子网掩码和网关等信息已标注在实验拓扑中，如图2-30所示。

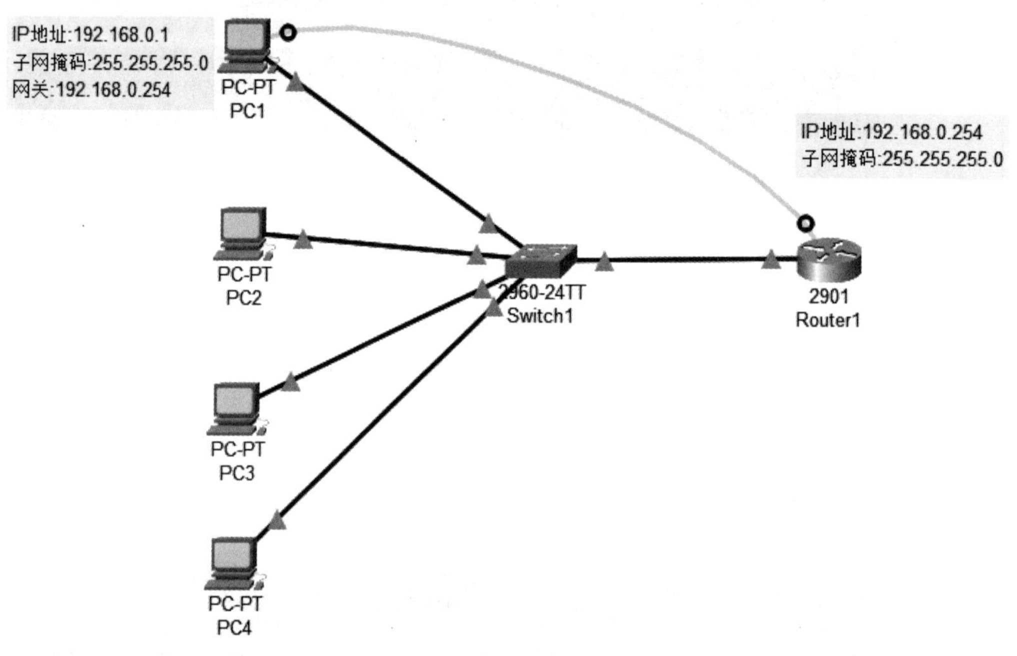

图2-30　实验拓扑

2.3.4 实验内容

任务一：搭建如图2-30所示的实验拓扑。

路由器添加HWIC-4ESW模块，并启用路由器与交换机的连接的接口。

任务二：配置计算机PC1和路由器Router1。

（1）配置计算机PC1的IP地址等信息。

（2）通过Console接口配置路由器Router1的IP地址等信息。

（3）配置路由器Router1的VTY虚拟终端，以便Telnet登入。

（4）配置路由器的Console接口的连接密码。

（5）配置路由器的特权模式密码。

任务三：PC1通过Telnet方式远程登入路由器Router1，并配置如下。

（1）修改路由器的名称。

（2）加密路由器的特权模式密码。

实验素材：路由器的基本配置

2.3.5　实验步骤与结果

步骤1：创建如图2-30所示的实验拓扑，并给路由器添加HWIC-4ESW模块，添加模块过程如图2-28和图2-29所示。

步骤2：启用路由器的接口，通过计算机PC1的超级终端来配置路由器。

```
Router>enable
Router#configure terminal
Router(config)#interface Gi0/0        //进入Gi0/0的接口模式
Router(config-if)#no shutdown         //启用该接口，PT中该接口指示灯由红灯变成绿灯
Router(config-if)#
```

步骤3：配置计算机PC1，如图2-31所示。

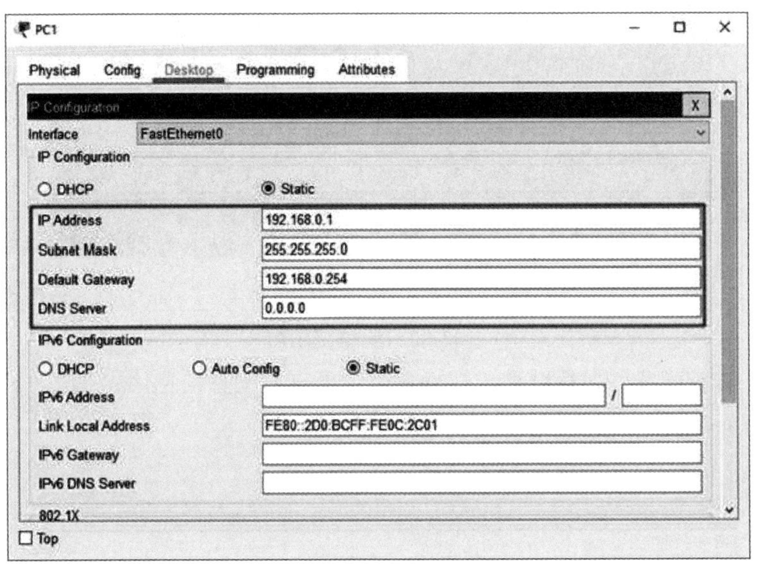

图2-31　配置计算机IP地址

步骤4：通过Console接口来配置路由器的IP地址和VTY虚拟终端。

```
Router(config-if)#ip address 192.168.0.254 255.255.255.0   //配置IP地址与子网掩码
Router(config)#line vty 0                   //进入VTY0号线路
Router(config-line)#password 123456         //设置密码为：123456
Router(config-line)#login                   //登入一次，确保密码生效
Router(config)#line console 0               //进入Console0号接口
Router(config-line)#password 654321         //设置密码这：654321
Router(config-line)#login                   //登入一次，确保密码生效
Router(config-line)#exit
Router(config)#enable password zpc          //设置路由器的特权模式密码：
```

步骤5：通过Telnet方式配置路由器，在计算机PC1中打开命令行窗口，Telnet方式连接路由器，配置代码如图2-32所示。

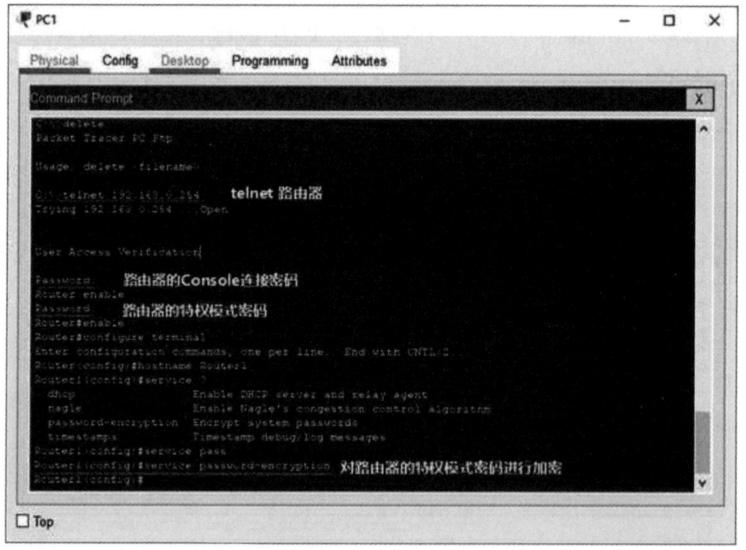

图2-32　配置路由器

步骤6：查看配置并保存结果，在特权模式下查看配置信息代码：

```
Router1#show running-config     //查看配置信息
Router1#write                   //保存配置信息
```

2.3.6　思考题

如何备份与还原路由器的操作系统？

第3章 数据链路层协议

3.1 实验一：交换机的工作原理

实验视频：交换机的工作原理

3.1.1 基础知识

本实验中的交换机是指二层的以太网交换机，核心功能是转发以太网中的数据帧，数据帧中的地址是MAC地址，交换机接收到数据帧后，读取目的MAC地址，然后根据交换机中的转发表将数据帧转发到相应接口。

交换机是即插即用设备，直接接入以太网即可使用，而一台新的交换机中转发表是空的，交换机带有自学习算法，来建立转发表，从而实现数据帧的转发。

一般转发表中的每条记录包括MAC地址、接口等信息，如表3-1所示，每行代表一条记录，交换机接收一个数据帧时，将数据帧的源MAC地址与接收数据帧的接口名称填写在转发表中，即增加一条记录。

表3-1 交换机转发表

VLAN	MAC地址	接口
50	0060.4713.DA3D	FastEthernet0/1
60	0090.2122.0A43	FastEthernet0/2
70	000A.4183.154E	FastEthernet0/3

交换机的自学习算法流程图如图3-1所示，具体过程如下：

（1）登记，当交换机接收一个数据帧时，首先读取数据帧的源MAC，然后将MAC地址与接收该数据帧的接口名称写入转发表。

（2）转发，根据源MAC地址查寻转发表，分为两种情况：

①查到，需要判断查寻到的转发接口与来源接口是否相同，分为两种情况：

A. 不同，则向查寻到的接口转发数据帧。

B. 相同，则丢弃该数据帧。

②未查到，向交换机的所有接口转发该数据帧，除了数据帧的来源接口外。

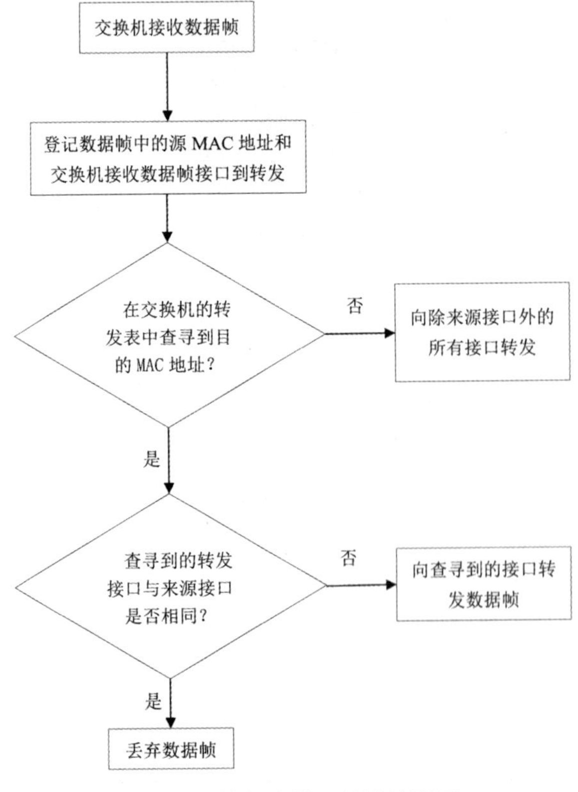

图3-1 交换机自学习算法流程图

3.1.2 实验目的

1. 理解交换机的自学习算法。
2. 理解交换机转发数据帧的工作原理。
3. 观察交换机转发表的生成过程，并记录交换机转发表的变化。
4. 验证交换机的工作原理。

3.1.3　实验拓扑

本实验拓扑由4台计算机与1台2960交换机组成，拓扑结构如图3-2 所示，各计算机的IP地址配置，如表3-2所示。

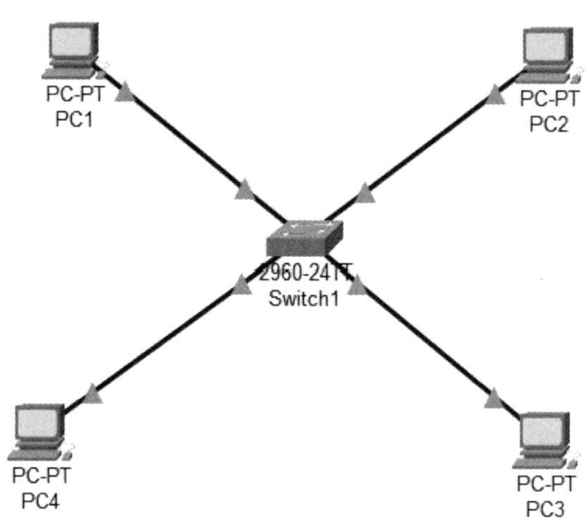

图3-2　实验拓扑

表3-2　计算机IP地址配置

计算机	IP地址	子网掩码
PC1	192.168.0.1	255.255.255.0
PC2	192.168.0.2	255.255.255.0
PC3	192.168.0.3	255.255.255.0
PC4	192.168.0.4	255.255.255.0

3.1.4　实验内容

任务一：搭建如图3-2所示的实验拓扑，并按照表3-2配置计算机的IP地址等信息。

任务二：PC1与PC2的ARP缓存中生成对方计算机的IP地址与MAC地址记录，以排除ARP协议对实验的干扰，清空交换机的转发表， 为实验做好准备。

任务三：观察PC1第1次向PC2发送数据包的过程，并记录交换机中的转发表的变化与转发数据包的过程。

任务四：观察PC1第2次向PC2发送数据包的过程，记录与第1次的区别。

实验素材：交换机的工作原理

3.1.5 实验步骤与结果

步骤1：搭建实验拓扑如图3-2所示，配置4台计算机的IP地址信息。单击“PC1”图标，弹出配置窗口，选择Config配置面板，单击在左侧列表的“FastEthernet0”，在IP Configuration区域输入IP地址与子网掩码，配置过程如图3-3所示，其他3台计算机配置方法相同。观察拓扑中线缆状态指示灯是否为绿色，若有指示灯为橙色，则反复在实时模式与仿真模式之间切换，若干次后线缆状态指示灯全部变成绿色，才能进入步骤2。

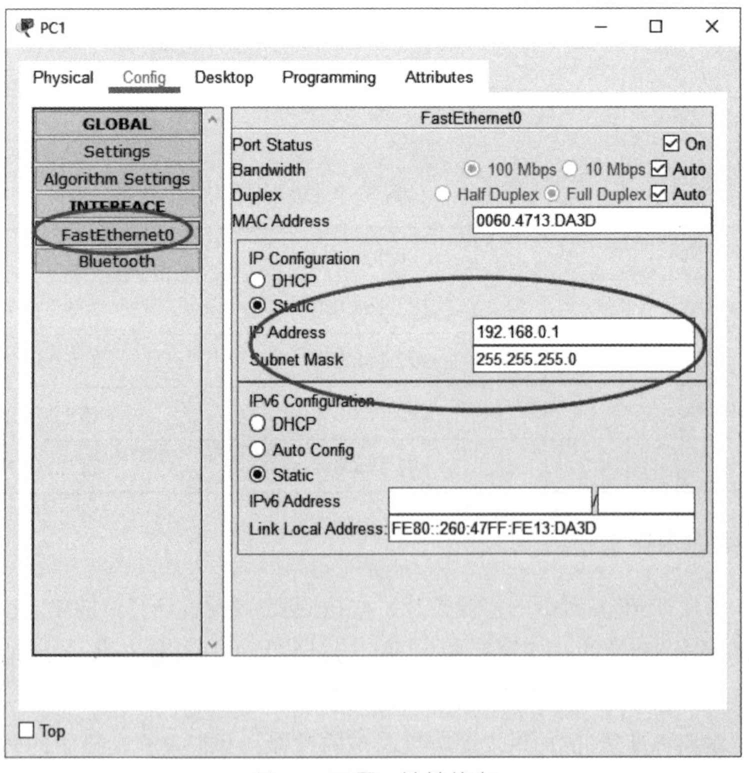

图3-3 配置IP地址信息

步骤2：查看4台计算机的MAC地址，并标注在实验拓扑中。在Packet Tracer查看计算机的MAC地址的两种方法：

第一种方法：跟步骤1中的配置计算机的IP地址的过程类似，结果如图3-4所示。

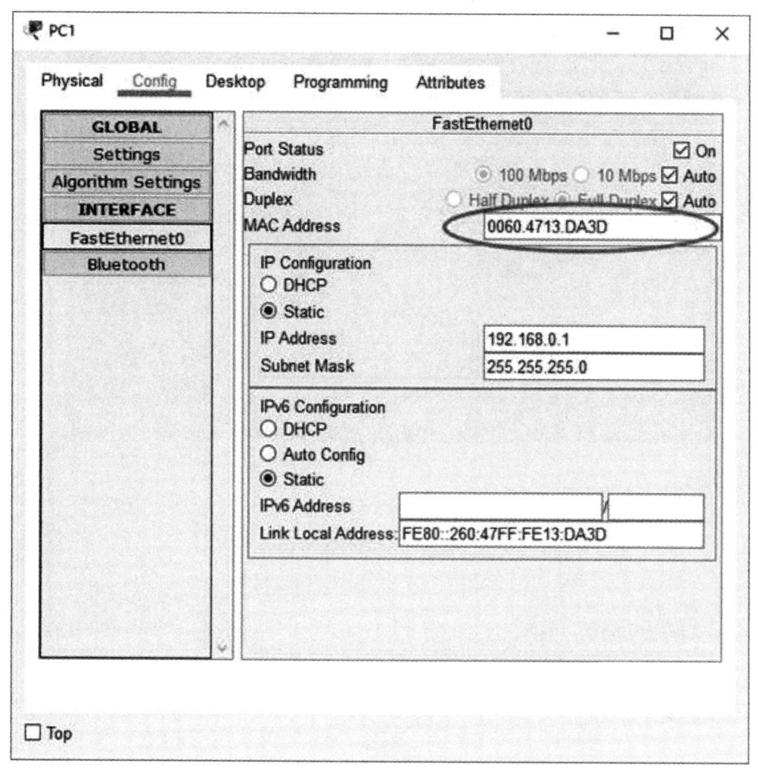

图3-4　PC1的MAC地址

第二种方法：单击“PC1”图标，弹出PC1的配置窗口，选择Desktop面板，单击“Command Prompt”图标，打开命令行窗口，输入“ipconfig /all”命令，显示PC1所有接口的详细信息，如图3-5所示。

推荐使用第二种方法通过命令行方法来获取4台计算机的MAC地址，一般情况下尽可能使用命令行方法来进行配置。

单击选中常用工具栏的“Place Note”图标，在所要标注的计算机周边单击，出现光标提示，输入计算机的IP地址和MAC地址信息，完成地址标注，如图3-6所示。

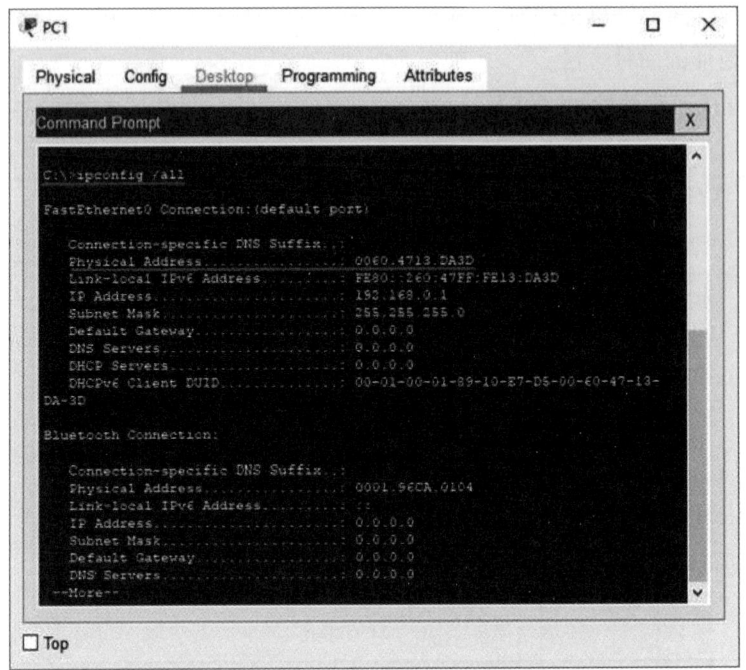

图3-5　查看MAC地址

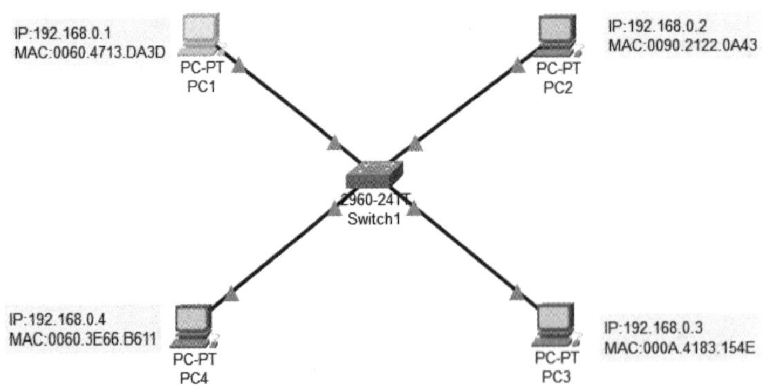

图3-6　标注IP地址与MAC地址

步骤3：排除ARP协议对实验的干扰，在PC1与PC2计算机中ARP缓存中生产对方计算机的IP地址与MAC地址的记录。

在实时模式下，PC1与PC2进行一次简单通信，分别建立ARP缓存，具体过程如下：

单击常用工具栏的添加简单PDU图标，鼠标变成带加号的信封图标，分别单击“PC1”和“PC2”，PC1和PC2完成一次简单PDU通信，分别查看PC1和PC2的ARP缓存，如图3-7和图3-8所示，已经包含对方计算机的IP地址与MAC地址的记录。

```
C:\>arp -a
  Internet Address      Physical Address      Type
  192.168.0.2           0090.2122.0a43        dynamic
```

PC1的ARP缓存

图3-7　PC1的ARP缓存

```
C:\>arp -a
  Internet Address      Physical Address      Type
  192.168.0.1           0060.4713.da3d        dynamic
```

PC2的ARP缓存

图3-8　PC2的ARP缓存

步骤4：查看交换机的转发表，并清空步骤3中产生的转发表。在Packet Tracer中有两种查看方法。

第一种方法：单击选中常用工具栏的“Inspect”图标，即放大镜图标，鼠标变成放大镜，再单击交换机“Switch1”，在弹出的下拉列表中单击选择“MAC Table”，即为交换机的转发表，过程如图3-9所示，弹出交换机的转发表窗口，如图3-10所示，包含2条记录，分别是PC1和PC2的IP地址与MAC地址。

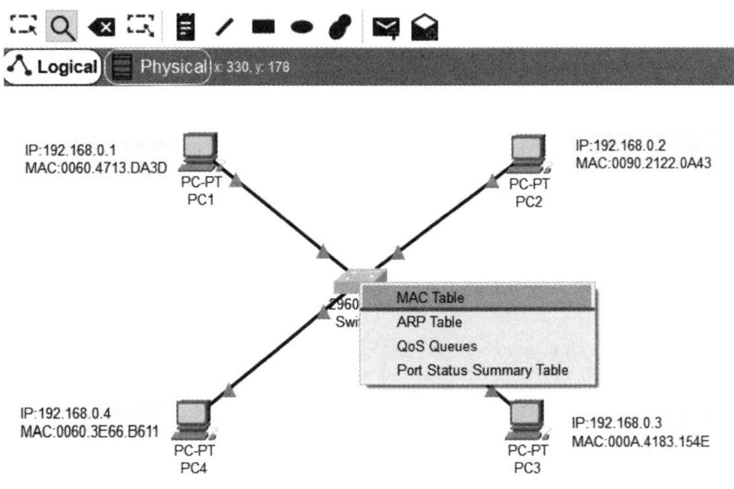

图3-9　查看交换机的转发表

MAC Table for Switch1

VLAN	Mac Address	Port
1	0060.4713.DA3D	FastEthernet0/1
1	0090.2122.0A43	FastEthernet0/2

图3-10　交换机的转发表

第二种方法：单击交换机“Switch1”，弹出Switch1的配置窗口，选中“CLI”面板，进入交换机的命令行配置界面，输入“enable”进入交换机的特权模式，输入“show mac-address-table”命令显示交换机的转发表，过程如图3-11所示，推荐使用命令行方法查看转发表。

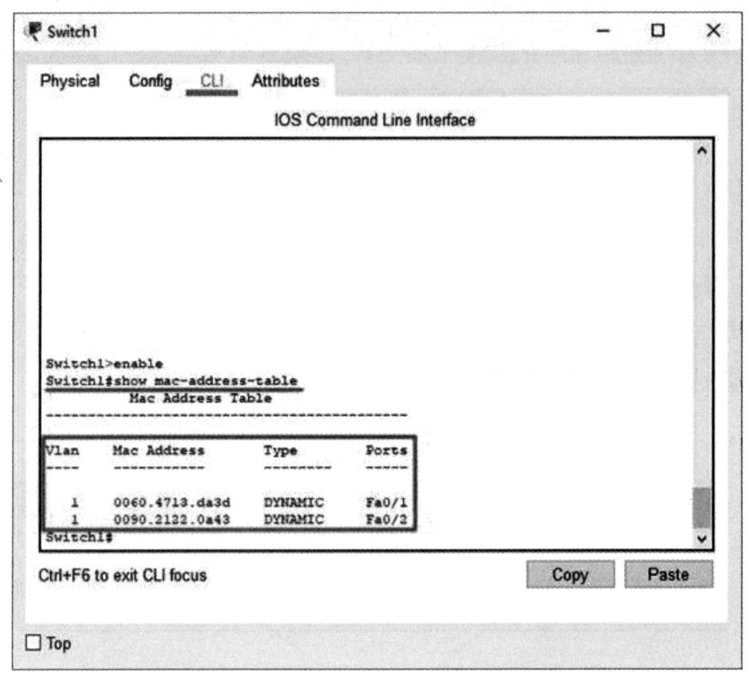

图3-11　命令行查看交换机的转发表

实验前需要清空交换机的转发表，具体命令如下：

Switch1#clear mac-address-table　　//清空交换机Switch1的转发表

Switch1#show mac-address-table　　//查看转发表，清空后确认转发表已经清空

清空过程与结果如图3-12所示，交换机的转发表已经清空。

步骤5：在仿真模式下添加一个从PC1到PC2的简单PDU数据包，观察交换机转发数据包的过程和交换机转发表的变化。

单击“Simulation”图标，切换Packet Tracer到仿真模式，Event List Filters事件列表过滤器如图3-13所示，单击“Edit Filters”，弹出“协议过滤器选择”对话窗口，只选中ICMP协议，如图3-14所示。

过滤协议时，可在Event List Filters事件列表过滤器中单击“Show All/None”，显示全部协议或不显示任何协议，一般选择不显示任务协议，然后选择需要显示协议即可。

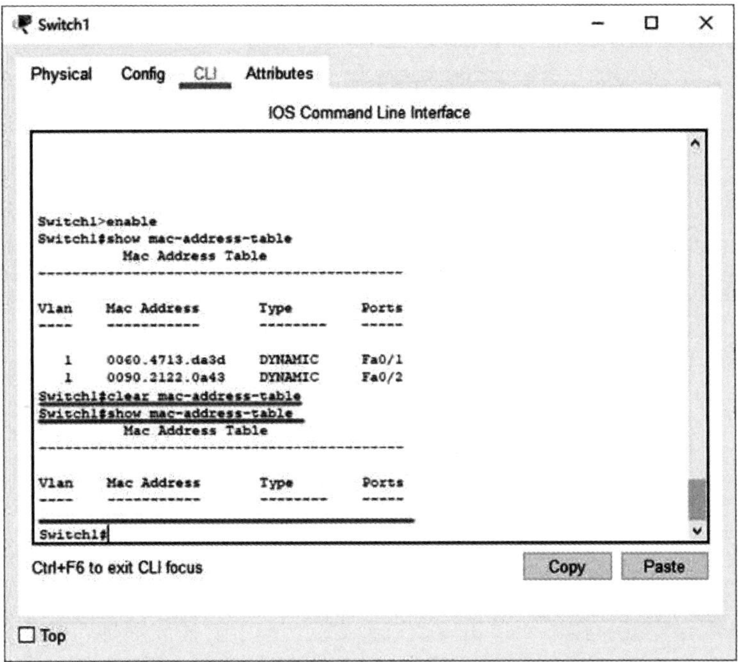

图3-12　清空交换机的转发表

图3-13　事件列表过滤器

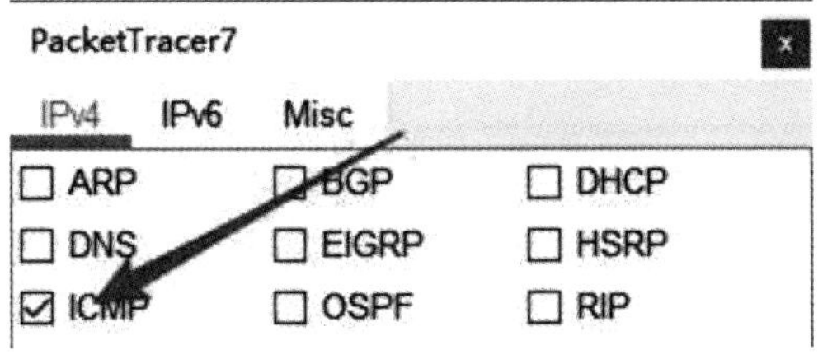

图3-14　编辑过滤器

在仿真开始前，Packet Tracer的界面如图3-15所示，在右下角的数据包窗口生成一个使用ICMP协议的PC1到PC2通信的场景，在右上角的事件列表产生一个始于PC2的ICMP数据包，在PC1图标上产生一个信封数据包图标。

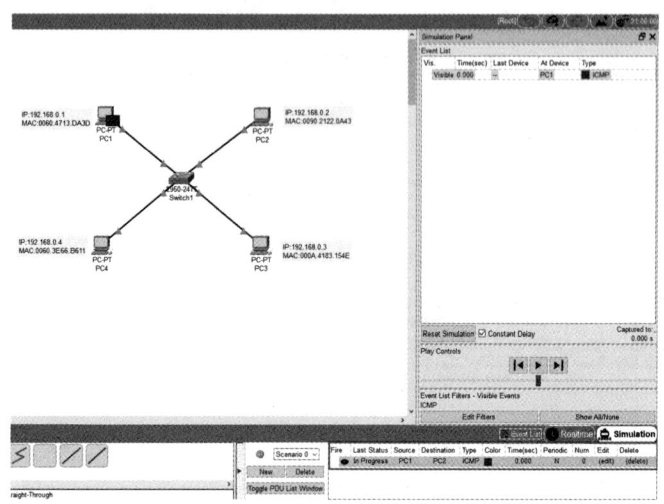

图3-15　Packet Tracer界面

至此准备工作完成，接下每单击一次Play Controls中的播放图标，数据包将在两个节点之间传输一次，同时在Event List事件列表产生一个事件，下面重点观察数据包经过交换机时，交换机转发数据包和交换机转发表的变化，以验证交换机的工作原理。

第1次单击播放图标，数据包从PC1传输到Switch1，如图3-16所示，在Event List列表中产生本次传输的事件，代表数据包的信封图标到达Switch1。

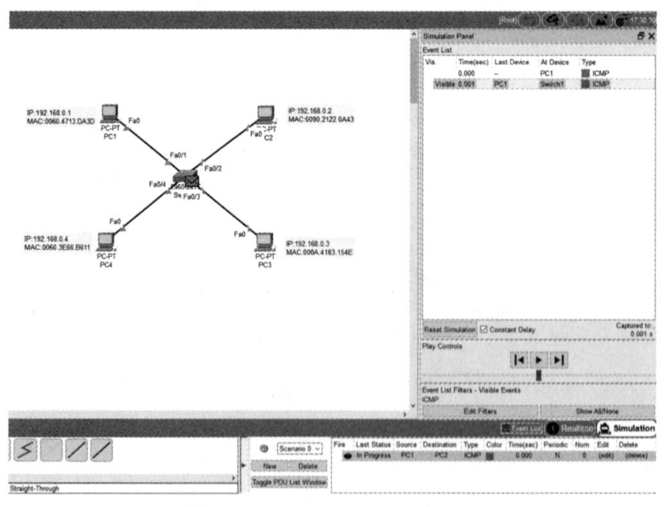

图3-16　Packet Tracer界面

Switch1读取数据包的源MAC地址为PC1的MAC地址（0060.4713.DA3D），将该MAC地址与接收该数据包的Switch1接口（FastEthernet0/1，简写Fa0/1）写入转发表，查看交换机的转发表（如图3-17所示）进行验证。

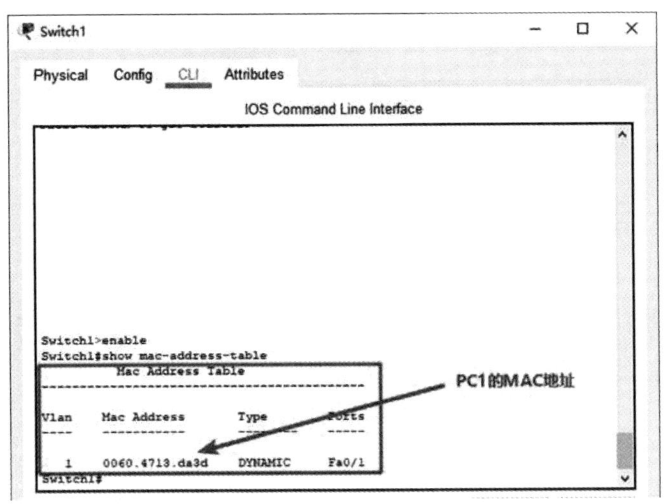

图3-17　交换机的转发表

第2次单击播放图标，Switch1读取数据的目的MAC地址为PC2的MAC地址（0090.2122.0A43），并在转发表中查找该MAC地址，查找不到，则交换机Switch1将向所有接口发送该数据包（数据包的PDU详细信息如图3-18所示），即发送到FastEthernet0/2、FastEthernet0/3和FastEthernet0/4三个接口，从而实现数据包从Switch1向PC2、PC3和PC4进行传输，同时在Event List事件列表中增加3个事件，如图3-19所示，PC2、PC3和PC4接收到数据包，发现数据包的MAC地址是PC2的，因此PC2接收这个数据包，PC3和PC4丢弃该数据包。

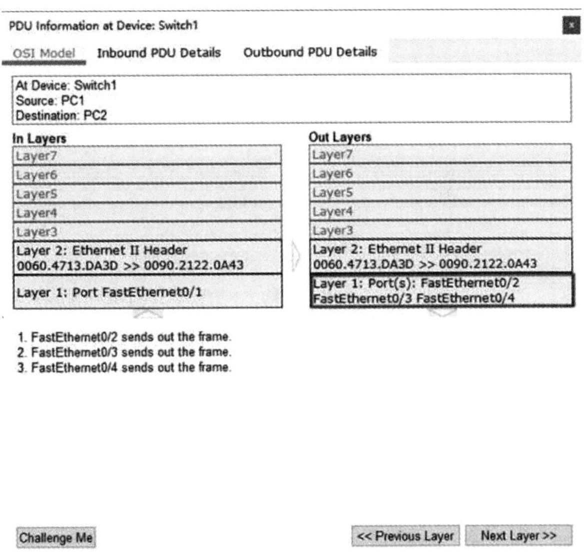

图3-18　数据包的PDU详细信息

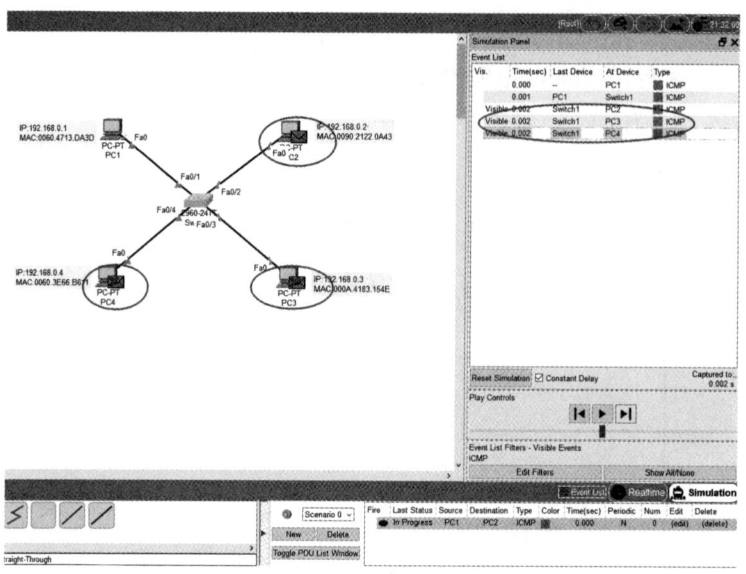

图3-19　Packet Tracer 界面

第3次单击播放图标，PC2需要给PC1发送一个回应数据包，PC2向Switch1发送1个数据包，如图3-20所示，在Event List事件列表中增加1个事件。

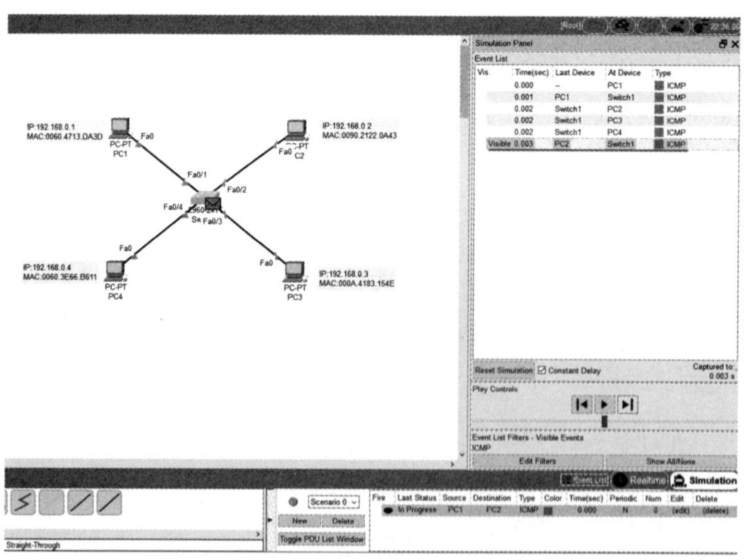

图3-20　Packet Tracer 界面

在数据包到达Switch1时，交换机首先将在转发表中进行登记，即将数据包的源MAC地址（PC的MAC地址，0090.2122.0A43）与接收该数据包的接口Fa0/2写入转发表，如

图3-21所示，交换机的转发表中增加一条记录。然后进行转发，即读取数据包的目的MAC地址（PC1的MAC地址，0060.4713.DA3D），并在图3-21所示的转发表中查找该MAC地址，查到该MAC地址对应的交换机Fa0/1接口，因此交换机向Fa0/1接口转发数据包。

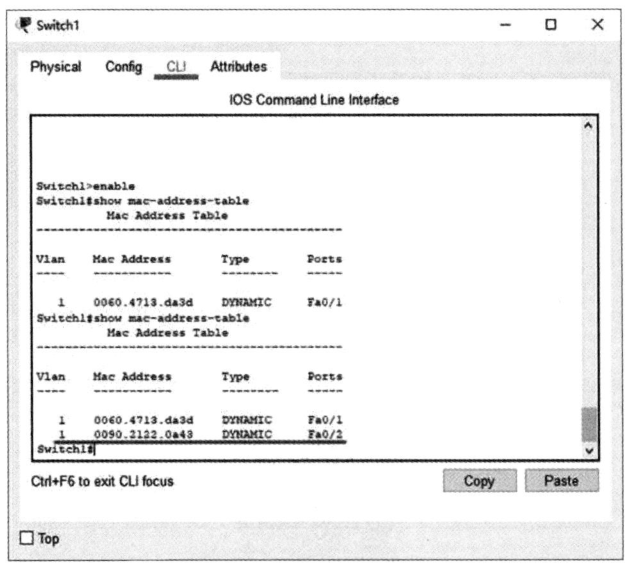

图3-21　交换机的转发表

第4次单击播放图标，数据包从Switch1传输到PC1，在Event List事件列表中添加该事件，如图3-22所示，至此数据包传输完成，同时在数据包窗口也显示传输成功。

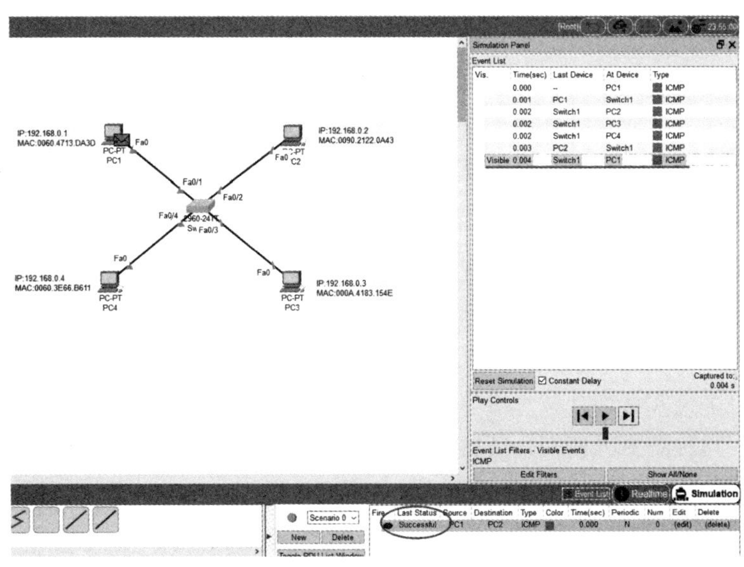

图3-22　Packet Tracer 界面

步骤6：重新添加1个PC1到PC2的简单PUD数据包，进行仿真传输，传输过程中的事件列表如图3-23所示，与步骤4有差异，主要原因是两次传输前后交换机的转发表不同，导致转发时，交换机采用不同的转发方式。

Simulation Panel

Event List

Vis.	Time(sec)	Last Device	At Device	Type
	0.000	--	PC1	ICMP
	0.001	PC1	Switch1	ICMP
	0.002	Switch1	PC2	ICMP
	0.003	PC2	Switch1	ICMP
Visible	0.004	Switch1	PC1	ICMP

图3-23　事件列表

3.1.6　思考题

说明步骤4与步骤5中交换机转发数据包的差异，并分析原因。

实验视频：生成树协议

3.2　实验二：生成树协议

3.2.1　基础知识

以太网交换机组建的局域网，为了提高网络的可靠性，往往会存在冗余链路，而冗余链路会导致网络形成物理环路，一旦有广播数据帧发送到环路中，数据帧会在环路中不停地被转发，永远不会被丢弃，从而形成广播风暴，将在短时间耗尽链路和网络设备的物理资源，导致整个网络瘫痪，无法正常传输数据。

生成树协议（Spanning Tree Protocol，STP）是解决以上问题的一种技术，既能消除物理环路的问题，同时又能保证链路的冗余性。生成树协议会自动阻塞冗余的链路来解决物理环路问题，当链路出现问题时，会启动冗余的备用链路来保证网络的正常运行。

生成树协议首先选择一台交换机作为根交换机，其次使所有交换机到根交换机都只有一条链路，同时需要阻塞冗余链路，从而消除物理环路。生成树协议的工作原理比较复杂，大概实现过程如下：

（1）确定根交换机。根交换机用来发送桥协议数据单元（Bridge Protocol Data

Unit，BPDU），也用来发送普通数据包，每个网络中只能有一台根交换机，其他交换机都是非根交换机。网络中网桥ID最小的交换机即为根交换机，网桥ID由优先级和交换机的基本MAC地址两部分组成，先比较优先级，最小的交换机为根交换机，若最小优先级的交换机有多台，则从左到右比较交换机的基本MAC地址，优先级最小的交换机为根交换机。

（2）确定根接口。在每个非根交换机上选出一个根接口，有且只有一个。根接口主要用来接收根交换机发送的BPDU，也用来发送普通数据包。主要根据交换机接口到根交换机的路径成本大小等因素来确定根接口。

（3）确定指定接口。在每个网段上确定一个指定接口，有且只有一个。指定接口用于转发根交换机发送的BPDU，也用来发送普通数据包。根交换机的所有接口都是指定接口，根接口的对应接口一定是指定接口，其他接口主要考虑BPDU转发接口到根交换机的路径成本大小等因素来确定指定接口。

（4）确定备用接口。除根接口和指定接口外的所有接口都是备用接口，并应将这些备用接口全部阻塞。

3.2.2　实验目的

1．了解以太网交换机的生成树协议。

2．理解网络环路问题。

3．验证生成树协议。

3.2.3　实验拓扑

本实验由2台计算机与4台2960交换机组成，实验拓扑如图3-24所示，4台计算机通过线缆组成一个物理环路，计算机的IP地址与子网掩码配置如表3-3所示。

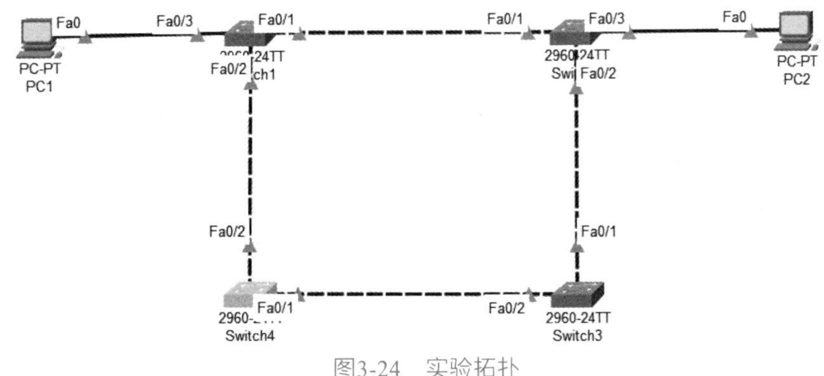

图3-24　实验拓扑

表3-3　计算机IP地址配置

计算机	IP地址	子网掩码
PC1	192.168.0.1	255.255.255.0
PC2	192.168.0.2	255.255.255.0

3.2.4　实验内容

任务一：搭建如图3-24所示的实验拓扑，并按照表3-3的配置信息配置计算机的IP地址与子网掩码。

任务二：在关闭生成树协议下观察PC1向PC2发送数据包的过程，并记录实验过程与结果。

任务三：在开启生成树协议下观察PC1向PC2发送数据包的过程，并记录实验过程与结果。

任务四：在任务三的基础上，关闭交换机的一个接口，观察生成树协议的启用冗余链路，并记录实验过程与结果。

3.2.5　实验步骤与结果

实验素材：生成树协议

步骤1：搭建实验拓扑。

实验拓扑如图3-24所示，分别配置计算机PC1和PC2的IP地址与子网掩码。

步骤2：关闭交换机的生成树协议。

默认情况下，交换机会开启生成树协议，虽然4台交换机的连接形成1个物理环路，其中1台交换机会阻塞1个接口，这个接口的指示灯为橙色，从而保证在逻辑上不存在环路。根据实验要求，需要先关闭交换机的生成树协议，下面以Switch1为例，单击PC1图标，弹出的配置窗口中单击“CLI”面板，输入以下命令：

```
Switch1>enable                    //进入特权模式
Switch1#configure terminal        //进入全局模式
```

Switch1(config)#no spanning-tree vlan 1　//关闭交换机的生成树协议

以同样的方法关闭Switch2、Switch3和Switch4的生成树协议，关闭4台交换机的生成树协议后，原来的橙色指示灯变变成绿色，形成一个物理环路，所有线路的状态图标指示灯处于闪烁中，表明可能存在广播风暴。

步骤3：PC1发送一个广播数据包。

单击常用工具栏的创建复杂PDU图标，单击“PC1”，弹出如图3-25所示，分别配置如下：

（1）Destination IP Address（目标IP地址）：255.255.255.255，表示是一个广播数据包。

（2）Source IP Address（源IP地址）：192.168.0.1，即为PC1的IP地址。

（3）Sequence Number（序号）；1。

（4）One Shot中的Time（时间）：1秒。

（5）其他采用默认配置。

单击“Create PDU”，创建一个广播数据包，并发送，交换机收到广播数据包后，将向所有的接口转发该数据包，4台交换机广播的数据包将永远在4台交换机之间绕圈，如图3-26所示，占用网络资源。

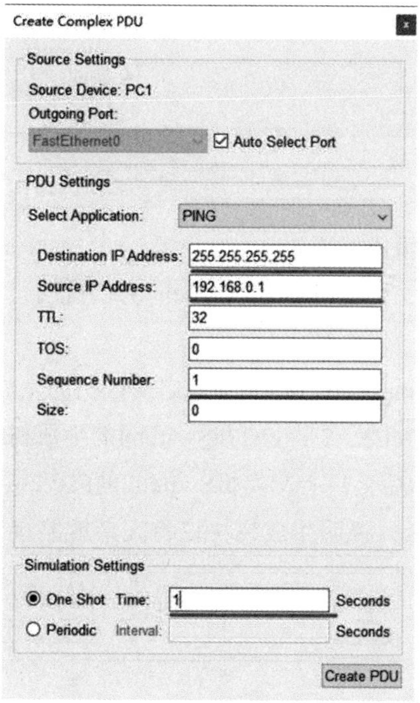

图3-25　添加复杂 PDU

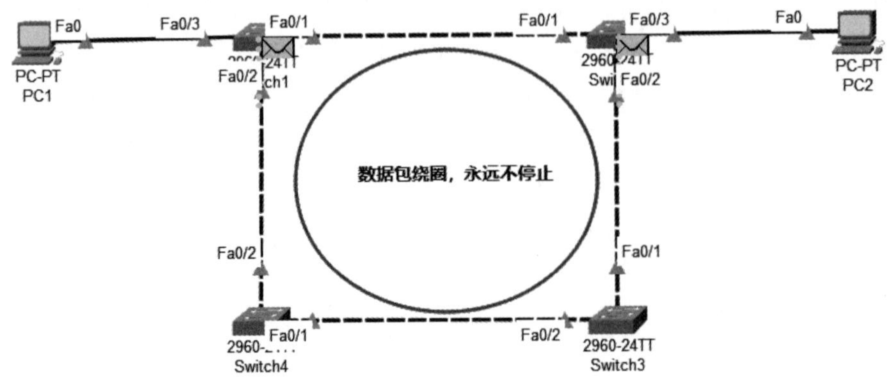

图3-26　绕圈的数据包

步骤4：PC1向PC2发送一个数据包。

单击创建简单PDU图标，分别单击“PC1”和“PC2”图标，创建一个从PC1向PC2发送数据包的场景，发送结果显示失败如图3-27所示。说明网络中一旦已经形成广播风暴，网络将无法发送数据包。

Fire	Last Status	Source	Destination	Type	Color	Time(sec)	Periodic	Num	Edit	Delete
●	Failed	PC1	PC2	ICMP	■	0.000	N	0	(edit)	(delete)

图3-27　数据包窗口

步骤5：开启交换机的生成树协议。

跟关闭生成树协议相似，下面同样以Switch1为例说明，需要在全局模式下操作，具体命令如下：

Switch1(config)#spanning-tree vlan 1　//开启交换机的生成树协议

以同样的方法开启Switch2、Switch3和Switch4的生成树协议，发现部分线缆指示灯变成橙色，等待大概几十秒后，只有交换机Switch2的Fa0/2接口的指示灯是橙色，其他全部变成绿色，如图3-28所示，说明生成树协议将冗余链路接口阻塞，从而在逻辑上去除环路，避免广播风暴的产生。

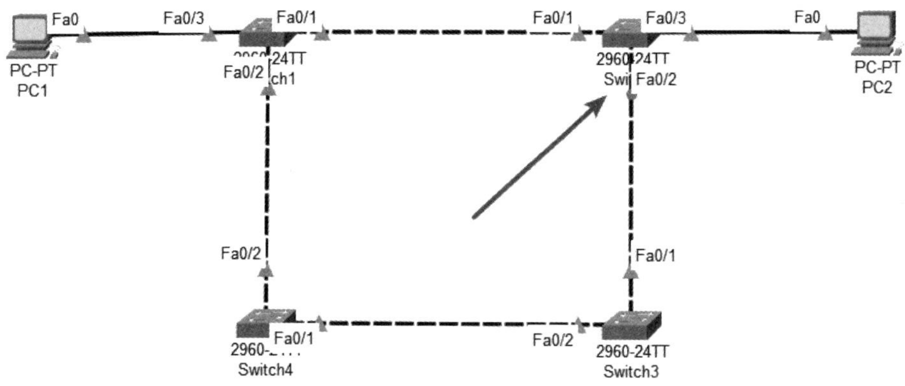

图3-28　实验拓扑

步骤6：重复步骤4，即PC1向PC2发送一个数据包。

单击创建简单PDU图标，分别单击“PC1”和“PC2”图标，创建一个从PC1向PC2发送数据包的场景，发送结果显示如图3-29所示，说明数据包发送成功。

Fire	Last Status	Source	Destination	Type	Color	Time(sec)	Periodic	Num	Edit	Delete
●	Successful	PC1	PC2	ICMP	■	0.000	N	0	(edit)	(delete)

图3-29　数据包窗口

传输过程的Event List事件列表如图3-30所示，数据饱经过Switch1和Switch2的传输达到PC2，再经过Switch2和Switch1的传输，到达PC1。

Event List

Vis.	Time(sec)	Last Device	At Device	Type
	0.000	--	PC1	ICMP
	0.001	PC1	Switch1	ICMP
	0.002	Switch1	Switch2	ICMP
	0.003	Switch2	PC2	ICMP
	0.004	PC2	Switch2	ICMP
	0.005	Switch2	Switch1	ICMP
Visible	0.006	Switch1	PC1	ICMP

图3-30　Event List 事件列表

步骤7：关闭Switch1的FastEthernet0/1接口有以下两种方法。

第一种方法：图形界面方法，单击“Switch1”，在弹出的配置窗口中单击“Config”配置面板，再单击左侧的“FastEthernet0/1”，不勾选“Port Status”，在“On”去掉勾选，如图3-31所示。

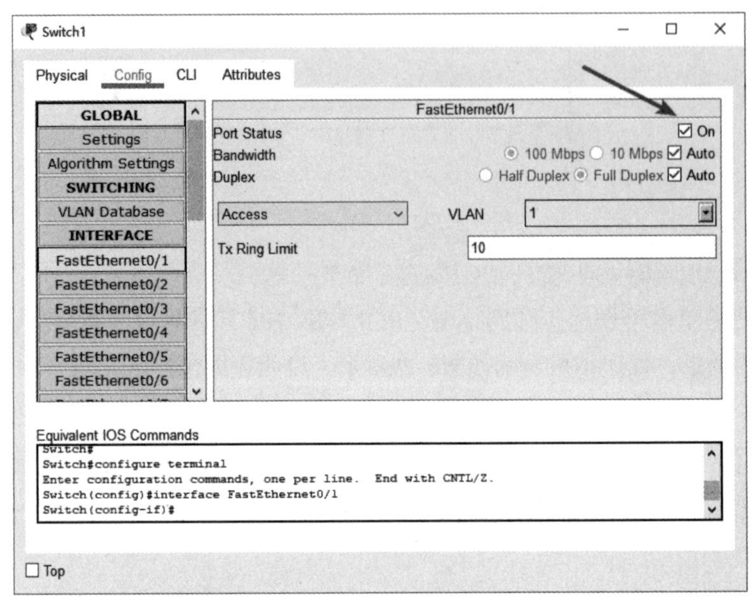

图3-31　关闭接口

第二种方法：命令行方法，单击Switch1，在弹出的配置窗口中单击“CLI”面板，输入以下命令：

```
Switch1>enable                               //进入特权模式
Switch1#configure terminal                   //进入全局模式
Switch1(config)#interface FastEthernet0/1    //进入FastEthernet0/1接口模式
Switch1(config-if)#shutdown                  //关闭接口
```

当关闭接口后，该接口所在线缆的两端接口指示灯变成红色，表明该线路物理未接通。因为在真实交换机的配置中只有命令行方法，建议使用命令行方法关闭接口。

步骤8：重复步骤6，即PC1向PC2发送一个数据包。

当步骤7关闭接口，需要等待几十秒，以便生成树协议启用备用冗余链路，也可以在Realtime实时模式和Simulation仿真模式之间多次切换，加速这个过程，结果如图3-32所示，冗余备用接口Switch2的Fa0/2接口已经开启。

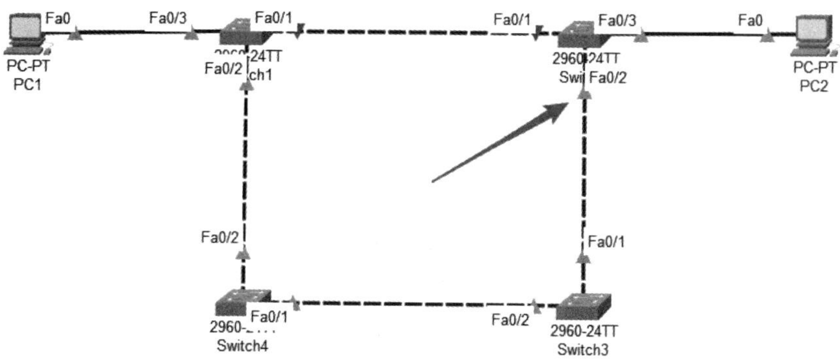

图3-32　实验拓扑

单击创建简单PDU图标，分别单击“PC1”和“PC2”图标，创建一个从PC1向PC2发送数据包的场景，发送结果显示如图3-33所示，说明数据包发送成功。

Fire	Last Status	Source	Destination	Type	Color	Time(sec)	Periodic	Num	Edit	Delete
●	Successful	PC1	PC2	ICMP	■	0.000	N	0	(edit)	(delete)

图3-33　数据包窗口

进一步观察数据包的传输过程，传输过程的Event List事件列表如图3-34所示，数据包经过Switch1、Switch4、Switch3和Switch2的传输达到PC2，再经过Switch2、Switch3、Switch4和Switch1的传输，到达PC1。

比较步骤6和步骤8的传输过程，验证说明生成树协议既解决网络环路问题，又使用冗余链路提高网络可靠性。

Event List

Vis.	Time(sec)	Last Device	At Device	Type
	0.000	--	PC1	ICMP
	0.001	PC1	Switch1	ICMP
	0.002	Switch1	Switch4	ICMP
	0.003	Switch4	Switch3	ICMP
	0.004	Switch3	Switch2	ICMP
	0.005	Switch2	PC2	ICMP
	0.006	PC2	Switch2	ICMP
	0.007	Switch2	Switch3	ICMP
	0.008	Switch3	Switch4	ICMP
	0.009	Switch4	Switch1	ICMP
Visible	0.010	Switch1	PC1	ICMP

图3-34　Event List 事件列表

3.2.6 思考题

简述生成树协议的工作原理。

实验视频：虚拟局域网

3.3 实验三：虚拟局域网

3.3.1 基础知识

局域网（Local Area Network，LAN）是一种最常见的网络，一个单位通常使用交换机来连接单位内部的计算机构建局域网，大多局域网都是以太网。通过以太网交换机组建的局域网解决了冲突域的问题，但是这种局域网是个广播域。当一台交换机收到一个数据包，而这个数据包的目的IP地址是这个网络的广播地址或者目的MAC地址是FF-FF-FF-FF-FF-FF，交换机将向所有接口转发这个数据包，即为广播，因此这台交换机所构成网络的所有计算机都将收到这个数据包，而广播所能覆盖的范围就叫作广播域，通常广播用来进行ARP寻址等用途，但是广播域的不断扩大会严重影响网络性能，甚至导致网络无法正常工作。

虚拟局域网（Virtual Local Area Network，VLAN）是将一个物理的局域网在逻辑上划分成多个广播域的通信技术。VLAN内的主机间可以直接通信，而VLAN间不能直接通信，从而将广播报文限制在一个VLAN内。举例说明，例如某个大学专业招收新生300人，该专业所在的院系如果把300人组成一个班级，将无法开展正常授课，也无法对300人的班级进行有效管理，往往会将300人的新生分成多个班级，例如分成10个班级（编号为1~10），每个班级30人，可以把300人理解为一个大的局域网，10个班级理解为10个虚拟局域网（名称为VLAN1~VLAN10）。现在老师需要给1班的学生发一个通知，若没有对300人进行分班，一般情况下会对所有的300人一起发这个通知；若进行了分班，只需要给1班的学生发通知即可。在局域网中也一样，若没有创建VLAN，只能在整个局域网中进行广播，将占用大量的网络带宽资源，同时也带来信息安全隐患；若已经创建VLAN，则只需要在VLAN1中进行广播，其他VLAN将无法收到这个广播数据包，既减少网络带宽资源的占用，同时也保护广播的数据包不会到达除VLAN1以外的网络。

常用来划分VLAN的方法如下：

（1）基于交换机接口的划分VLAN：该方法是目前最常见的划分VLAN方法，通过对交换机的接口进行配置，划分到某个VLAN，只要有计算机接入这个接口，这台计算机就划分到该接口对应的VLAN。

（2）基于MAC地址的划分VLAN：将计算机网卡的MAC地址绑定某个VLAN。

基于交换机接口的划分VLAN方法一般将交换机的接口分为Access和Trunk两种类型，功能描述分别如下：

（3）Access接口：用来连接计算机，只能属于一个VLAN。

（4）Trunk接口：用于交换机之间或交换机与路由器之间的连接，可以同时属于多个VLAN。

在思科交换机和Packet Tracer模拟器中，根据VLAN ID（编号）分为两类：

（5）1~1006：普通VLAN，其中VLAN1、VLAN1002~1005为默认保留VLAN，默认情况下所有接口都属于VLAN1。

（5）1006~4094：扩展VLAN。

普通用户使用普通VLAN即可，下面介绍VLAN的创建与配置的基本方法，单击交换机图标，在弹出的配置界面中选择CLI，进入命令行界面，通过命令来创建和配置VLAN，在全局模式进行，具体如下：

1. 创建VLAN

创建VLAN通常在全局模式或VLAN模式下进行，其命令如下：

```
Switch>enable                 //进入特权模式
Switch#configure terminal       //进入全局模式
Switch(config)#vlan 10          //创建10号VLAN
Switch(config-vlan)#name vlan10   //10号命令为VLAN10
```

2. 接口划分到VLAN

（1）单个接口划分到VLAN，其命令如下：

```
Switch(config)#interface Fa0/1     //进入Fa0/1的接口模式
Switch(config-if)#switchport mode access    //配置接口为Access接口
Switch(config-if)#switchport access vlan 10   //将该接口划入10号VLAN
```

（2）多个连续接口划分到VLAN，其命令如下：

```
Switch(config)#interface range Fa0/1-5     //进入Fa0/1到Fa0/5的接口模式
Switch(config-if)#switchport mode access    //配置接口为Access接口
Switch(config-if)#switchport access vlan 10   //将该接口划入10号VLAN
```

（3）多个非连续接口划分到VLAN，其命令如下：

Switch(config)#interface range Fa0/6,Fa0/8-10 //进入Fa0/6、Fa0/8到Fa0/10的接口模式
Switch(config-if)#switchport mode access //配置接口为Access接口
Switch(config-if)#switchport access vlan 10 //将该接口划入10号VLAN

3．接口从原来的VLAN划出，即将接口划回到1号VLAN

Switch(config)#interface Fa0/1 //进入Fa0/1的接口模式
Switch(config-if)#no switchport access vlan 10 //将该接口从10号VLAN划出。

4．删除VLAN

删除VLAN前，需要先删除VLAN内的接口，否则将导致该VLAN内的接口属于不可用状态。

Switch#configure terminal //进入全局模式
Switch(config)#no vlan 10 //删除10号VLAN

5．查看当前VLAN配置情况，需要在特权模式下操作

Switch#show vlan brief //查看当前VLAN的信息

```
VLAN Name                             Status    Ports
---- -------------------------------- --------- -------------------------------
1    default                          active    Fa0/7, Fa0/8, Fa0/9, Fa0/10
                                                Fa0/11, Fa0/12, Fa0/13, Fa0/14
                                                Fa0/15, Fa0/16, Fa0/17, Fa0/18
                                                Fa0/19, Fa0/20, Fa0/21, Fa0/22
                                                Fa0/23, Fa0/24, Gig0/1, Gig0/2
10   vlan10                           active    Fa0/1, Fa0/2, Fa0/3
20   vlan20                           active    Fa0/4, Fa0/5, Fa0/6
1002 fddi-default                     active
1003 token-ring-default               active
1004 fddinet-default                  active
1005 trnet-default                    active
```

6．删除交换机中的所有VLAN

交换机中创建与配置VLAN的数据保存在vlan.dat文件中，应该删除该文件即可删除所有VLAN。

Switch#delete flahs:vlan.dat //删除所有VLAN。
Delete filename [vlan.dat]? //确认删除

3.3.2　实验目的

（1）理解VLAN的工作原理；
（2）掌握单交换机的VLAN配置方法；
（3）掌握多交换机的VLAN配置方法；
（4）验证VLAN隔离广播域的功能。

3.3.3　实验拓扑

本实验由两个实验拓扑，实验拓扑一如图3-35所示，由1台9600交换机和6台计算机组成，用来进行单交换机的VLAN配置实验，计算机的IP地址与子网掩码如表3-4所示。

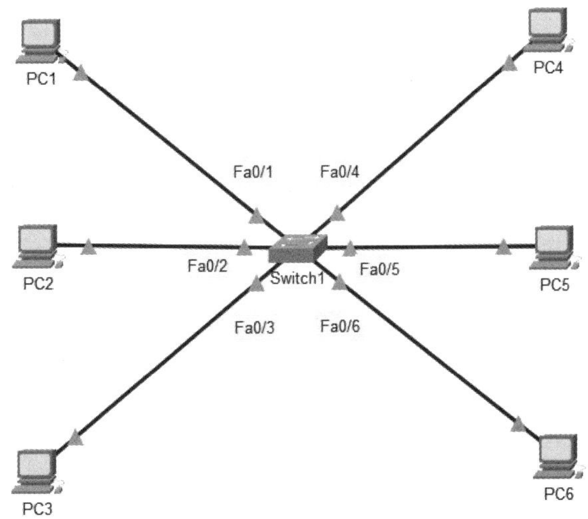

图3-35　实验拓扑一

表3-4　计算机IP地址与子网掩码

计算机名称	IP地址	子网掩码
PC1	192.168.0.1	255.255.255.0
PC2	192.168.0.2	255.255.255.0
PC3	192.168.0.3	255.255.255.0
PC4	192.168.0.4	255.255.255.0
PC5	192.168.0.5	255.255.255.0
PC6	192.168.0.6	255.255.255.0

实验拓扑二由两个实验拓扑一组合而成，由2台9600交换机与12台计算机组成，如图3-36，计算机的IP地址与子网掩码如表3-4和表3-5所示。

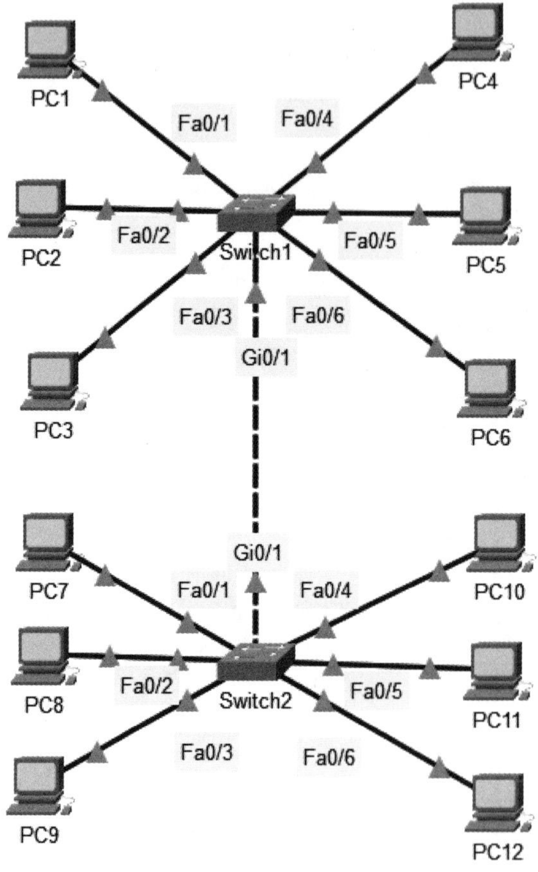

图3-36 实验拓扑二

表3-5 计算机IP地址与子网掩码

计算机名称	IP地址	子网掩码
PC7	192.168.0.7	255.255.255.0
PC8	192.168.0.8	255.255.255.0
PC9	192.168.0.9	255.255.255.0
PC10	192.168.0.10	255.255.255.0
PC11	192.168.0.11	255.255.255.0
PC12	192.168.0.12	255.255.255.0

3.3.4　实验内容

任务一：未划分VLAN下观察记录广播数据包。

任务二：单交换机配置VLAN，并观察同一个VLAN中的广播数据包和不同VLAN的计算机之间能否通信，并记录。

任务三：多交换机配置VLAN，并观察不同交换机同一个VLAN中的广播数据包，并记录。

实验素材：
虚拟局域网

3.3.5　实验步骤与结果

步骤1：搭建实验拓扑一。

搭建如图3-35所示的实验拓扑一，并通过注释的形式在交换机的接口注明接口名称，单击常用工具栏的注释工具，然后在交换机接口附近合适的位置单击输入注释说明，注释完成后，用户也可以单击按住鼠标移动注释到合适的位置。

步骤2：配置计算机的IP地址。

按照表3-4配置计算机的IP地址与子网掩码，下面以PC1为例说明，单击PC1计算机图标，在弹出的配置窗口中单击选择Desktop面板，再单击“IP Configuration”，在弹出的IP地址配置窗口中填写IP地址与子网掩码，如图3-37所示，用同样的方法完成PC2到PC6计算机IP地址的配置。

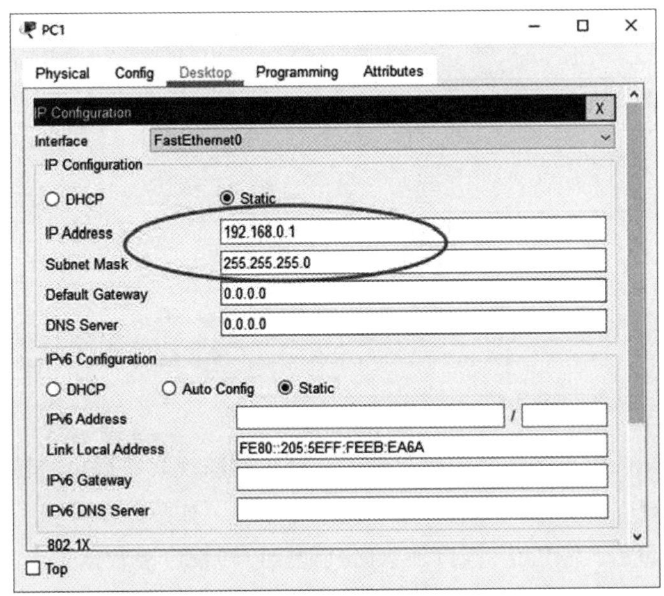

图3-37　IP地址配置

步骤3：PC1发送一个广播数据包。

在仿真模式下观察数据包的传输过程，单击“Simulation”图标切换Packet Tracer到仿真模式，在Event List Filters中只选择ICMP协议。

单击常用工具栏的创建复杂“PDU”图标，单击“PC1”，弹出如图3-38所示，分别配置如下：

（1）Destination IP Address（目标IP地址）：255.255.255.255，表示是一个广播数据包。

（2）Source IP Address（源IP地址）：192.168.0.1，即为PC1的IP地址。

（3）Sequence Number（序号）；1。

（4）One Shot中的Time（时间）：1秒。

（5）其他采用默认配置。

单击“Create PDU”，创建一个广播数据包。

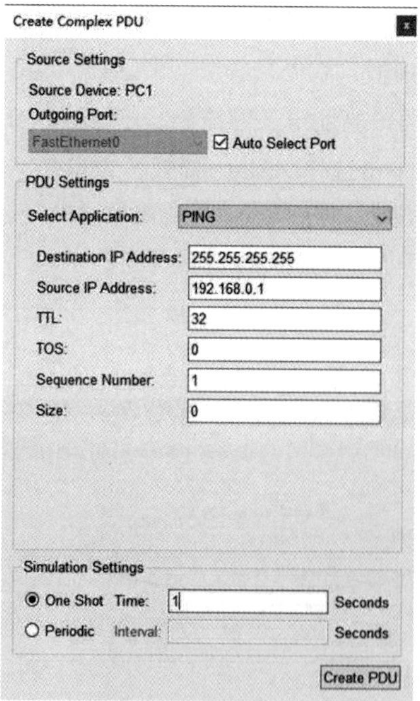

图3-38　添加复杂 PDU

在Play Controls中单击播放图标，在工作区中跟踪观察数据包的转发过程，同时每一次转发数据包对应Event List事件列表中的一个事件，如图3-39所示，交换机Swtich1在接收到广播数据包后，除Fa0/1接口外，向其他接口转发广播数据包，其中连接Fa0/2到Fa0/6的计算机PC2到PC6接收到该数据包，说明广播数据包成功。

Event List

Vis.	Time(sec)	Last Device	At Device	Type
	1.000	--	PC1	ICMP
	1.001	PC1	Switch1	ICMP
	1.002	Switch1	PC2	ICMP
	1.002	Switch1	PC3	ICMP
	1.002	Switch1	PC4	ICMP
	1.002	Switch1	PC5	ICMP
	1.002	Switch1	PC6	ICMP
	1.003	PC2	Switch1	ICMP
	1.003	PC3	Switch1	ICMP
	1.003	PC4	Switch1	ICMP
	1.003	PC5	Switch1	ICMP
	1.003	PC6	Switch1	ICMP
	1.004	Switch1	PC1	ICMP
	1.004	--	Switch1	ICMP
Visible	1.005	Switch1	PC1	ICMP
Visible	1.005	--	Switch1	ICMP
	1.006	Switch1	PC1	ICMP
	1.006	--	Switch1	ICMP
	1.007	Switch1	PC1	ICMP
	1.007	--	Switch1	ICMP
	1.008	Switch1	PC1	ICMP

图3-39　事件列表

单击事件列表中Swith1发送给PC2数据包，弹出PDU信息窗口如图3-40所示，左侧为到达PC2的数据包，在OSI模型的第二层数据链路层的目的MAC地址为FFFF.FFFF.FFFF，说明这是一个广播数据包，同时在第三层网络层的目的IP地址为255.255.255.255，也说明这是广播数据包，再观察右侧PC2回复的数据包，不再是广播数据包，是一个单播数据包，目的IP地址和MAC地址都是PC1，说明是对PC1发送广播数据包的回复，其他计算机PC3到PC6用同样的方式回复PC1。

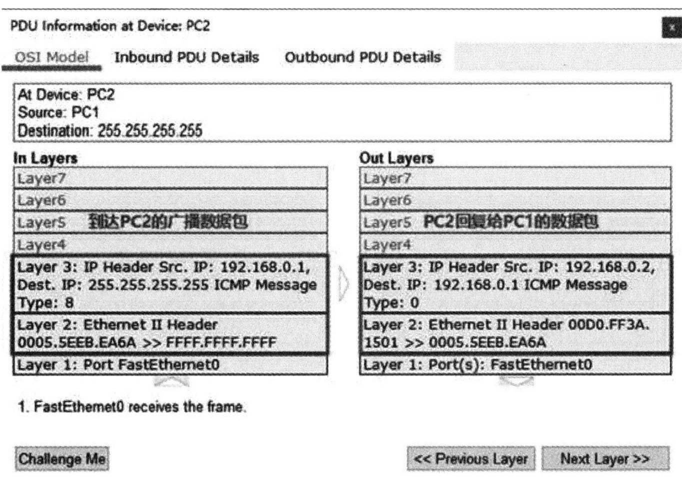

图3-40　PDU 信息窗口

步骤4：在Switch1交换机上创建和配置VLAN。

创建VLAN10将Fa0/1、Fa0/2和Fa0/3接口划分到VLAN10，创建VLAN20，将Fa0/4、Fa0/5和Fa0/6接口划分到VLAN20，下面分别介绍在Packet Tracer中创建与配置VLAN的两种方法。

第一种方法：图形化界面方法，单击“Switch1”图标，在弹出的配置界面中选择Config配置面板，在左侧的列表中单击“VLAN Database”，右侧出现VLAN Configuration配置区域，输入VLAN编号为“10”，VLAN名称为“vlan10”，单击“Add”图标，新的VLAN已经显示在下方的VLAN信息表，除新的10号VLAN，交换机默认还存在1、1002、1003、1004和1005号VLAN，默认情况下所有的接口都属于1号VLAN，如图3-41所示。

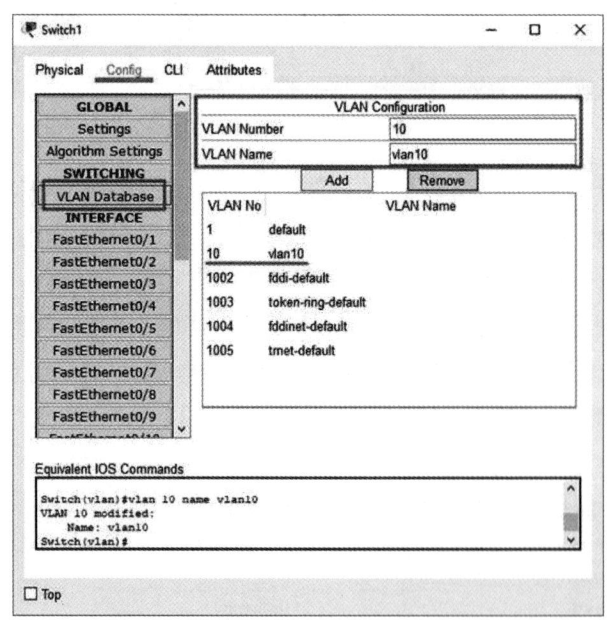

图3-41　VLAN 配置

第二种方法：命令行方法，单击Switch1图标，在弹出的配置界面中选择CLI面板，进行命令行界面，具体代码如下：

```
Switch>enable                    //进入特权模式
Switch#configure terminal        //进入全局模式
Switch(config)#vlan 20           //创建20号VLAN
Switch(config-vlan)#name vlan20  //20号命令为vlan20
```

```
Switch(config-vlan)#exit
Switch(config)#interface Fa0/4     //进入Fa0/4的接口模式
Switch(config-if)#switchport mode access    //配置接口为Access接口
Switch(config-if)#switchport access vlan 20   //将该接口划入20号VLAN
Switch(config-if)#exit
Switch(config)#interface Fa0/5
Switch(config-if)#switchport mode access
Switch(config-if)#switchport access vlan 20
Switch(config-if)#exit
Switch(config)#interface Fa0/6
Switch(config-if)#switchport mode access
Switch(config-if)#switchport access vlan 20
Switch(config-if)#end
Switch#show vlan brief    //查看当前VLAN的信息
VLAN Name                    Status    Ports
---- ------------------------------ --------- ------------------------------
1    default                 active    Fa0/7, Fa0/8, Fa0/9, Fa0/10
                                       Fa0/11, Fa0/12, Fa0/13, Fa0/14
                                       Fa0/15, Fa0/16, Fa0/17, Fa0/18
                                       Fa0/19, Fa0/20, Fa0/21, Fa0/22
                                       Fa0/23, Fa0/24, Gig0/1, Gig0/2
10   vlan10                  active    Fa0/1, Fa0/2, Fa0/3
20   vlan20                  active    Fa0/4, Fa0/5, Fa0/6
1002 fddi-default            active
1003 token-ring-default      active
1004 fddinet-default         active
1005 trnet-default           active
Switch#
```

以上将三个接口划分到VLAN20，也可以通过批量方式将三个接口同时划分到VLAN10，具体代码如下：

```
Switch(config)#interface range Fa0/1-3   //进入Fa0/3、Fa0/4和Fa0/6的接口模式
Switch(config-if-range)#switchport mode access    //配置接口为Access模式
```

Switch(config-if-range)#switchport access vlan 10 //将三个接口划分到10号VLAN

Switch(config-if-range)#end //退出接口模式

Switch#

步骤5：重复步骤3，PC1发送一个广播数据包，验证同一个VLAN传输广播数据包。

数据包传输过程的事件列表如图3-42所示，交换机在收到广播数据后只向属于VLAN10的PC2和PC3转发该数据包，而属于VLAN20的PC4、PC5和PC6未收到数据包，验证说明在交换机上划分VLAN后，广播数据包只在同一个VLAN广播，从而在一定程度上限制了广播风暴。

Event List

Vis.	Time(sec)	Last Device	At Device	Type
	1.000	--	PC1	ICMP
	1.001	PC1	Switch1	ICMP
	1.002	--	Switch1	ICMP
	1.002	--	Switch1	ICMP
	1.003	Switch1	PC2	ICMP
	1.003	Switch1	PC3	ICMP
	1.007	--	PC2	ICMP
	1.008	PC2	Switch1	ICMP
	1.008	--	PC3	ICMP
	1.009	PC3	Switch1	ICMP
	1.009	Switch1	PC1	ICMP
	1.010	Switch1	PC1	ICMP

图3-42 Event List 事件列表

步骤6：PC1与PC4是否连通，验证不同VLAN计算机之间的连通情况。

单击PC1计算机图标，在弹出的配置窗口中单击Desktop面板，单击“Command Prompt”图标，进行命令行界面，通过ping命令来测试PC1与PC4的连通性，结果如图3-43所示，反馈结果是超时，PC1与PC4未连通，说明创建VLAN后，不同VLAN间计算机之间无法通信。

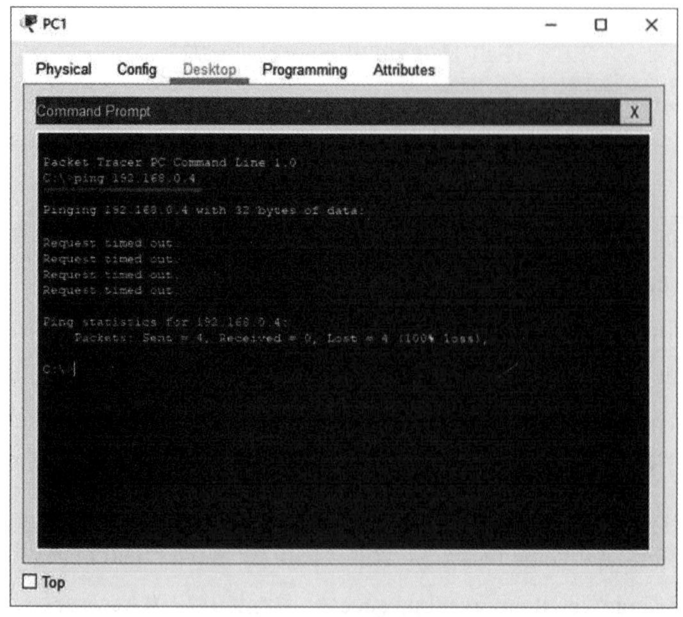

图3-43 连通性测试结果

步骤7：搭建实验拓扑二，并配置计算机的IP地址。

搭建如图3-36所示的实验拓扑，并配置如表3-5所示的IP地址与子网掩码，具体过程类似步骤1和步骤2。

步骤8：在交换机Switch2上创建与配置VLAN。

在Switch2上进行类似步骤4的操作，创建VLAN10将Fa0/1、Fa0/2和Fa0/3接口划分到VLAN10，创建VLAN20，将Fa0/4、Fa0/5和Fa0/6接口划分到VLAN20，配置结果如图3-44所示，已经完成配置。

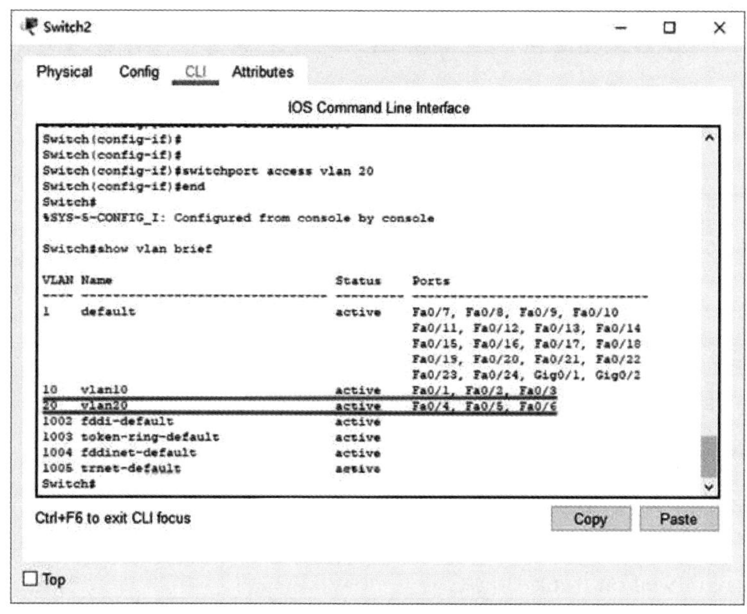

图3-44 VLAN 配置结果

步骤9：配置交换机的Trunk接口。

在Packet Tracer中配置交换机Trunk接口的方法同样有图形化界面和命令行界面两种方法，下面分别在Switch1和Switch2上配置，具体如下：

第一种方法：图形化界面方法，单击Switch1交换机图标，在弹出的配置窗口中选择Config配置面板，在左侧单击选择GigabitEthernet0/1接口，在右侧的接口具体配置的下拉列表中选择“Trunk”，如图3-45所示。

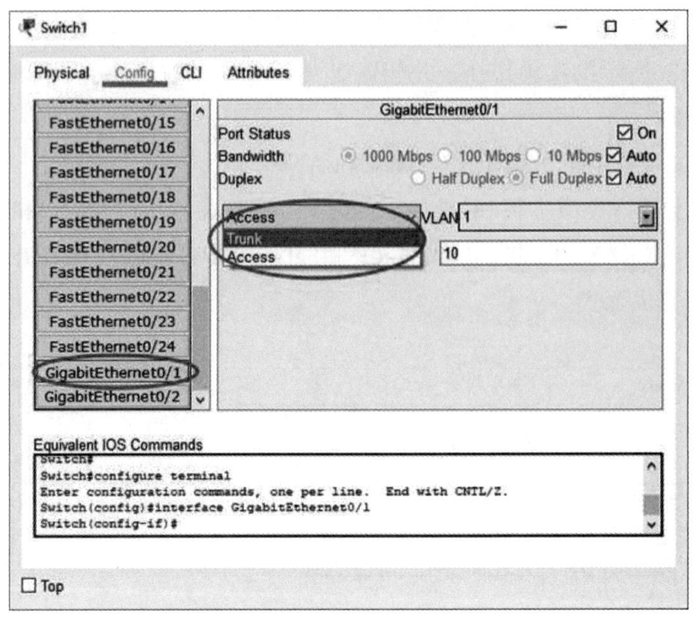

图3-45 配置 Trunk 接口

完成配置后，通过命令行方式查看接口状态，具体命令如下：

```
Switch1#show interfaces trunk     //查看交换机的Trunk接口
Port      Mode      Encapsulation  Status      Native vlan
Gig0/1     on         802.1q        trunking     1

Port      Vlans allowed on trunk
Gig0/1     1-1005

Port      Vlans allowed and active in management domain
Gig0/1     1,10,20

Port      Vlans in spanning tree forwarding state and not pruned
Gig0/1     1,10,20
```

第二种方法：命令行方法，单击Switch2交换机图标，在弹出的窗口中选择CLI面板，打开命令行界面，具体代码如下：

```
Switch2(config)#interface Gi0/1   //进入Gi0/1接口
Switch2(config-if)#switchport mode trunk    //配置接口为Trunk模式
```

```
Switch2(config-if)#end
Switch2#show interfaces trunk    //查看配置是否成功
Port      Mode       Encapsulation  Status       Native vlan
Gig0/1     on          802.1q        trunking      1

Port      Vlans allowed on trunk
Gig0/1     1-1005

Port      Vlans allowed and active in management domain
Gig0/1     1,10,20

Port      Vlans in spanning tree forwarding state and not pruned
    Gig0/1     1,10,20
```

步骤10：重复步骤3，PC1发送一个广播数据包，验证跨交换机同一个VLAN传输广播数据包。

将Packet Tracer切换到仿真模式，在PC1上添加一个复杂PDU数据包，为广播数据包，如图3-38所示，单击“Create”创建，仔细观察数据包传输过程，生成的事件列表如图3-46所示，属于VLAN10的计算机PC2、PC3、PC7、PC8和PC9收到数据包，而不属于VLAN10的计算机无法收到该广播数据包。

Event List

Vis.	Time(sec)	Last Device	At Device	Type
	1.000	--	PC1	ICMP
	1.001	PC1	Switch1	ICMP
	1.002	Switch1	PC2	ICMP
	1.002	Switch1	PC3	ICMP
	1.002	Switch1	Switch2	ICMP
	1.003	Switch2	PC7	ICMP
	1.003	Switch2	PC8	ICMP
	1.003	Switch2	PC9	ICMP
	1.006	--	PC2	ICMP
	1.007	PC2	Switch1	ICMP
	1.008	--	Switch1	ICMP
	1.008	--	PC3	ICMP
	1.009	Switch1	PC1	ICMP
	1.009	PC3	Switch1	ICMP
	1.009	--	PC7	ICMP
	1.010	Switch1	PC1	ICMP
	1.010	PC7	Switch2	ICMP
	1.010	--	PC8	ICMP
	1.011	PC8	Switch2	ICMP
	1.011	Switch2	Switch1	ICMP
	1.011	--	PC9	ICMP
	1.012	PC9	Switch2	ICMP
	1.012	Switch2	Switch1	ICMP
	1.012	Switch1	PC1	ICMP
	1.013	Switch2	Switch1	ICMP
	1.013	Switch1	PC1	ICMP
Visible	1.014	Switch1	PC1	ICMP

图3-46　Event List 事件列表

观察Switch1对发送到Switch2交换机的处理，如图3-47所示，Switch1对数据包进行重新封装，标记该数据包属于VLAN10，采用IEEE 802.1q进行标记。

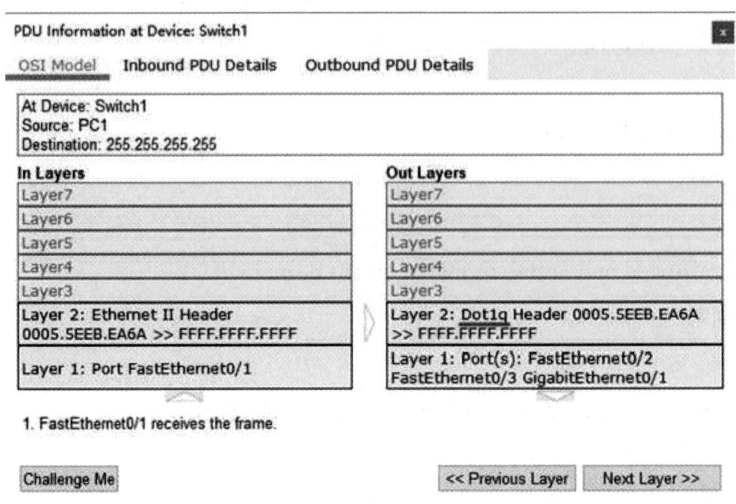

图3-47　Switch1 的 PDU 详细信息

Switch2对来自Switch1的数据包通过解析标记知道这个数据包属于VLAN10，如图3-48所示，同样重新进行封装，去除标记后，转发给属于VLAN10的接口，从而实现跨交换机同一个VLAN数据包的传输。

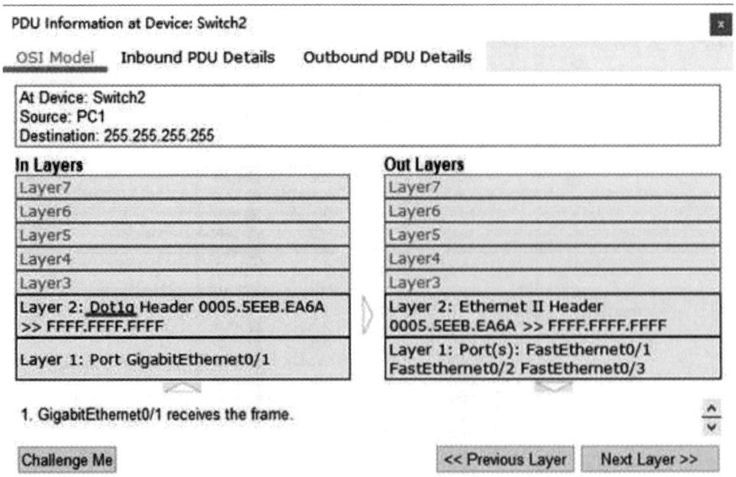

PDU Information at Device: Switch2
OSI Model
Inbound PDU Details
Outbound PDU Details
At Device: Switch2
Source: PC1
Destination: 255.255.255.255
In Layers
Layer7
Layer6
Layer5
Layer4
Layer3
Layer 2: Dot1q Header 0005.5EEB.EA6A >> FFFF.FFFF.FFFF
Layer 1: Port GigabitEthernet0/1
Out Layers
Layer7
Layer6
Layer5
Layer4
Layer3
Layer 2: Ethernet II Header 0005.5EEB.EA6A >> FFFF.FFFF.FFFF
Layer 1: Port(s): FastEthernet0/1 FastEthernet0/2 FastEthernet0/3
1. GigabitEthernet0/1 receives the frame.
Challenge Me
<< Previous Layer
Next Layer >>

图3-48　Switch2 的 PUD 详细信息

3.3.6　思考题

如何来实现不同VLAN内计算机之间的通信?

3.4　实验四：三层交换机实现VLAN间路由

实验视频：三层交换机实现 VLAN 间路由

3.4.1　基础知识

根据交换机在OSI参考模型里的工作层次，分为二层交换机与三层交换机，日常所说的交换机一般指的二层交换机，通常是指以太网交换机，工作在数据链路层，通过MAC地址来通信，而三层交换机工作在网络层，通过IP地址来通信，三层交换机在保留二层交换机所有功能的基础上带有路由器功能，是二层交换机与路由器的集合，路由功能相对路由器的弱一些，但是已经能够实现路由功能，主要用于单位内部解决局域网中VLAN之间的快速数据交换问题。

三层交换机具有交换机虚拟接口（Switch Virtual Interface，SVI），表示交换机所创建VLAN的IP接口，是一个逻辑三层的虚拟接口，用于实现VLAN之间的路由和桥接的功能，一个VLAN仅能对应一个SVI接口，一个SVI接口也仅能对应一个VLAN。VLAN1的SVI接口是主机管理接口，通过这个接口可以实现对交换机的管理，其他VLAN的SVI接口就是这个VLAN的网关接口。

SVI接口是一种VLAN的虚拟逻辑接口，进入对应VLAN的接口模式，可以配置SVI接口的IP地址与子网掩码，配置代码如下：

```
Switch>enable                  //进入特权模式
Switch#configure terminal        //进入全局模式
Switch(config)#vlan 10           //创建10号VLAN
Switch(config-vlan)#name vlan10  //10号命令为VLAN20
Switch(config-vlan)#exit
Switch(config)#interface vlan 10     //进入10号VLAN的接口模式
Switch(config-if)#ip address 192.168.0.254 255.255.255.0    //配置SVI接口IP地址
```

要删除SVI接口，只需删除对应的VLAN。

3.4.2 实验目的

1. 掌握在交换机上创建与配置VLAN的方法。
2. 掌握三层交换机SVI接口的配置方法。
3. 验证通过三层交换机的路由功能实现不同VLAN间的通信。

3.4.3 实验拓扑

实验拓扑如图3 49所示，由2台2950交换机、1台3560三层交换机和6台计算机组成，计算机的IP地址配置如表3-6所示，二层交换机的配置信息如表3-7所示，三层交换机SVI接口的地址配置如表3-8所示。

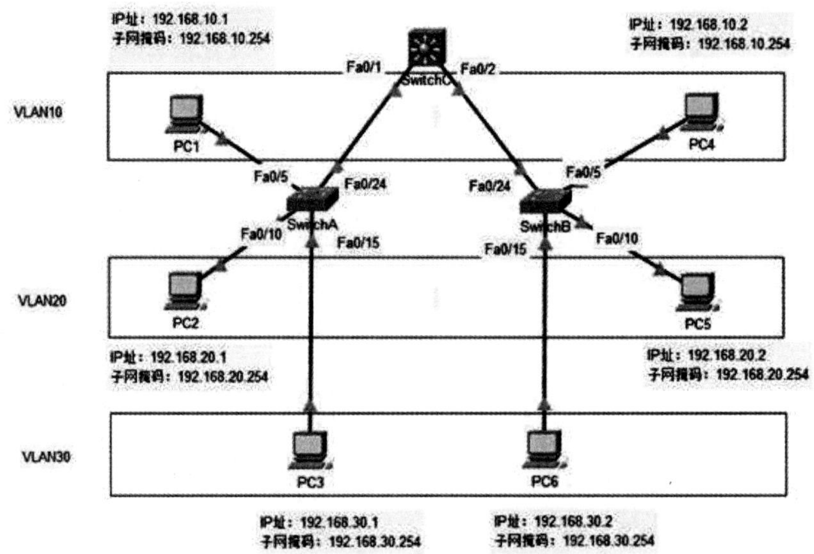

图3-49　实验拓扑

表3-6-计算机IP地址配置信息

名称	IP地址	子网掩码	默认网关	所属VLAN
PC1	192.168.10.1	255.255.255.0	192.168.10.254	VLAN10
PC2	192.168.20.1	255.255.255.0	192.168.20.254	VLAN20
PC3	192.168.30.1	255.255.255.0	192.168.30.254	VLAN30
PC4	192.168.10.2	255.255.255.0	192.168.10.254	VLAN10

名称	IP地址	子网掩码	默认网关	所属VLAN
PC5	192.168.20.2	255.255.255.0	192.168.20.254	VLAN20
PC6	192.168.30.2	255.255.255.0	192.168.30.254	VLAN30

表3-7　二层交换机配置信息

交换机名称	类型	接口	所属VLAN
Switch A	2950-24	Fa0/5	VLAN10
		Fa0/10	VLAN20
		Fa0/15	VLAN30
		Fa0/24	VLAN10、20、30
Switch B	2950-24	Fa0/5	VLAN10
		Fa0/10	VLAN20
		Fa0/15	VLAN30
		Fa0/24	VLAN10、20、30

表3-8　三层交换机SVI 接口的地址配置信息

VLAN名称	SVI接口的IP地址	SVI接口的子网掩码
VLAN10	192.168.10.254	255.255.255.0
VLAN20	192.168.20.254	255.255.255.0
VLAN30	192.168.30.254	255.255.255.0

3.4.4　实验内容

任务一：搭建如图3-49所示的实验拓扑，并标注备注信息。

任务二：按照表3-6配置计算机的IP地址信息。

任务三：在二层交换机上创建VLAN，并按照表3-7配置接口划入相应VLAN。

任务四：在三层交换机上创建VLAN，启动路由功能，并按照表3-8配置SVI接口。

任务五：验证观察并记录同一个VLAN内跨交换机之间计算机的通信和不同VLAN计算机之间的通信。

实验素材：三层交换机实现VLAN 间路由

3.4.5 实验步骤与结果

步骤1：搭建实验拓扑。

搭建如图3-49所示的实验拓扑，并通过注释的形式在交换机的接口注明接口名称，单击常用工具栏的注释工具，然后在交换机接口附近合适的位置单击输入注释说明，注释完成后，用户也可以单击按住鼠标移动注释到合适的位置。

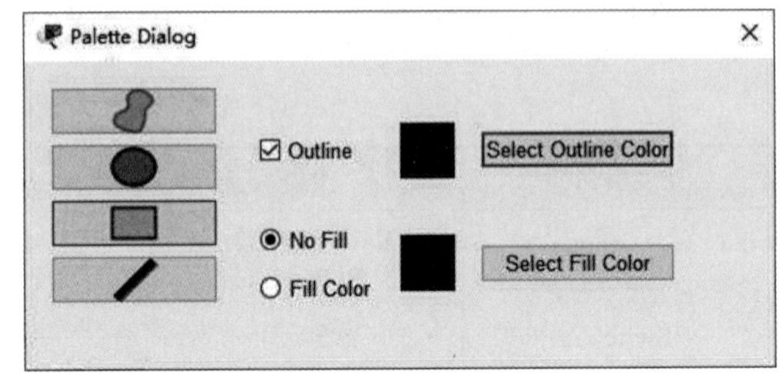

图3-50 面板对话框

单击常用工具栏的画长方形工具，弹出如图3-50所示的面板对话框，采用默认设置，按住鼠标左键框出一个区域，将同一个VLAN内的计算机在同一个框中，表示这些计算机属于同一个VLAN。

步骤2：配置计算机的IP地址信息。

按照表3-6所示的配置信息配置计算机的IP地址等，下面以PC1的配置过程为例说明，单击PC1图标，在弹出的配置窗口中选择Desktop面板，单击“IP Configuration”打开IP配置对话框，在配置区域输入IP地址、子网掩码和默认网关，如图3-51所示，其他计算机的配置过程相同。

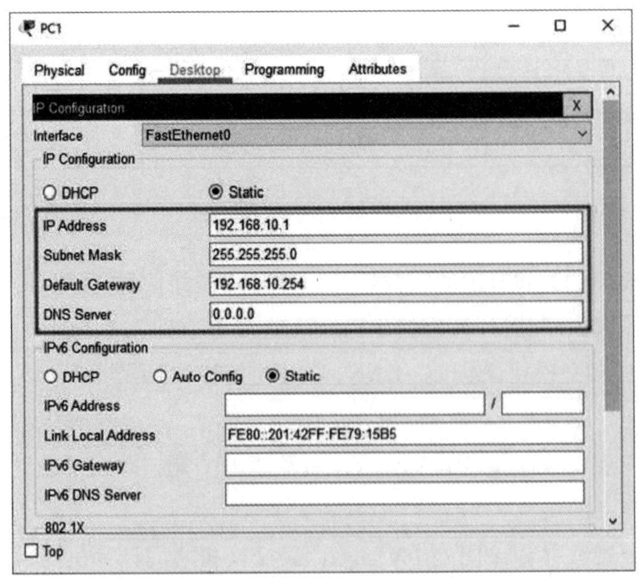

图3-51 PC1 的 IP 地址信息

步骤3：二层交换机创建VLAN，并划分相应接口到VLAN。

按照表3-7的配置信息进行配置，SwitchA和SwitchB的配置方法相同，下面以SwitchA为例说明，单击“SwitchA”图标，在弹出的配置窗口中单击选择CLI面板，进行以下命令行的配置：

```
Switch>enable                //进入特权模式
Switch#configure terminal        //进入全局模式
Switch(config)#hostname SwitchA  //修改交换机名称为SwitchA
SwitchA(config)#vlan 10          //创建10号VLAN
SwitchA(config-vlan)#name vlan10   //10号命令为VLAN10
SwitchA(config-vlan)#exit
SwitchA(config)#vlan 20          //创建20号VLAN
SwitchA(config-vlan)#name vlan20   //20号命令为VLAN20
SwitchA(config-vlan)#exit
SwitchA(config)#vlan 30          //创建30号VLAN
SwitchA(config-vlan)#name vlan30   //30号命令为VLAN20
SwitchA(config-vlan)#exit
SwitchA(config)#
SwitchA(config)#interface Fa0/5          //进入Fa0/5的接口模式
SwitchA(config-if)#switchport mode access    //配置接口为Access接口
SwitchA(config-if)#switchport access vlan 10   //将该接口划入10号VLAN
SwitchA(config-if)#exit
SwitchA(config)#interface Fa0/10         //进入Fa0/10的接口模式
SwitchA(config-if)#switchport mode access    //配置接口为Access接口
SwitchA(config-if)#switchport access vlan 20   //将该接口划入20号VLAN
SwitchA(config-if)#exit
SwitchA(config)#interface Fa0/15          //进入Fa0/15的接口模式
SwitchA(config-if)#switchport mode access    //配置接口为Access接口
SwitchA(config-if)#switchport access vlan 30   //将该接口划入30号VLAN
SwitchA(config-if)#exit
SwitchA(config)#interface Fa0/24          //进入Fa0/24的接口模式
SwitchA(config-if)#switchport mode trunk    //配置接口为Trunk接口
SwitchA(config-if)#exit
```

```
SwitchA(config)#exit
SwitchA#show vlan brief            //查看前面的配置是否成功

VLAN Name                          Status    Ports
---- ------------------------------ --------- -------------------------------
1    default                        active    Fa0/1, Fa0/2, Fa0/3, Fa0/4
                                              Fa0/6, Fa0/7, Fa0/8, Fa0/9
                                              Fa0/11, Fa0/12, Fa0/13, Fa0/14
                                              Fa0/16, Fa0/17, Fa0/18, Fa0/19
                                              Fa0/20, Fa0/21, Fa0/22, Fa0/23
10   vlan10                         active    Fa0/5
20   vlan20                         active    Fa0/10
30   vlan30                         active    Fa0/15
1002 fddi-default                   active
1003 token-ring-default             active
1004 fddinet-default                active
1005 trnet-default                  active
SwitchA#show interfaces trunk
Port        Mode         Encapsulation  Status        Native vlan
Fa0/24      on           802.1q         trunking      1

Port        Vlans allowed on trunk
Fa0/24      1-1005

Port        Vlans allowed and active in management domain
Fa0/24      1,10,20,30

Port        Vlans in spanning tree forwarding state and not pruned
```

用同样的方法完成SwitchB的配置。

步骤4：在三层交换机上创建VLAN，并配置SVI接口。

按照表3-8所示的配置信息来创建VLAN，并配置相应的SVI接口，单击SwitchC图标，在弹出的配置窗口中单击选择CLI面板，进行以下命令行的配置：

```
Switch>enable                //进入特权模式
Switch#configure terminal        //进入全局模式
Switch(config)#hostname SwitchC  //修改交换机名称为SwitchC
SwitchC(config)#vlan 10           //创建10号VLAN
SwitchC(config-vlan)#name vlan10  //10号命令为VLAN10
SwitchC(config-vlan)#exit
SwitchC(config)#vlan 20           //创建20号VLAN
SwitchC(config-vlan)#name vlan20  //20号命令为VLAN20
SwitchC(config-vlan)#exit
SwitchC(config)#vlan 30           //创建30号VLAN
SwitchC(config-vlan)#name vlan30  //30号命令为VLAN20
SwitchC(config-vlan)#exit
SwitchC(config)#interface vlan 10   //进入10号VLAN的接口模式
SwitchC(config-if)#ip address 192.168.10.254 255.255.255.0    //配置IP地址与子网掩码
SwitchC(config-if)#exit
SwitchC(config)#interface vlan 20   //进入20号VLAN的接口模式
SwitchC(config-if)#ip address 192.168.20.254 255.255.255.0    //配置IP地址与子网掩码
SwitchC(config-if)#exit
SwitchC(config)#interface vlan 30   //进入30号VLAN的接口模式
SwitchC(config-if)#ip address 192.168.30.254 255.255.255.0    //配置IP地址与子网掩码
SwitchC(config-if)#exit
SwitchC(config)#exit
SwitchC#show ip interface brief | include Vlan   //查看VLAN的SVI接口信息
Vlan1            unassigned      YES unset  administratively down down
Vlan10           192.168.10.254  YES manual up                    up
Vlan20           192.168.20.254  YES manual up                    up
Vlan30           192.168.30.254  YES manual up                    up
SwitchC#show ip route connected      //查看SVI接口的直连路由
 C   192.168.10.0/24  is directly connected, Vlan10
 C   192.168.20.0/24  is directly connected, Vlan20
 C   192.168.30.0/24  is directly connected, Vlan30
```

步骤5：三层交换机启动路由功能。

要实现VLAN间的通信，需要启动三层交换机的路由功能，具体代码如下：

```
SwitchC(config)#ip routing        //启动三层交换机的路由功能
```

步骤6：测试同一个VLAN内跨交换机之间计算机的通信。

PC1和PC4属于VLAN10，测试两者的连通性，单击“PC1”图标，在弹出的配置窗口中单击选择Desktop面板，单击“Command Prompt”图标，打开命令行界面，通过ping命令测试连通性，结果如图3-52所示，说明PC1与PC4是连通的，用同样的方法测试PC2与PC5、PC3与PC6也是可以连通的，证明同一个VLAN内跨交换机之间计算机是可以通信的。

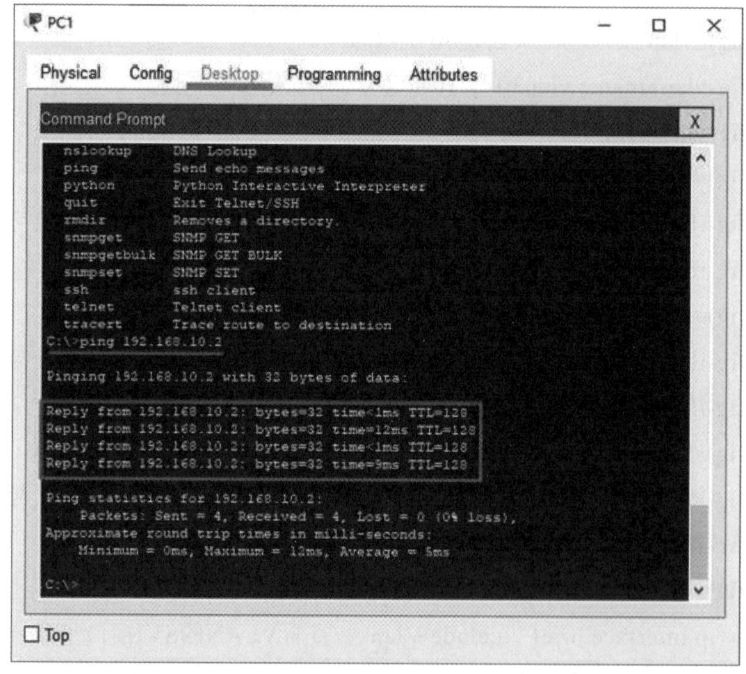

图3-52　命令行界面

步骤7：不同VLAN计算机之间的通信。

PC1属于VLAN10，PC2属于VLAN20，同样通过ping命令来测试两台计算机的连通信息，结果如图3-53所示，发送的4个ICMP数据包，除第1个超时外，后面3个都能响应，说明PC1与PC2是连通的，用同样的方法测试PC1与PC3、PC1与PC5、PC1与PC6都是可以连通的，证明不同VLAN计算机之间是可以通信的。

到此已经完成全部配置，实验拓扑中两台计算机之间都是可以通信的。

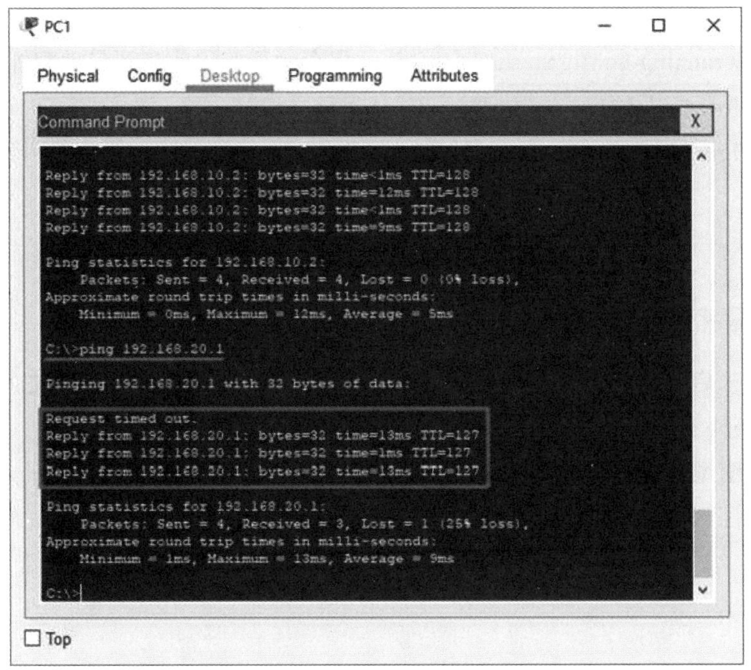

图3-53　命令行界面

步骤8：保存配置。

SwitchA交换机保存配置信息如下：

SwitchA>enable　　　　//进入特权模式

SwitchA#copy running-config startup-config　　//保存运行配置信息到启动配置信息

Destination filename [startup-config]?　　//确认目标文件

Building configuration...

[OK]

SwitchA#

SwitchB交换机保存配置信息如下：

SwitchB>enable　　　　//进入特权模式

SwitchB#write　　　　//将运行配置信息保存到启动配置文件

Building configuration...

[OK]

SwitchB#

以上两种方法都可以实现对交换机配置信息的保存。

SwitchC交换机保存配置信息如下：

```
SwitchC>enable      //进入特权模式
SwitchC#copy running-config startup-config   //保存运行配置信息到启动配置信息
Destination filename [startup-config]?    //确认目标文件
Building configuration...
[OK]
SwitchC#
```

3.4.6 思考题

（1）若未启动路由器的路由功能，能实现同一个VLAN内跨交换机之间计算机的通信吗？相同条件下，能实现不同VLAN计算机之间的通信吗？

（2）说明图3-53中，第1个ICMP数据超时的原因。

第4章 网络层协议

4.1 实验一：MAC地址、IP地址与ARP协议

4.1.1 基础知识

1．MAC地址

MAC地址（Media Access Control Address）的全称叫作媒体访问控制地址，通常称作物理地址，属于数据链路层地址。MAC地址用于在网络中唯一标示一个网卡，一台设备若有一或多个网卡，则每个网卡都需要并会有一个唯一的MAC地址。MAC地址由48位二进制数构成，前24位由IEEE（电气和电子工程师协会）决定如何分配，后24位由实际生产该网络设备的厂商自行制定，每一块网卡在出厂时就由厂商分配一个固定的MAC地址，类似于当一个人出生后，到派出所登记户口，会分配一个全国唯一的身份证号码。

在Windows操作系统中，查看网卡MAC地址的方法有图形界面和命令行的方法：

（1）图形界面方法：右击桌面上的网络图标，在列表中单击“属性”，弹出“网络和共享中心”窗口，如图4-1所示，单击计算机所连接的网络，在弹出的网络状态窗口中，单击“详细信息”，弹出网络连接详细信息窗口，如图4-2所示，物理地址：C4-04-15-26-F2-FB，以12位十六进制数的形式表示，中间以“-”字符分隔。用户也可以单击桌面最下面的状态栏中的网络图标来查看MAC地址信息。

图4-1 “网络和共享中心”窗口

图4-2　网络连接详细信息

（2）命令行方法：单击开始菜单-Windows系统-命令提示符，弹出“命令提示符”窗口，输入“ipconfig /all”，结果如图4-3所示，显示计算机上所有网卡的IP地址和MAC地址等信息。

图4-3　查看网卡信息

2．IP地址

IP地址（Internet Protocol Address）的全称为互联网协议地址，是为互联网上的网络设备和计算机配置的逻辑地址，用户可以根据需要进行配置，属于网络层的地址，查看IP地址的方法跟查看MAC地址的方法相同。IP地址分为IPv4和IPv6，通常使用的是IPv4地址，IP地址是由32位的二进制数组成，表示为4个8位二进制数，也可以把它理解为4个字节，每个字节变化为十进制数，用点分十进制的方法表示（A.B.C.D），其中，A，B，C，D这四个英文字母表示为0~255的十进制的整数。

为了便于寻址和层次化构造网络，早期的IP地址采用分类编址，即每个IP地址包括两个部分：网络号和主机号，表示如下：

IP地址 ::= {<网络号>，<主机号>}

同一个网络上的计算机具有相同的网络号，主机号代表网络上的一个计算机、服务器和路由器等。IP地址分为五类：A类、B类、C类、D类和E类，其中，A、B、C类地址是由互联网地址指派机构（IANA）在全球范围内统一分配的，D和E类为特殊地址保留使用。

A类IP地址（适用于大型网络）的网络号长度为8位，主机号长度为24位，它的范围：1.0.0.0~127.255.255.255。

B类IP地址(适用于中型网络)的网络号长度为16位，主机号长度为16位，它的范围：128.0.0.0~191.255.255.255。

C类IP地址(适用于小型网络) 的网络号长度为24位，主机号长度为8位，它的范围：192.0.0.0~223.255.255.255。

D类地址被叫作多播地址(multicast address)，即组播地址，它的范围：224.0.0.0~239.255.255.255。

E类地址主要用于Internet试验和开发，它的范围：240.0.0.0~255.255.255.255。

上述表示的分类编址方法，采用网络号和主机号的二级编址，A、B、C三类网络大小是固定的，存在IP地址空间的利用率低等问题。为了解决这些问题，提出了子网划分的编址方法，将一个网络划分为多个子网，方便进行管理，因此子网划分实际上就是将原来的两级IP地址转变为三级IP地址，表示如下：

IP地址 ::= {<网络号>，<子网号>，<主机号>}

子网划分在保持网络号不变的情况下，从主机号中借了几位用来表示子网号，这样可以把一个大的网络划分为几个小的子网，从而提高IP地址的使用率，同时也方便进行管理。使用子网划分的方法，每一个IP地址都需要有一个子网掩码，将IP地址与子网掩码进行二进制的运算，就可以得到网络号与子网号。

CIDR（Classless Inter-Domain Routing）的全称是无分类域间路由选择，通常称之为无分类编址，它也是构成超网的一种技术实现。CIDR在一定程度上解决了路由表项目过多过大的问题。CIDR完全放弃了之前的IP分类编址与划分子网的方法，消除了传统的A类、B类、C类地址以及划分子网的概念，所以将CIDR称为无分类编址，它使用如下的IP地址表示法：

IP地址 ::= {<网络前缀>，<主机号>} / 网络前缀所占位数

CIDR将IP地址划分为网络前缀和主机号两个部分，采用相分类编址相同的二级编址，但是网络前缀位数不是固定的，通常最后面用“/”斜线分隔，在其后写上了网络前缀所占的位数，为了跟划分子网相统一，CIDR中的地址掩码依然称为子网掩码。

3．ARP协议

地址解析协议（Address Resolution Protocol，ARP）是用来将IP地址转换为MAC地址的一种TCP/IP协议，处于数据链路层与网络层之间，局域网通常使用MAC地址来通信，互联网使用IP地址来通信，通过IP地址与MAC地址的转换可以很好地解决互联网与局域网通信的衔接问题。

网络层以上层次中，计算机之间是通过IP地址来通信，对应的数据包含有计算机的IP地址，而没有MAC地址。在数据链路层中，同一个局域网中的计算机之间通过MAC地址进行通信，而计算机之间通信是从高层开始，通过IP地址来定位的。因此若在同一个局域网中计算机传输数据包时，在发送之前需要将目标计算机的IP地址转换成MAC地址，而这个转换过程是通过ARP协议完成的。

当一台计算机需要知道目标计算机的MAC地址时，会发送一个ARP广播数据包，同个局域网内的计算机都将收到该数据包，除目标计算机外的其他计算机将丢掉该数据包，而目标计算机收到ARP数据包后，将生成一个包含目标计算机MAC地址的ARP响应数据包，发送给源计算机，源计算机获得目标计算机的MAC地址后，会将目标计算机的IP地址与MAC地址存储到ARP缓存中，当源计算机再次向目标计算机发送数据包时，将直接查询ARP缓在获得目标计算机的MAC地址，不再需要进行ARP广播。

查看ARP缓存的方法，运行命令提示符，输入命令：arp -a，结果如图4-4所示，显示了当前计算机的各接口的ARP缓存及类型。

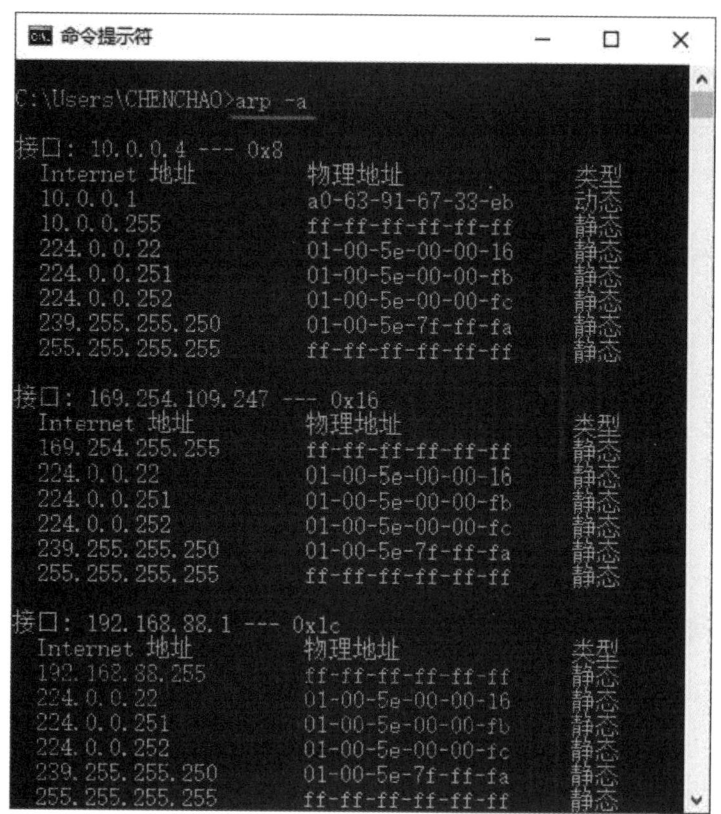

图4-4　查看ARP缓存

删除ARP缓存的方法，运行命令提示符，输入以下代码：arp -d，在windows操作系统中可能需要获得管理员权限才能进行。

4.1.2　实验目的

1．理解IP地址的编址方法。

2．理解MAC地址的构成。

3．理解ARP协议的工作原理。

4．掌握ARP缓存的查看和删除方法。

4.1.3　实验拓扑

本实验拓扑由两台计算机PC1和PC2构成，之间通过交叉线进行连接，计算机的IP地址与MAC地址如表4-1所示。

表4-1　计算机的IP地址与MAC地址

名称	IP地址	子网掩码	MAC地址
PC1	192.168.0.1	255.255.255.0	00D0.BC59.AB33
PC2	192.168.0.2	255.255.255.0	00E0.F972.6238

4.1.4　实验内容

实验素材：IP 地址、MAC 地址和 ARP 地址

任务一：搭建如图4-5所示的实验拓扑，并完成配置计算机的IP地址。

任务二：在仿真模式下，观察ARP广播的工作过程，并记录ARP数据包的格式。

任务三：在计算机上查看、删除ARP缓存表。

图4-5　实验拓扑

4.1.5　实验步骤与结果

步骤1：搭建如图4-5所示的实验拓扑，PC1与PC2之间使用交叉线，配置计算机的IP地址，查看计算机的MAC地址，并将IP地址与MAC地址标注在实验拓扑中，以PC1为例，单击“PC1”图标，在弹出的配置窗口中单击选择Config配置面板，在左侧列表中选择FastEthernet0接口，在右侧可以查看到MAC地址和配置计算机的IP地址和子网掩码，如图4-6所示，用同样的方法完成PC2的IP地址配置和MAC地址查看，然后标注在实验拓扑中。

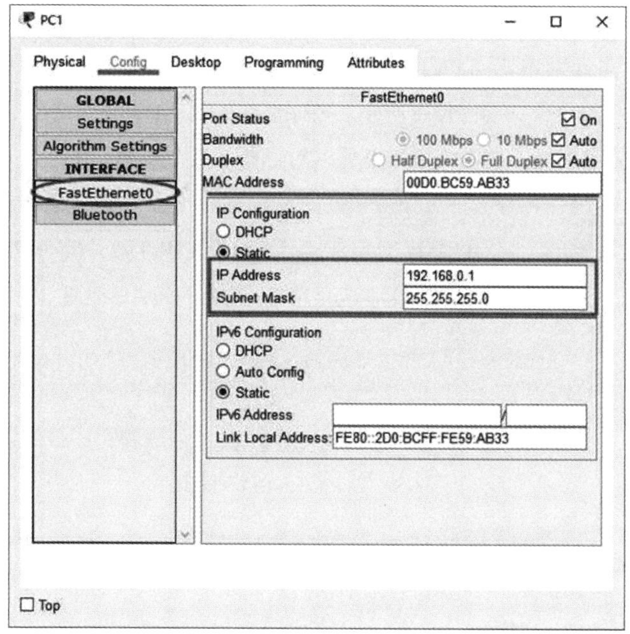

图4-6　配置计算机的地址信息

步骤2：PC1向PC2发送数据包，观察数据传输过程，并记录。

首先查一下PC1的ARP缓存，单击“PC1”图标，在弹出的配置窗口中单击Desktop面板，单击“Command Prompt”，打开命令行界面，输入命令，查看PC1的ARP缓存为空，如图4-7所示。

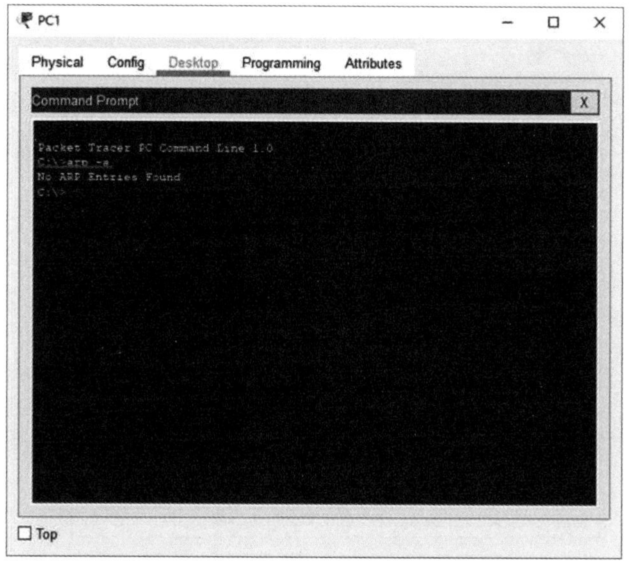

图4-7　PC1 的缓存表

单击“Simulation”图标将Packet Tracer切换到仿真模式，单击添加简单PDU图标，鼠标变成信封标记，分别单击“PC1”和“PC2”，则在Event List事件列表中生产ARP数据包和ICMP数据包各一个，如图4-8所示，单击Event List事件列表中的ARP事件或工作区PC1上的ARP数据包图标，弹出如图4-9所示对话框，目的MAC地址是FFFF.FFFF.FFFF，说明是一个广播数据包，再单击“Outbound PDU Details”，其结果如图4-10所示，详细展示了数据包的封装结构，在ARP数据包中，TARGETIP:192.168.0.2，即为PC2的IP地址，而TARGETMAC:0000.0000.0000，这是需要获得的MAC地址，目前为空。

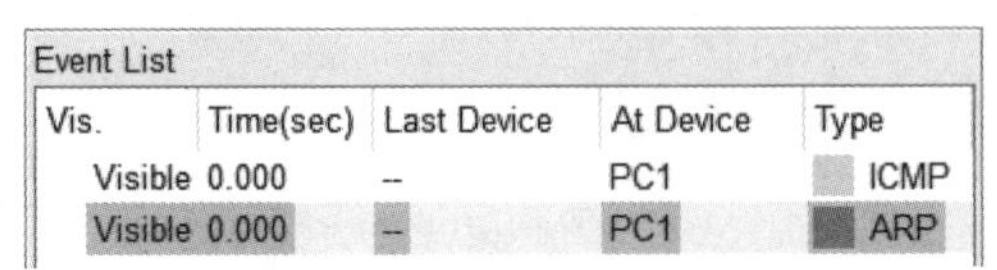

Event List

Vis.	Time(sec)	Last Device	At Device	Type
Visible	0.000	--	PC1	ICMP
Visible	0.000	--	PC1	ARP

图4-8　Event List 件列表

PDU Information at Device: PC1

OSI Model　Outbound PDU Details

At Device: PC1
Source: PC1
Destination: Broadcast

In Layers	Out Layers
Layer7	Layer7
Layer6	Layer6
Layer5	Layer5
Layer4	Layer4
Layer3	Layer3
Layer2	Layer 2: Ethernet II Header 00D0.BC59.AB33 >> FFFF.FFFF.FFFF ARP Packet Src. IP: 192.168.0.1, Dest. IP: 192.168.0.2
Layer1	Layer 1: Port(s): FastEthernet0

1. The ARP process constructs a request for the target IP address.
2. The device encapsulates the PDU into an Ethernet frame.

Challenge Me　　<< Previous Layer　Next Layer >>

图4-9　PDU 详细信息

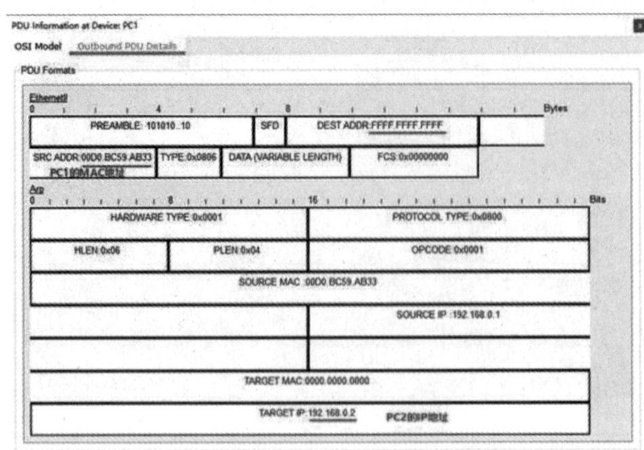

图4-10　PDU 详细信息

单击Play Controls面板的播放图标，PC1产生的ARP广播数据包到达PC2，则Event List事件列表如图4-11所示，单击Event List列表中的PC1到PC2的事件或单击工作区PC2上的信封图标，弹出如图4-12所示，在Out Layers中显示一个ARP响应数据包，单击“Outbound PDU Details”，如图4-13所示，详细显示数据包的封闭情况。

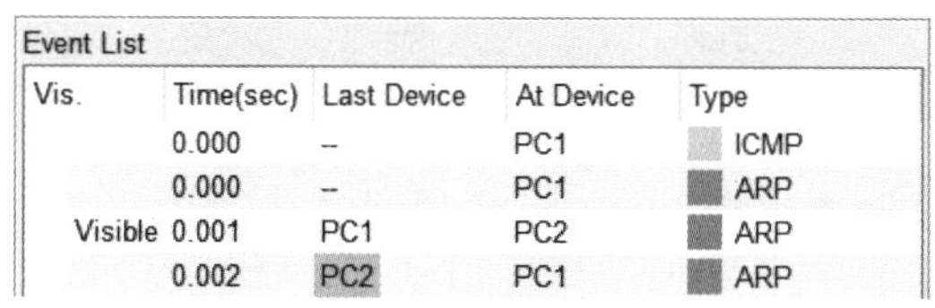

Event List

Vis.	Time(sec)	Last Device	At Device	Type
	0.000	--	PC1	ICMP
	0.000	--	PC1	ARP
Visible	0.001	PC1	PC2	ARP
	0.002	PC2	PC1	ARP

图4-11　Event List 事件列表

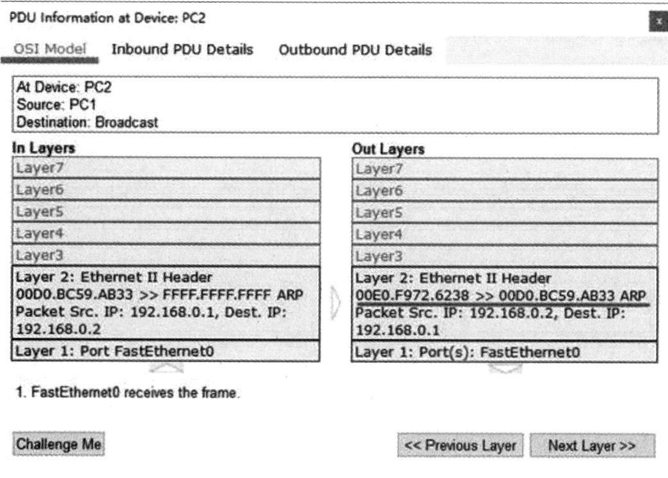

图4-12　PDU 详细信息

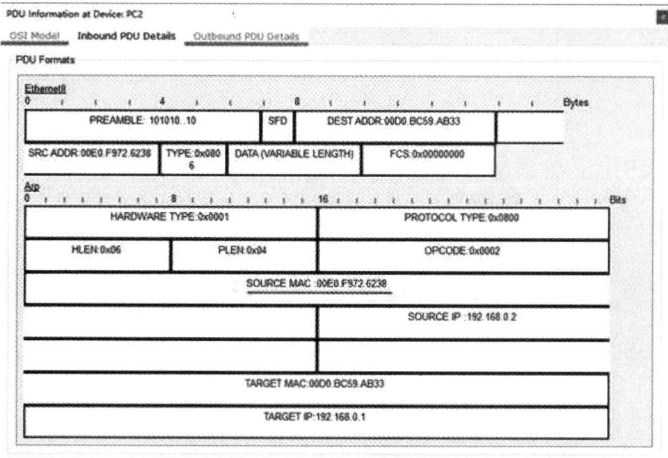

图4-13　PDU 详细信息

再次单击Play Controls面板的播放图标，PC2的ARP响应数据包到达PC1，Event List事件列表如图4-14所示，PC1将会把PC2的IP地址与MAC地址存储到本机上的ARP缓存中，查看PC2的缓存表，如图4-15所示的PC1，到此ARP过程已经完成。

Event List

Vis.	Time(sec)	Last Device	At Device	Type
	0.000	--	PC1	ICMP
	0.000	--	PC1	ARP
	0.001	PC1	PC2	ARP
Visible	0.002	PC2	PC1	ARP
Visible	0.002	--	PC1	ICMP

图4-14　Event List 事件列表

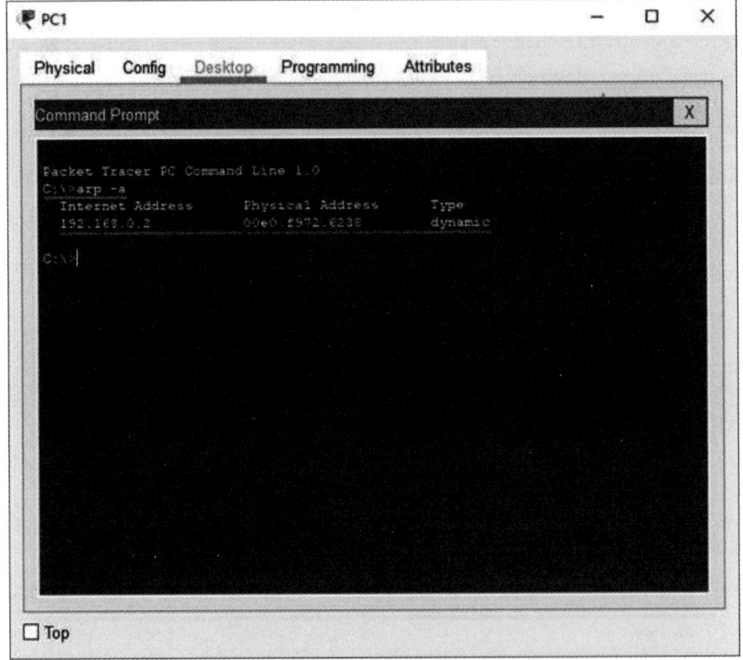

图4-15　PC1 的缓存表

接下来是ICMP协议数据包的传输，多次单击Play Controls中的播放图标，完成数据包的传输过程，Event List事件列表如图4-16所示，结果如图4-17所示，已经成功传输。

Event List

Vis.	Time(sec)	Last Device	At Device	Type
	0.000	--	PC1	ICMP
	0.000	--	PC1	ARP
	0.001	PC1	PC2	ARP
	0.002	PC2	PC1	ARP
	0.002	--	PC1	ICMP
	0.003	PC1	PC2	ICMP
Visible	0.004	PC2	PC1	ICMP

图4-16　Event List 事件列表

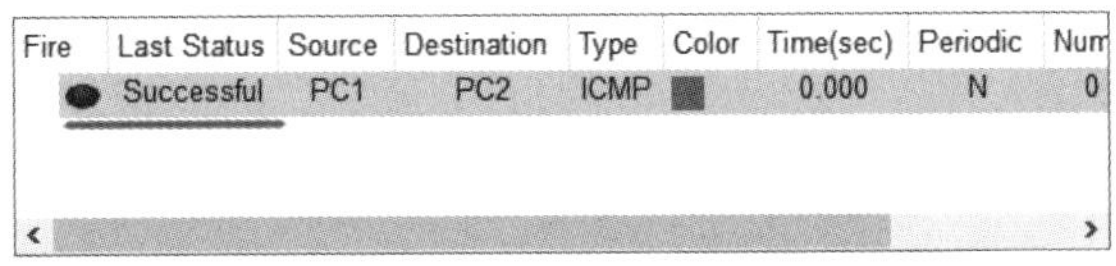

图4-17　数据包窗口

步骤3：重复步骤2，PC1向PC2发送数据包，观察数据传输过程，并记录。

整个传输过程的事件列表如图4-18所示，由于PC1的ARP缓存中已经有PC2的MAC地址，因此与步骤2相比，不需要ARP来获取MAC地址。

Event List

Vis.	Time(sec)	Last Device	At Device	Type
	0.000	--	PC1	ICMP
	0.001	PC1	PC2	ICMP
Visible	0.002	PC2	PC1	ICMP

图4-18　Event List 事件列表

步骤4：删除PC1的ARP缓存，再重复步骤2，PC1向PC2发送数据包。

在PC1的命令提示符中执行删除ARP缓存的命令，如图4-19所示，通过命令查看，PC1的ARP缓存已经清空。

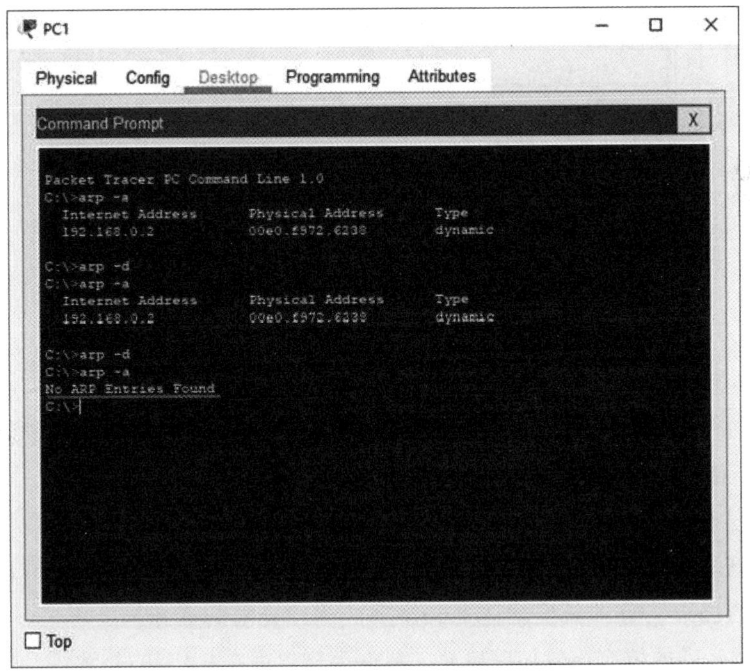

图4-19　删除 ARP 缓存

再次在仿真模式下，从PC1向PC2发送数据包时，由于PC1中缺少PC2的MAC地址，因此PC1将再次执行ARP广播，以获得PC2的MAC地址，因此跟步骤2的过程完全相同。

4.1.6　思考题

简述ARP欺骗的工作原理。

实验视频：IP 协议

4.2　实验二：IP协议

4.2.1　基础知识

网际互连协议（Internet Protocol，IP）是 TCP/IP 协议体系中两个最主要的协议之一，提供一种基于分层思想、与硬件无关的寻址系统，用来解决不同计算机网络之间计算机的通信问题，通过路由器转发在不同网络之间传输数据包。

使用IP协议传输的数据包称为IP数据包，由首部和数据两部分组成，如图4-20所示，首部由固定部分和可变部分组成，其中固定部分的长度是20个字节，数据部分是传输层的数据包，例如TCP、UDP、ICMP或IGMP的数据包，数据部分的长度也是可变的。

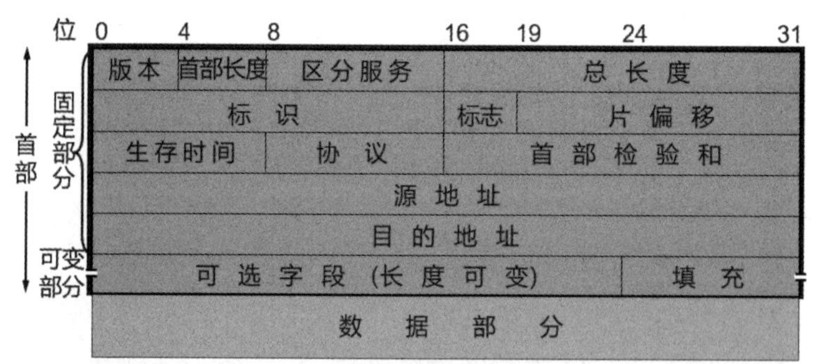

图4-20　IP 数据包格式

IP数据包首部中固定部分的各字段含义如下：

版本（Version）：占4位，表示IP协议的版本。通信双方使用的IP协议版本必须一致。目前广泛使用的IP协议版本号为4，即IPv4。

首部长度（IP数据包长度IHL）：占4位，可表示的最大十进制数值是15。这个字段所表示数的单位是32位字长（1个32位字长是4字节）。因此，当IP的首部长度为1111时（即十进制的15），首部长度就达到60字节。当IP分组的首部长度不是4字节的整数倍时，必须利用最后的填充字段加以填充。数据部分永远在4字节的整数倍开始，这样在实现IP协议时较为方便。首部长度限制为60字节的缺点是，长度有时可能不够用，之所以限制长度为60字节，是希望用户尽量减少开销。最常用的首部长度就是20字节（即首部长度为0101），这时不使用任何选项。

区分服务（Tos）：也被称为服务类型，占8位，用来获得更好的服务。这个字段在旧标准中叫作服务类型，但实际上一直没有被使用过。1998年IETF把这个字段改名为区分服务（Differentiated Services，DS）。只有在使用区分服务时，这个字段才起作用。

总长度（Totlen）：首部和数据之和，单位为字节。总长度字段为16位，因此数据报的最大长度为2^16-1=65 535字节。

标识（Identification）：用来标识数据报，占16位。IP协议在存储器中维持一个计数器。每产生一个数据报，计数器就加1，并将此值赋给标识字段。当数据报的长度超过网络的MTU而必须分片时，这个标识字段的值就被复制到所有的数据报的标识字段中。具有相同的标识字段值的分片报文会被重组成原来的数据报。

标志（Flag）：占3位。第一位未使用，其值为0。第二位称为DF（不分片），表示是否允许分片。取值为0时，表示允许分片；取值为1时，表示不允许分片。第三位称为MF（更多分片），表示是否还有分片正在传输，设置为0时，表示没有更多分片需要发送，或数据报没有分片。

片偏移（Offsetfrag）：占13位。当报文被分片后，该字段标记该分片在原报文中的相对位置。片偏移以8个字节为偏移单位。所以，除了最后一个分片，其他分片的偏移值都是8字节（64位）的整数倍。

生存时间（TTL）：表示数据报在网络中的寿命，占8位。该字段由发出数据报的源主机设置。其目的是防止无法交付的数据报无限制地在网络中传输，从而消耗网络资源。路由器在转发数据报之前，先把TTL值减1。若TTL值减少到0，则丢弃这个数据报，不再转发。因此，TTL指明数据报在网络中最多可经过多少个路由器。TTL的最大数值为255。若把TTL的初始值设为1，则表示这个数据报只能在本局域网中传送。

协议：表示该数据报文所携带的数据所使用的协议类型，占8位。该字段可以方便目的主机的IP层知道按照什么协议来处理数据部分。不同的协议有专门不同的协议号。例如，TCP的协议号为6，UDP的协议号为17，ICMP的协议号为1。

首部检验和（Checksum）：用于校验数据报的首部，占16位。数据报每经过一个路由器，首部的字段都可能发生变化（如TTL），所以需要重新校验。而数据部分不发生变化，所以不用重新生成校验值。

源地址：表示数据报的源IP地址，占32位。

目的地址：表示数据报的目的IP地址，占32位。该字段用于校验发送是否正确。

可选字段：该字段用于一些可选的报头设置，主要用于测试、调试以及基于安全方面的需求。这些选项包括严格源路由（数据报必须经过指定的路由）、网际时间戳（经过每个路由器时的时间戳记录）和安全限制。

填充：由于可选字段中的长度不是固定的，使用若干个0填充该字段，可以保证整个报头的长度是32位的整数倍。

IP数据包大小受到限制，当上层交付的数据包超过IP数据包的大小限制时，IP协议会对数据包进行分片，因此IP协议会对数据包重新封装以适应不同网络对数据包大小的要求。

路由器的路由功能可实现不同计算机网络之间的通信，每个路由器都有一张路由表。当一个数据包到达路由器后，路由器会解析出目的计算机的IP地址，然后根据这个IP地址在路由表中进行查寻，根据查寻到的接口或IP地址进行数据包的数据，下面以图4-21为例，3台路由器连接4个网络，现在主机A要向主机B发送数据包的过程如下：

（1）主机 A 要发送一个源IP地址是 10.1.1.30 和目的IP地址是 10.1.2.10的 IP 数据包，由于目的主机与源主机不在同一个网络，所以主机A将数据包转发到默认路由，即路由器1。

（2）路由器1 收到 IP 数据包后，解析出目的IP地址，并在路由器 1 的路由表进行匹配查询，发现与路由表中的第3条记录相匹配，于是将数据包转发到IP地址为10.1.0.2 的接口，即路由器2。

（3）路由器2 收到后，同样解析出目的IP地址，并在路由表进行查寻匹配到，发现与路由表中的第3条记录相匹配，于是将数据包转发到IP地址为 10.1.2.1 的接口，而这个接口跟目的计算机在同一个网络，因此通过交换机将数据包转发到目的主机，完成数据包的传输。

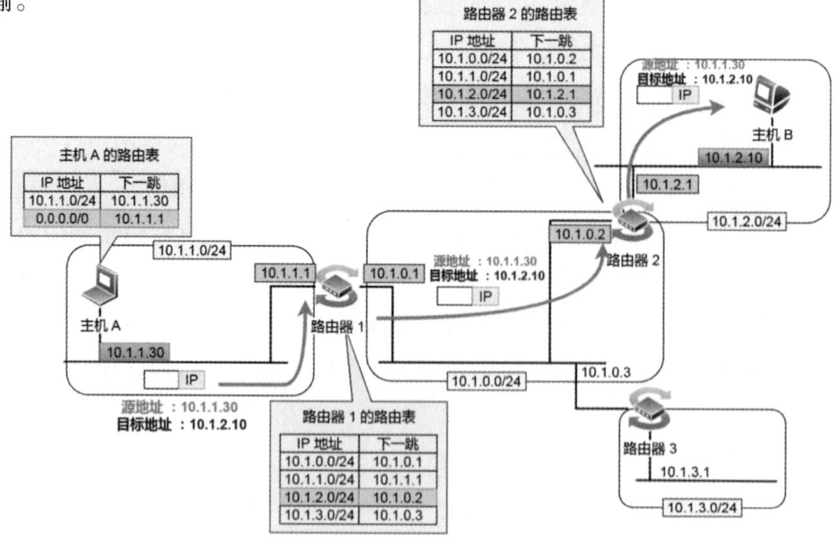

图4-21 IP 数据包的转发

4.2.2　实验目的

1．理解IP数据包的格式和重要字段的含义。

2．理解路由器转发IP数据包的工作原理和流程。

4.2.3　实验拓扑

实验拓扑如图4-22所示，由2台2911路由器、3台2960交换机和6台计算机组成，3台计算机组建3个局域网LAN1、LAN2和LAN3，网络地址分别：192.168.0.0、192.168.1.0和192.168.2.0，3个局域网通过2台路由器进行连接。计算机的IP地址、子网掩码和默认网关配置如表4-2所示，路由器各接口的IP地址与子网掩码配置如表4-3所示。

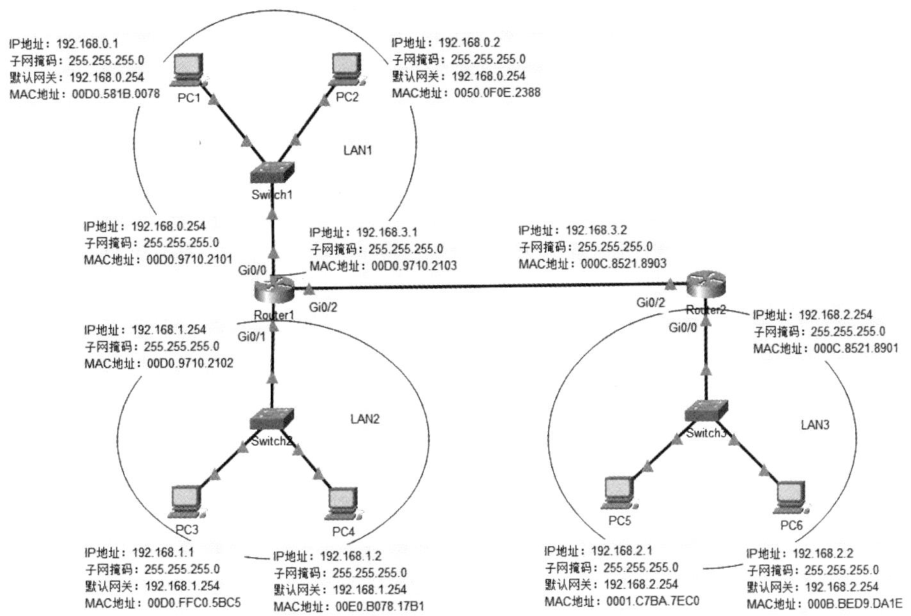

图4-22　实验拓扑

表4-2　计算机IP地址、子网掩码和默认网关配置

设备名称	IP地址	子网掩码	默认网关
PC1	192.168.0.1	255.255.255.0	192.168.0.254
PC2	192.168.0.2	255.255.255.0	192.168.0.254
PC3	192.168.1.1	255.255.255.0	192.168.1.254

设备名称	IP地址	子网掩码	默认网关
PC4	192.168.1.2	255.255.255.0	192.168.1.254
PC5	192.168.2.1	255.255.255.0	192.168.2.254
PC6	192.168.2.2	255.255.255.0	192.168.2.254

表4-3 路由器接口 IP 地址与子网掩码配置

设备名称	接口名称	IP地址	子网掩码
Router1	Gi0/0	192.168.0.254	255.255.255.0
Router1	Gi0/1	192.168.1.254	255.255.255.0
Router1	Gi0/2	192.168.3.1	255.255.255.0
Router2	Gi0/2	192.168.3.2	255.255.255.0
Router2	Gi0/1	192.168.2.254	255.255.255.0

4.2.4 实验内容

任务一：搭建如图4-22所示的实验拓扑，并按照表4-2和表4-3所示的配置信息对计算机和路由器进行配置。

任务二：观察记录PC1向PC3发送数据包的过程。

任务三：观察记录PC1向PC5发送数据包的过程。

4.2.5 实验步骤与结果

实验素材：IP 协议

步骤1：搭建实验拓扑。

在设备区域选择2台2911路由器、3台2960交换机和6台计算机搭建如图4-22所示的实验拓扑，计算机PC1的IP地址、子网掩码和默认网关配置如图4-23所示，PC1的MAC地址如图4-24所示，完成PC1的配置后，将配置信息标注在PC1旁边，用同样的方法完成PC2到PC6的配置与信息标注。

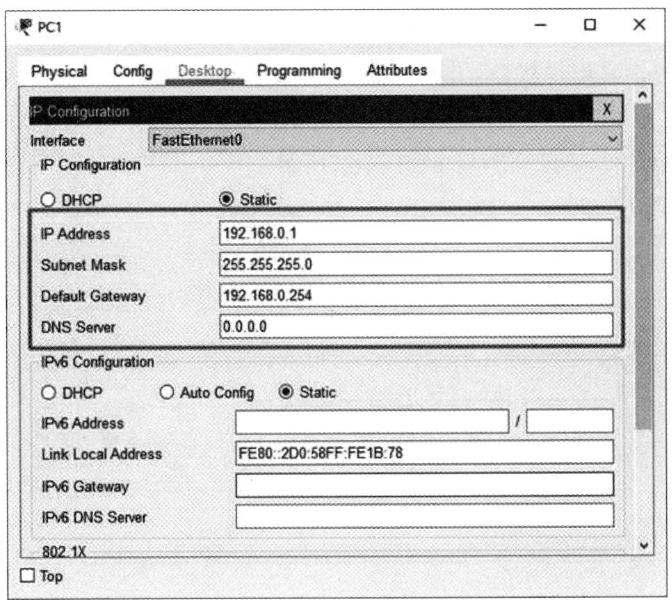

图4-23　PC1 的 IP 地址、子网掩码和默认网关配置

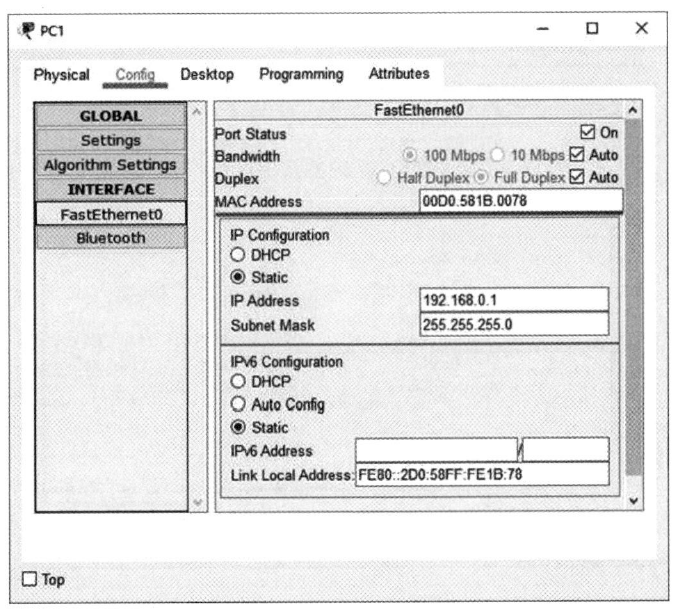

图4-24　PC1 的 MAC 地址

步骤2：配置路由器的接口。

以路由器Router1为例说明配置过程，Router1的3个接口的配置过程如下：单击Router1路由器图标，在弹出的配置窗口中，单击左侧INTERFACE列表中的

GigabitEthernet0/0接口，默认情况下路由器的接口处于关闭状态，在Port Status后面的“On”前打钩，启用该接口，同时在IP Configuration的“IP Address”和“Subnet Mask”中输入IP地址和子网掩码，如图4-25所示，用同样的方法配置GigabitEthernet0/1和GigabitEthernet0/2，结果如图4-26和图4-27所示。

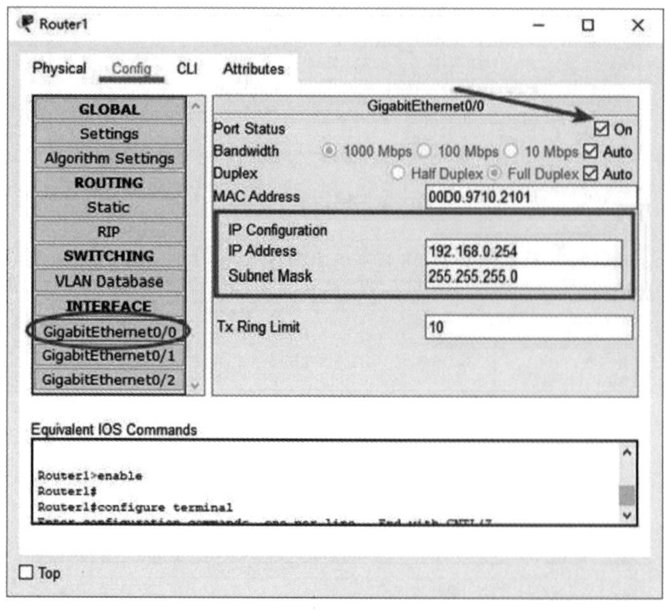

图4-25　路由器接口配置

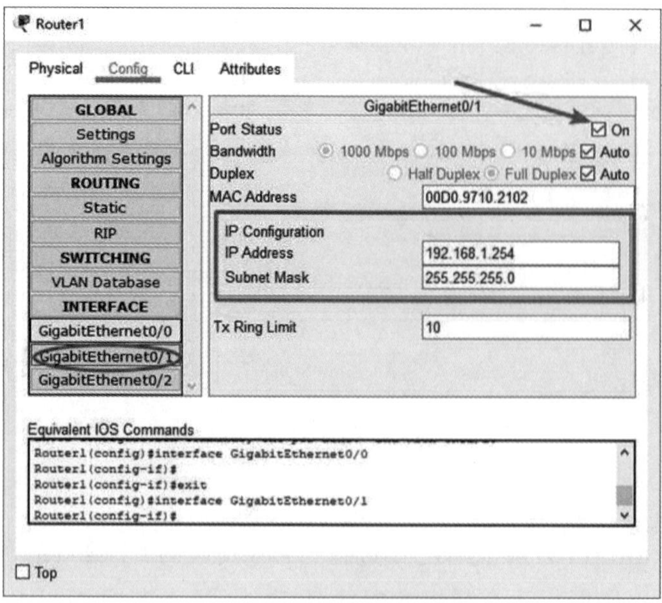

图4-26　路由器接口配置

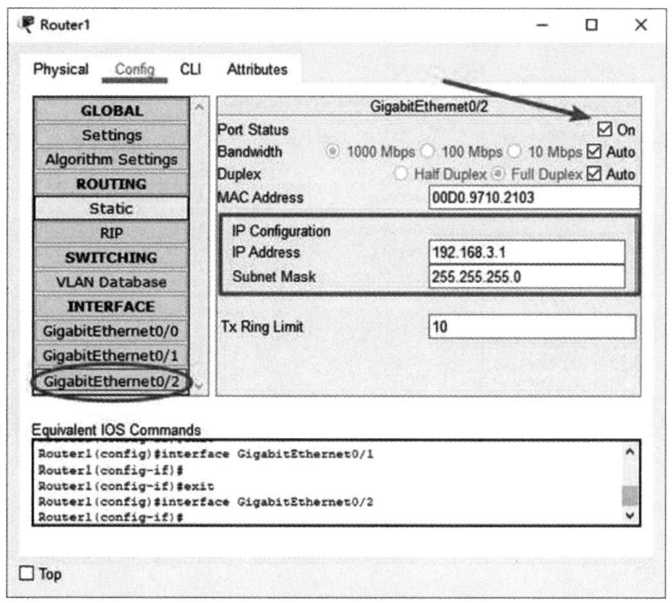

图4-27　路由器接口配置

对路由器Router2的配置过程跟上面相同，路由器Router2的GigabitEthernet0/0和GigabitEthernet0/2的配置结果如图4-28和图4-29所示。

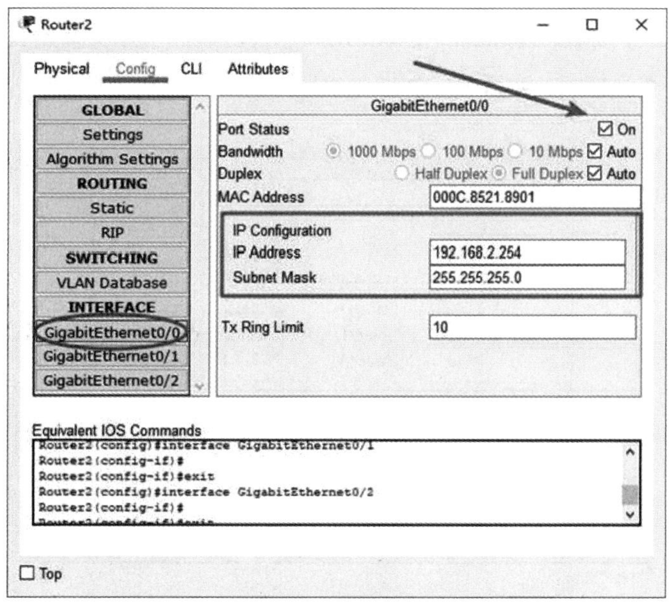

图4-28　路由器接口配置

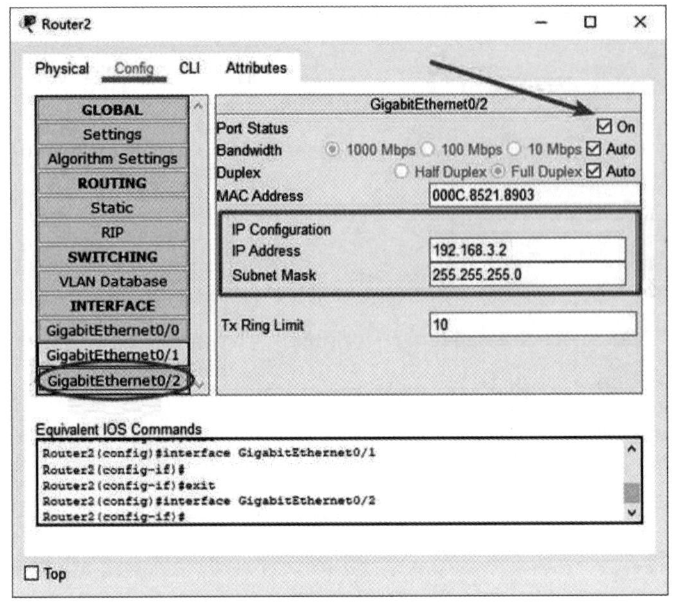

图4-29　路由器接口配置

步骤3：PC1向PC3发送一个数据包。

单击“Simulation”图标，切换Packet Tracer软件到仿真模式，在编辑过滤器中只选择ARP和ICMP协议，然后单击常用工具栏的添加简单PUD图标，分别单击“PC1”和“PC3”，生成一个场景，单击Play Controls中的自动播放图标，开始自动仿真数据包的传输过程，事件列表如图4-30所示，数据包窗口如图4-31所示，数据包传输失败。

Event List

Vis.	Time(sec)	Last Device	At Device	Type
	0.000	--	PC1	ICMP
	0.000	--	PC1	ARP
	0.001	PC1	Switch1	ARP
	0.002	Switch1	PC2	ARP
	0.002	Switch1	Router1	ARP
	0.003	Router1	Switch1	ARP
	0.004	Switch1	PC1	ARP
	0.004	--	PC1	ICMP
	0.005	PC1	Switch1	ICMP
	0.006	Switch1	Router1	ICMP
	0.006	--	Router1	ARP
	0.007	Router1	Switch2	ARP
	0.008	Switch2	PC3	ARP
	0.008	Switch2	PC4	ARP
	0.009	PC3	Switch2	ARP
Visible	0.010	Switch2	Router1	ARP

图4-30　Event List 事件列表

Fire	Last Status	Source	Destination	Type	Color	Time(sec)	Periodic	Num	Edit	Delete
●	Failed	PC1	PC3	ICMP	■	0.000	N	0	(edit)	(delete)

图4-31　数据包窗口

对图4-30所列的事件进行解析，由于PC1与PC3不在同一个网络，所以数据包将发送给PC1的默认网关，即Router1的Gi0/0接口，而PC1的ARP缓存表是空的，因此PC1首先发送一个ARP广播包，请求获得Router1的Gi0/0接口的MAC地址，ARP请求数据包如图4-32所示，路由器Router1的ARP响应数据包如图4-33所示，ARP响应包到达PC1后，PC1更新ARP缓存表，如图4-34所示。

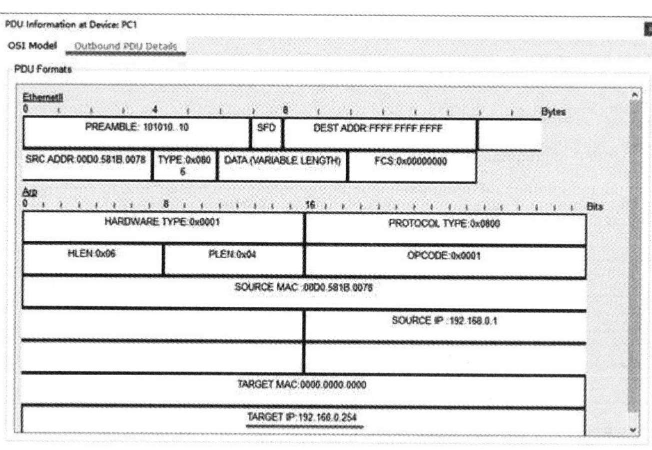

图4-32　PC1 的 ARP 请求数据包

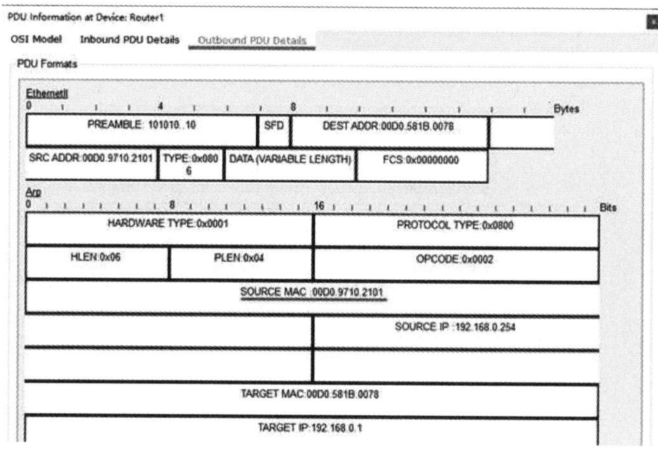

图4-33　Router1 的 ARP 响应数据包

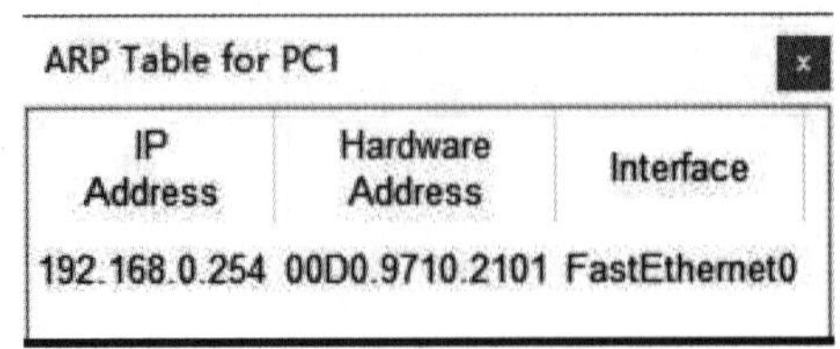

ARP Table for PC1

IP Address	Hardware Address	Interface
192.168.0.254	00D0.9710.2101	FastEthernet0

图4-34　PC1 的 ARP 缓存表

接下来PC1发送一个ICMP数据包到达路由器Router1，数据包的PDU详细信息如图4-35所示，目的计算机的IP地址是192.168.1.1，查寻如图4-36所示Router1的路由表，第3条记录匹配，因此Router1转发数据包到Rouer1的Gi0/1接口，该接口与PC3在同一个网络，但是Router1的ARP缓存中未记录PC3的MAC地址，需要进行ARP广播来获得PC3的MAC地址，由于缺少PC3的MAC地址，导致Router1无法完成数据包的封装，导致数据包传输失败，但是Router1仍会通过ARP广播获得PC3的MAC地址。

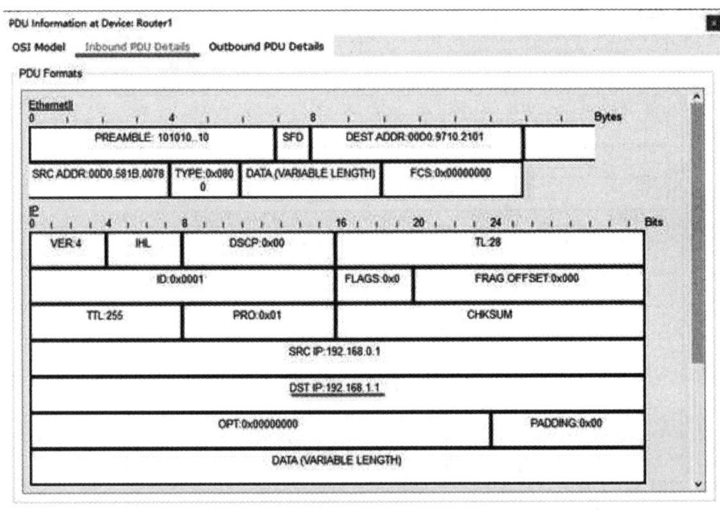

图4-35　数据包的PDU 详细信息

Routing Table for Router1

Type	Network	Port	Next Hop IP	Metric
C	192.168.0.0/24	GigabitEthernet0/0	---	0/0
L	192.168.0.254/32	GigabitEthernet0/0	---	0/0
C	192.168.1.0/24	GigabitEthernet0/1	---	0/0
L	192.168.1.254/32	GigabitEthernet0/1	---	0/0
C	192.168.3.0/24	GigabitEthernet0/2	---	0/0
L	192.168.3.1/32	GigabitEthernet0/2	---	0/0

图4-36　Router1路由表

步骤4：重复步骤3，PC1向PC3发送一个数据包。

重复步骤3的仿真过程，结果如图4-37所示，数据包发送成功，Event List事件列表如图4-38所示，因为通过步骤3计算机PC1和路由器1的ARP缓存中已经存在目的计算机的MAC地址，因此不再需要通过ARP协议来获得MAC地址，故事件列表中只用ICMP数据包。

Fire	Last Status	Source	Destination	Type	Color	Time(sec)	Periodic	Num	Edit	Delete
●	Successful	PC1	PC3	ICMP	■	0.000	N	0	(edit)	(delete)

图4-37　数据包窗口

Event List

Vis.	Time(sec)	Last Device	At Device	Type
	0.000	–	PC1	ICMP
	0.001	PC1	Switch1	ICMP
	0.002	Switch1	Router1	ICMP
	0.003	Router1	Switch2	ICMP
	0.004	Switch2	PC3	ICMP
	0.005	PC3	Switch2	ICMP
	0.006	Switch2	Router1	ICMP
	0.007	Router1	Switch1	ICMP
Visible	0.008	Switch1	PC1	ICMP

图4-38　Event List 事件列表

步骤5：路由器添加路由项。

通过Ping命令来测试PC1与PC5的连通性，结果如图4-39所示，无法连通，目标主机不可达，在仿真模式下，给PC1与PC5添加一个简单PUD数据包，进行仿真，过程如图4-40所示，数据包到达路由器Router1后，查寻路由表后，发现无法到达PC5所在的网络LAN3，因此Router1返回一个报错的ICMP数据包，因此需要给Router1添加一条能够到达LAN3的静态路由。

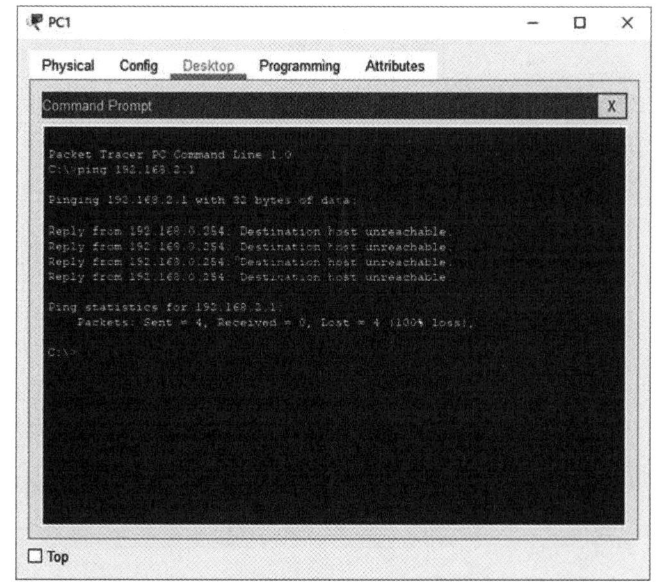

图4-39　测试连通性

Event List

Vis.	Time(sec)	Last Device	At Device	Type
	0.000	--	PC1	ICMP
	0.001	PC1	Switch1	ICMP
	0.002	Switch1	Router1	ICMP
	0.002	--	Router1	ICMP
	0.003	Router1	Switch1	ICMP
Visible	0.004	Switch1	PC1	ICMP

图4-40　Event List 事件列表

单击“Router1”图标，在弹出的配置窗口中单击左侧的“ROUTING-Static”，在静态路由中输入网络地址、子网掩码和下一跳地址，再单击“Add”添加静态路由，如图4-41所示，在网络地址中添加静态路由成功，用户也可以单击“Remove”删除添加的静态路由。

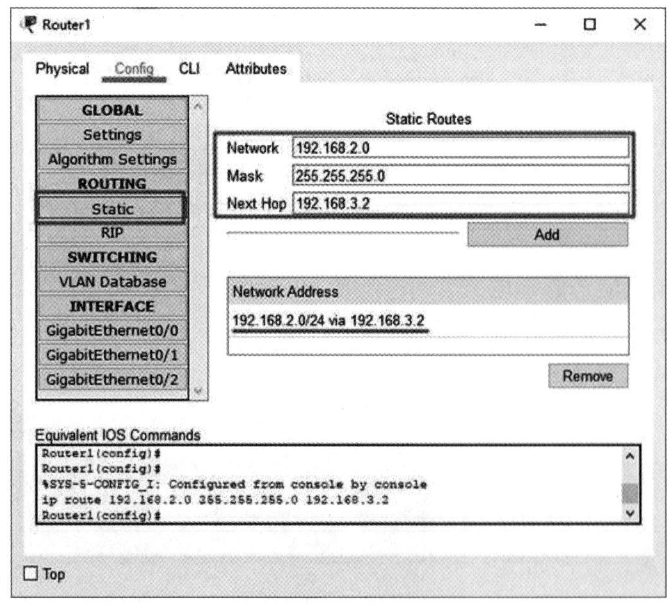

图4-41　添加静态路由

用同样的方法在路由器Router2中添加静态路由，使路由器Router2能够把数据包转发到LAN1，如图4-42所示。

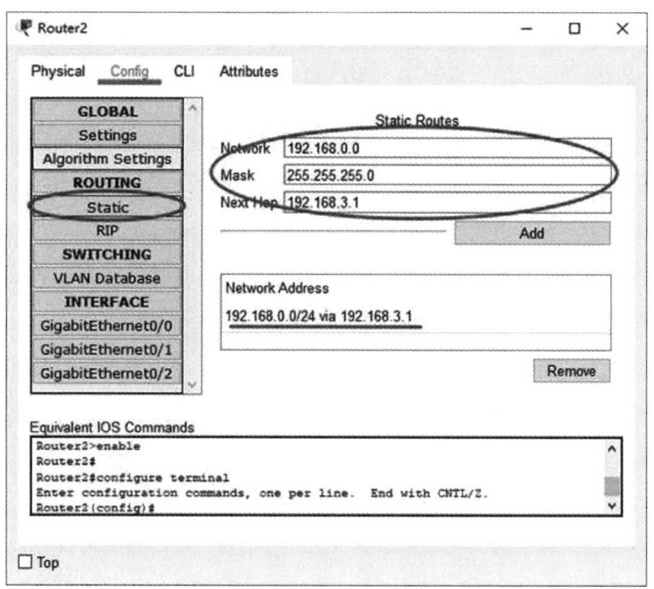

图4-42　添加静态路由

步骤6：PC1向PC5发送一个数据包。

在PC1的命令行界面通过ping命令测试与PC5的连通性，结果如图4-43所示，发送的4个ICMP数据包，第1个和第2个数据包因超时传输失败，第3个和第4个能够正确返回，说明PC1与PC5能够连通。

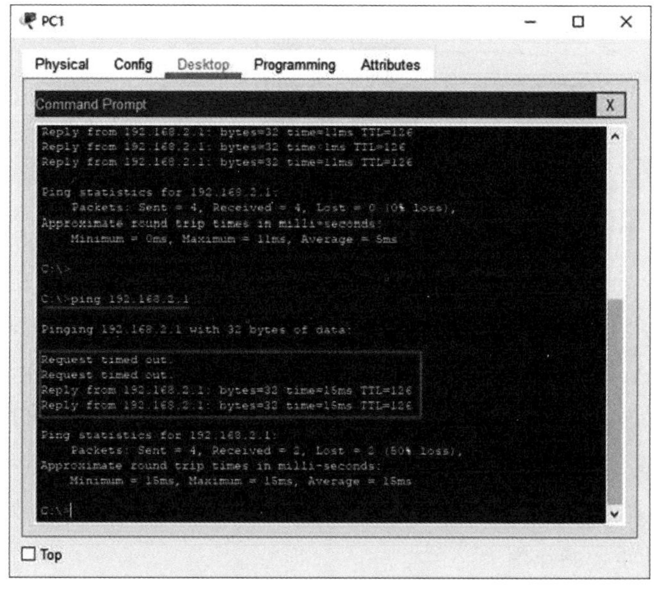

图4-43　连通性测试

接下来在仿真模式下，再次从PC1向PC5发送一数据包，观察数据包的传输过程，产生的事件列表如图4-44所示，由于前面路由器已经通过ARP广播获得需要的MAC地址，因此在这次数据包的传输过程中，不再需要进行ARP广播。

Event List

Vis.	Time(sec)	Last Device	At Device	Type
	0.000	–	PC1	ICMP
	0.001	PC1	Switch1	ICMP
	0.002	Switch1	Router1	ICMP
	0.003	Router1	Router2	ICMP
	0.004	Router2	Switch3	ICMP
	0.005	Switch3	PC5	ICMP
	0.006	PC5	Switch3	ICMP
	0.007	Switch3	Router2	ICMP
	0.008	Router2	Router1	ICMP
	0.009	Router1	Switch1	ICMP
Visible	0.010	Switch1	PC1	ICMP

图4-44 Event List 事件列表

4.2.6 思考题

步骤6中为什么前面2个数据包发送失败？

4.3 实验三：ICMP协议

实验视频：ICMP 协议

4.3.1 基础知识

网际控制报文协议（Internet Control Message Protocol，ICMP）用于在IP主机、路由器之间传递控制消息，例如网络通不通、主机是否可到达、路由是否可用等网络本身的消息。报文在发送到目的主机的过程中，通常会经过一个或多个路由器，路由器通过路由表来转发报文时，可能会出现各种问题，导致数据包无法传输到目的主机上。为了了解数据包在传输过程中出现的问题和提高数据传输的可靠性，就开发了ICMP协议，ICMP协议会把出现问题反馈给源主机，ICMP报文本身并不传输用户数据，但是对于用户数据的传递起着重要的作用。

ICMP协议是IP协议的上层协议，ICMP报文封装在IP数据包中，ICMP报文分为差错报告报文和询问报告报文两种，ICMP数据包格式如图4-45所示， 首部由类型、代码及检验和三个字段组成，各字段的含义如表4-4所示。

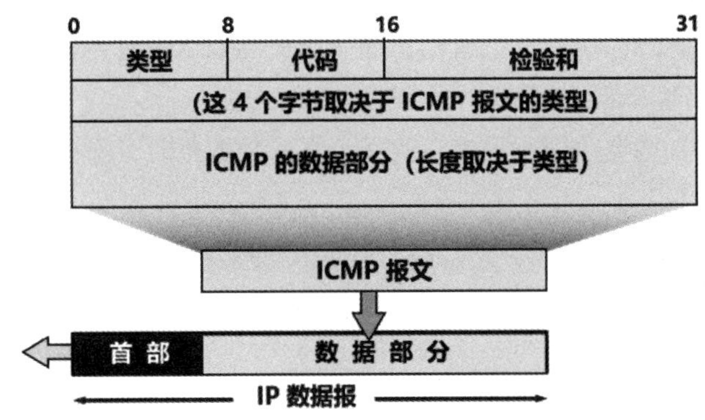

图4-45 ICMP 数据包格式

表4-4 ICMP 报文字段含义

报文类型	类型值	含义	代码	含义
询问报文	8	请求报文	0	请求报文
	0	响应报文	0	响应报文
差错报文	3	终点不可达	0	网络不可达
			1	主机不可达
			2	协议不可达
			3	端口不可达
			4	需要分片但设置是不分处
			13	路由过滤导致禁止通信
	4	源点抑制	0	源端口关闭
	5	改变路由（重定向）	0	对网络重定位
			1	对主机重定位
	11	时间超时	0	生存时间为0
	12	参数问题	0	IP首部错误
			1	必要的选项缺失

ICMP差错报文的五种类型：

（1）终点不可到达：当路由器或主机没有到达目标地址的路由时，就丢弃该数据包，给源点发送终点不可到达报文。

（2）源点抑制：当路由器或主机由于拥塞而丢弃数据包时，就会向源点发送源点抑制报文，使源点知道应降低数据包的发送速率。

（3）时间超时：当路由器收到生存时间为零的数据报时，除丢弃该数据报外，还要向源点发送时间超时报文。当终点在预先规定的时间内不能收到一个数据报的全部数据片时，就把已收到的数据报片都丢弃，并向源点发送时间超时报文。

（4）参数问题：当路由器或目的主机收到的数据报的首部中有的字段的值不正确时，就丢弃该数据报，并向源点发送参数问题报文。

（5）改变路由（重定向）：路由器把改变路由报文发送给主机，让主机知道下次应将数据报发送给另外的路由器。

ICMP的典型应用是Ping和Tracert命令。

Ping命令是检测网络连通性的常用工具，默认发送4个ICMP报文，用户可以在Ping命令中指定不同参数，如ICMP报文长度、发送的ICMP报文个数、等待回复响应的超时时间等，设备根据配置的参数来构造并发送ICMP报文，进行Ping测试，Ping命令的语法如下：

```
ping [-t] [-a] [-n count] [-l size] [-f] [-i TTL] [-v TOS]
          [-r count] [-s count] [[-j host-list] | [-k host-list]]
          [-w timeout] [-R] [-S srcaddr] [-c compartment] [-p]
          [-4] [-6] target_name
```

[]表示可选项，各选项中参数的含义如表4-5所示。

表4-5　Ping 命令参数含义

参数	含义
-t	ping 指定的主机，直到停止。 若要查看统计信息并继续操作，键入“Ctrl+Break”；若要停止，键入“Ctrl+C”
-n count	发送指定的数据包数，默认发送4个
-l size	指定发送的数据包的大小，默认发送的数据包大小为32byte
-f	在数据包中设置“不分段”标记(仅适用于 IPv4)。数据包就不会被路由上的网关分段
-i TTL	将“生存时间”字段设置为TTL指定的值

参数	含义
-r count	记录计数跃点的路由(仅适用于 IPv4)，最多记录9个
-w timeout	指定超时间隔，单位为毫秒
-4	强制使用 IPv4
-6	强制使用 IPv6

用户可以根据Ping命令的返回信息来判断网络问题，返回信息的含义如表4-6.

表4-6　Ping 命令返回信息含义

返回信息	含义
Request timed out	目的主机已关机，或者网络上根本没有这个地址
	目的主机与源主机不在同一网段内，通过路由无法找到对方
	目的主机确实存在，但设置了ICMP数据包过滤，例如防火墙等安全设置
	错误设置IP地址
Destination host Unreachable	目的主机与源主机不在同一网段内，而源主机又未设置默认的路由
	网线出了故障
Bad IP address	表示可能没有连接到DNS服务器，所以无法解析这个IP地址，也可能是IP地址不存在

注意："Destination host Unreachable"和"time out"的区别，如果所经过的路由器的路由表中具有到达目标的路由，而目标因为其他原因不可到达，这时候会出现"time out"，如果路由表中连到达目标的路由都没有，那就会出现"Destination host Unreachable"。

Tracert命令是路由跟踪实用程序，用于确定 IP 数据包访问目的主机所采取的路径，Tracert 命令用 IP 生存时间 (TTL) 字段和 ICMP 错误消息来确定从一个主机到网络上其他主机的路由。Tracert是检测网络丢包及时延的有效手段，同时可以帮助网络管理员发现网络中的路由环路。

Tracert命令的语法如下：

tracert [-d] [-h maximum_hops] [-j host-list] [-w timeout]

[-R] [-S srcaddr] [-4] [-6] target_name

其中target_name表示目标主机的名称或 IP 地址，[]表示可选项，各选项中参数的含义如表4-7。

表4-7 Tracert命令参数含义

参数	含义
-d	不将地址解析成主机名
-h maximum_hops	搜索目标的最大跃点数
-j host-list	与主机列表一起的松散源路由(仅适用于 IPv4)
-w timeout	等待每个回复的超时时间(以毫秒为单位)
-R	跟踪往返行程路径(仅适用于 IPv6)
-S srcaddr	要使用的源地址(仅适用于 IPv6)
-4	强制使用 IPv4
-6	强制使用 IPv6

4.3.2 实验目的

1. 理解ICMP报文的格式和字段含义；
2. 掌握Ping命令的使用方法；
3. 理解Tracert命令的工作原理；
4. 掌握Tracert命令的使用方法。

4.3.3 实验拓扑

实验拓扑如图4-46所示，由2台2901路由器和2计算机组成，通过2台路由器连接PC1所在的192.168.0.0网络和PC2所在的192.168.1.0网络，计算机的IP地址、子网掩码和默认网关如表4-8所示，路由器的接口地址配置如表4-9所示。

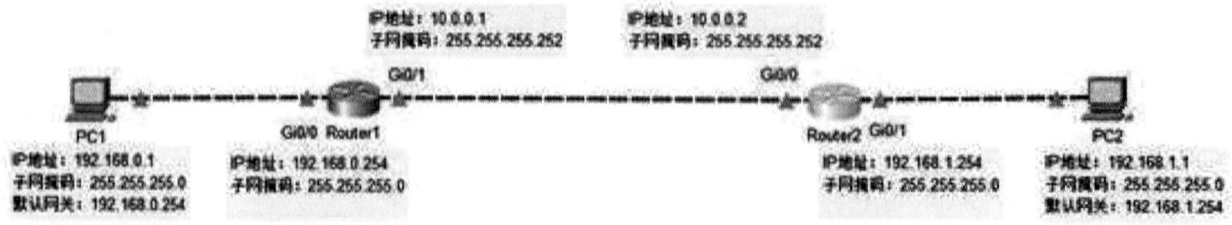

图4-46 实验拓扑

表4-8　计算机IP地址、子网掩码和默认网关

名称	IP地址	子网掩码	默认网关
PC1	192.168.0.1	255.255.255.0	192.168.0.254
PC2	192.168.1.1	255.255.255.0	192.168.1.254

表4-9　路由器接口地址配置

名称	接口	IP地址	子网掩码
Router1	Gi0/0	192.168.0.254	255.255.255.0
	Gi0/1	10.0.0.1	255.255.255.252
Router2	Gi0/0	10.0.0.2	255.255.255.252
	Gi0/1	192.168.1.254	255.255.255.0

4.3.4　实验内容

实验素材：ICMP 协议

任务一：搭建如图4-46所示的实验拓扑，并按照表4-8和表4-9所示配置计算机和路由器接口地址。

任务二：使用Ping命令测试PC1与PC2的连通性，并观察记录ICMP报文。

任务二：路由器添加静态路由，使数据包到达PC1和PC2所在的网络。

任务三：使用Tracert命令观察记录PC1到PC2的ICMP报文。

4.3.5　实验步骤与结果

步骤1：搭建实验拓扑，配置计算机与路由器。

在Packet Tracer的设备区域选择2台2901路由器和2台PC到工作区域，并使用交叉线连接起来，以PC1为例介绍IP地址的配置，单击PC1图标，在弹出的配置窗口中单击选择Desktop面板，再单击“IP Configuration”，在弹出的配置界面中输入IP地址、子网掩码和默认网关，如图4-47所示，用同样的方法配置PC2的IP地址信息。

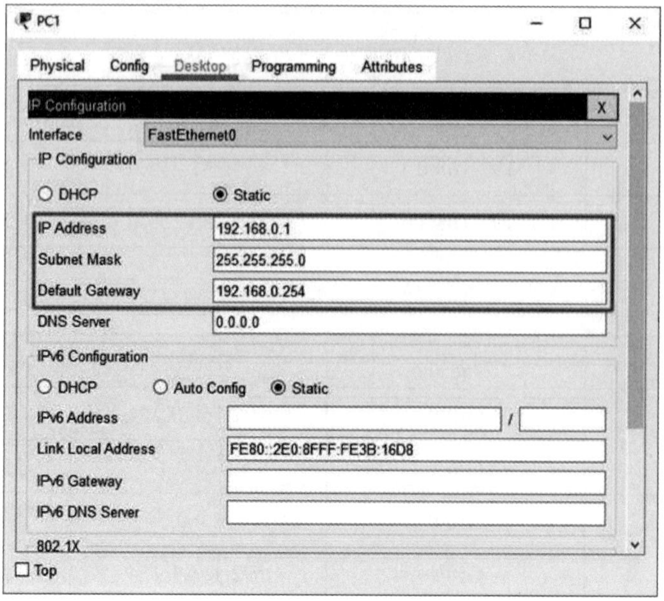

图4-47　IP 地址配置

以Router1的Gi0/0接口为例说明接口IP地址配置，单击Router1图标，在弹出的配置面板中单击左侧列表中GigabitEthernet0/0接口，在右侧的Port Status中打钩启用接口，并在IP地址配置区域输入IP地址与子网掩码，如图4-48所示。用同样的方法完成其他接口的配置。

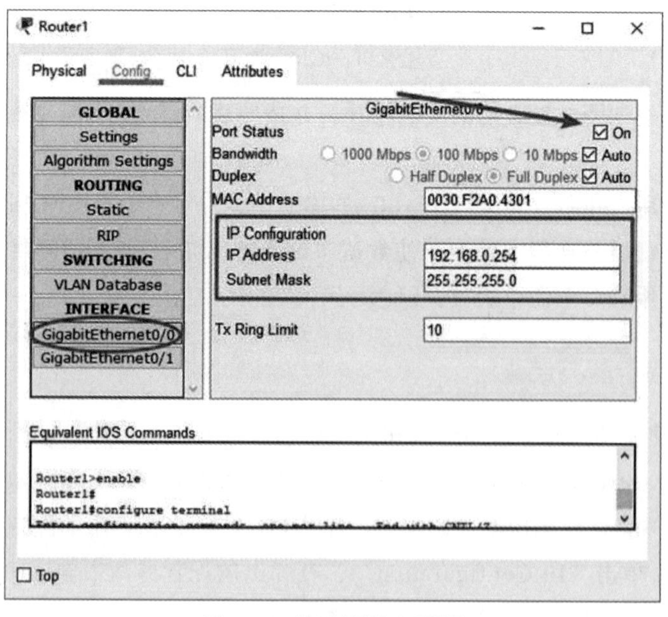

图4-48　路由器接口配置

步骤2：Ping命令测试PC1与PC2的连通性。

在测试连通性前，先在Realtime实时模式下，添加一个从PC1到PC2的简单PUD，以完成ARP广播过程，获得ARP缓存记录，从而去除ARP协议对实验的干扰。

单击“Simulation”切换Packet Tracer到仿真模式，然后单击PC1计算机图标，在弹出的配置窗口中选择Desktop面板，单击“Command Prompt”，弹出命令行界面，输入“ping 192.168.1.1”来测试PC1与PC2的连通性，结果如图4-49所示，发送的4个ICMP报文，返回差错代码：Reply from 192.168.0.254: Destination host unreachable，表示目的主机不可达，4个ICMP报文发送全部失败。

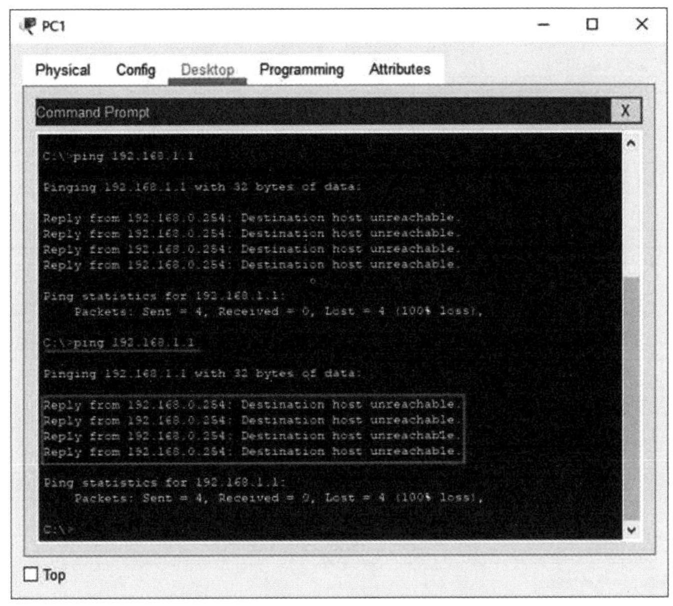

图4-49　Ping 命令测试连通性

仔细观察Event List事件列表（如图4-50所示）中详细发送4个ICMP报文的过程，4个ICMP报文的发送过程完全相同。以第1个为例说明，单击“PC1”发送ICMP报文的第1个事件，弹出如图4-51所示的PDU详细信息，在Out Layers中的Layer3显示是1个类型值为8的ICMP报文，根据表4-4中ICMP报文字段含义，这是1个询问请求报文，即第2个事件，路由器Router1接收到ICMP报文后，由于Router1缺少到达PC2计算机所在网络的路由项，因此Router1丢弃该数据包，并产生1个ICMP差错报告报文，即第3个事件，单击第3个事件的Type类型色块，在弹出的PDU详细信息窗口中单击“Outbound PDU Details”，查看Router1的出站详细信息，如图4-52所示，显示是1个类型值为8、代码值为1的ICMP报文，说明是1个终点不可达的差错报告报文。

Event List

Vis.	Time(sec)	Last Device	At Device	Type
	0.000	--	PC1	ICMP
	0.001	PC1	Router1	ICMP
	0.001	--	Router1	ICMP
	0.002	Router1	PC1	ICMP
	1.004	--	PC1	ICMP
	1.005	PC1	Router1	ICMP
	1.005	--	Router1	ICMP
	1.006	Router1	PC1	ICMP
	2.008	--	PC1	ICMP
	2.009	PC1	Router1	ICMP
	2.009	--	Router1	ICMP
	2.010	Router1	PC1	ICMP
	3.011	--	PC1	ICMP
	3.012	PC1	Router1	ICMP
	3.012	--	Router1	ICMP
Visible	3.013	Router1	PC1	ICMP

图4-50　Event List 事件列表

PDU Information at Device: PC1

OSI Model　Outbound PDU Details

At Device: PC1
Source: PC1
Destination: 192.168.1.1

In Layers	Out Layers
Layer7	Layer7
Layer6	Layer6
Layer5	Layer5
Layer4	Layer4
Layer3	Layer 3: IP Header Src. IP: 192.168.0.1, Dest. IP: 192.168.1.1 ICMP Message Type: 8
Layer2	Layer 2: Ethernet II Header 00E0.8F38.16D8 >> 0030.F2A0.4301
Layer1	Layer 1: Port(s): FastEthernet0

1. The Ping process starts the next ping request.
2. The Ping process creates an ICMP Echo Request message and sends it to the lower process.
3. The source IP address is not specified. The device sets it to the port's IP address.
4. The destination IP address 192.168.1.1 is not in the same subnet and is not the broadcast address.
5. The default gateway is set. The device sets the next-hop to default gateway.

Challenge Me　　<< Previous Layer　Next Layer >>

图4-51　PDU 详细信息

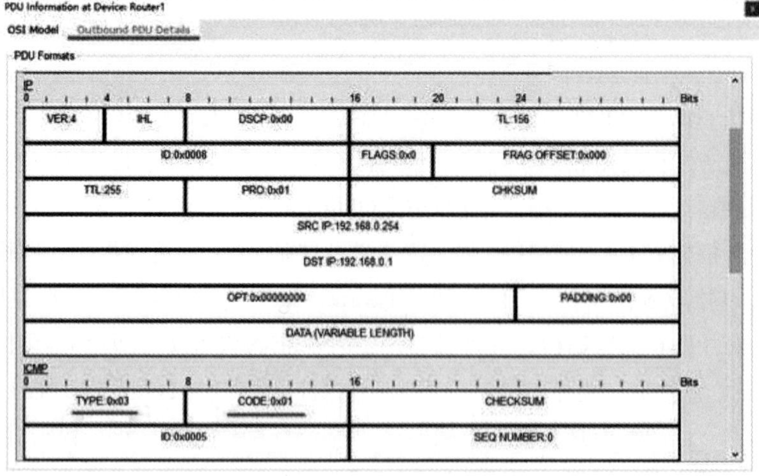

图4-52　Outbound PDU 信息

步骤3：路由器添加静态路由。

路由器添加静态路有图形化界面和命令行两种方法。

图形化界面添加静态路由方法：下面以Router1为例说明，单击“Router1”图标，在弹出的Config配置面板中左侧单击“Static”，在右侧Statci Routes区域输入网络地址、子网掩码和下一跳地址，并单击“Add”添加一条静态路由，如图4-53所示。

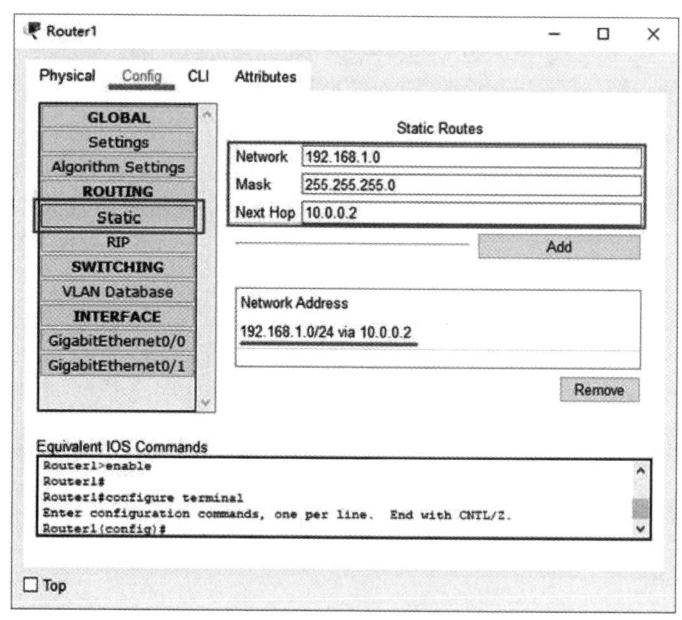

图4-53　添加静态路由

命令行添加静态路由方法：以Router2为例说明，单击“Router2”图标，在弹出的配置窗口中单击选择“CLI”，打开命令界面，具体代码如下：

```
Router2>enable          //进入特权模式
Router2#
Router2#configure terminal          //进入全局模式
Router2(config)#
Router2(config)#ip route 192.168.0.0 255.255.255.0 10.0.0.1     //添加静态路由
Router2(config)#exit
Router2#
Router2#show ip route static          //查看已经添加的静态路由
S    192.168.0.0/24 [1/0] via 10.0.0.1        //显示当前已经添加成功的静态路由
```

步骤4：重复步骤2，Ping命令测试PC1与PC2的连通性。

在PC1中运行命令提示符，通过Ping命令测试结果如图4-54所示，发送的4个ICMP报文，前2个ICMP报文由于路由器Router1和Router2需要通过ARP广播来获得MAC地址，导致发送失败，后2个ICMP报文发送成功。

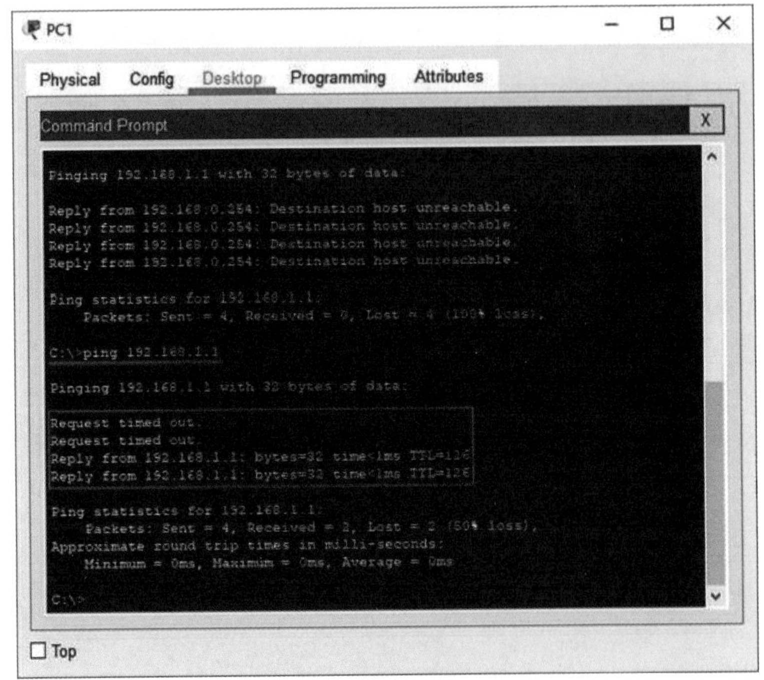

图4-54　测试连通性

在仿真模式下，添加一个从PC1到PC2的简单PDU数据包，结果如图4-55所示，数据包发送成功，传输过程的事件列表如图4-56所示，单击第4个事件的Type色块，弹出PDU详细信息如图4-57所示，到达PC2的是1个类型值为8的询问请求报文，PC2发出的是1个类型值为0的询问响应报文。

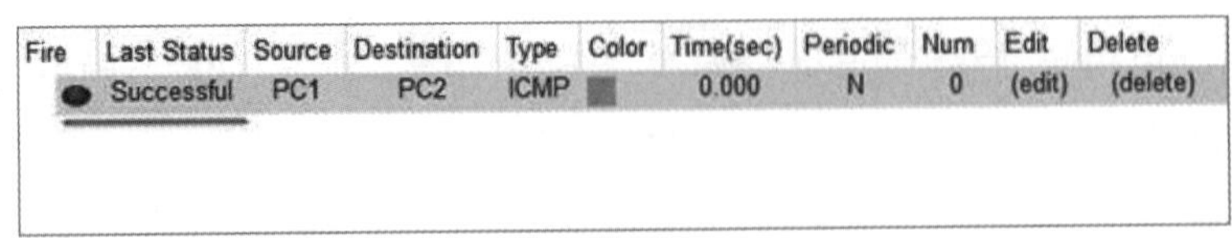

Fire	Last Status	Source	Destination	Type	Color	Time(sec)	Periodic	Num	Edit	Delete
●	Successful	PC1	PC2	ICMP		0.000	N	0	(edit)	(delete)

图4-55　数据包窗口

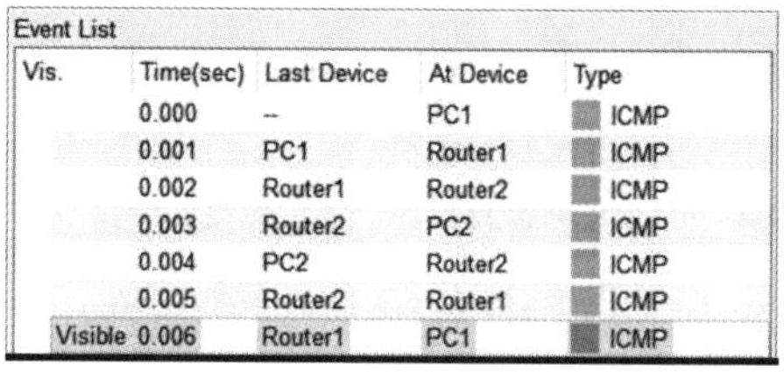

Event List

Vis.	Time(sec)	Last Device	At Device	Type
	0.000	--	PC1	ICMP
	0.001	PC1	Router1	ICMP
	0.002	Router1	Router2	ICMP
	0.003	Router2	PC2	ICMP
	0.004	PC2	Router2	ICMP
	0.005	Router2	Router1	ICMP
Visible	0.006	Router1	PC1	ICMP

图4-56　Event List 事件列表

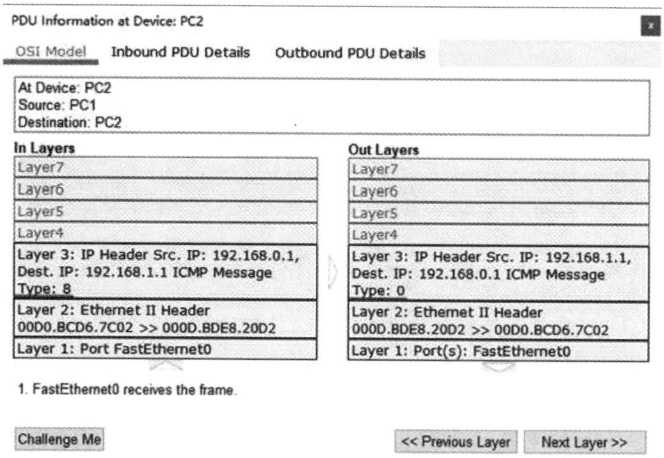

PDU Information at Device: PC2

OSI Model　Inbound PDU Details　Outbound PDU Details

At Device: PC2
Source: PC1
Destination: PC2

In Layers	Out Layers
Layer7	Layer7
Layer6	Layer6
Layer5	Layer5
Layer4	Layer4
Layer 3: IP Header Src. IP: 192.168.0.1, Dest. IP: 192.168.1.1 ICMP Message Type: 8	Layer 3: IP Header Src. IP: 192.168.1.1, Dest. IP: 192.168.0.1 ICMP Message Type: 0
Layer 2: Ethernet II Header 00D0.BCD6.7C02 >> 000D.BDE8.20D2	Layer 2: Ethernet II Header 000D.BDE8.20D2 >> 00D0.BCD6.7C02
Layer 1: Port FastEthernet0	Layer 1: Port(s): FastEthernet0

1. FastEthernet0 receives the frame.

Challenge Me　　<< Previous Layer　Next Layer >>

图4-57　PDU 详细信息

步骤5：使用Tracert命令跟踪从PC1发到PC2的报文。

在Realtime实时模式下，单击PC1图标，在弹出的配置窗口中单击选择Desktop面板，单击“Command Prompt”打开命令行操作界面，输入“tracert 192.168.1.1”，结果如图4-58所示，数据包通过三个节点，分别是Router1的Gi0/0接口（IP地址：192.168.0.254）、Router2的Gi0/0接口（IP地址：10.0.0.2）和PC2（IP地址：192.168.1.1），并统计往返节点需要的时间。

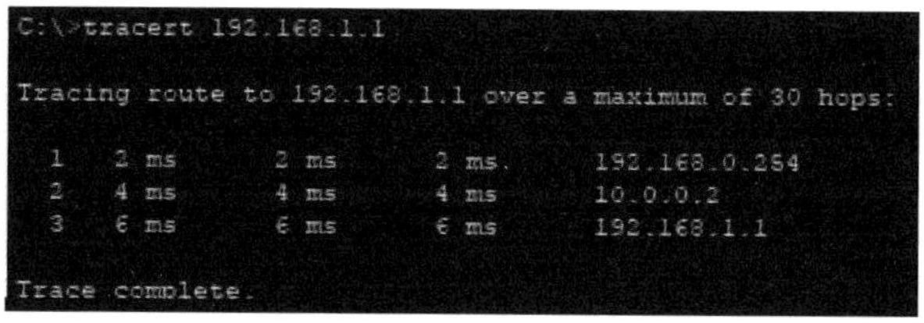

```
C:\>tracert 192.168.1.1

Tracing route to 192.168.1.1 over a maximum of 30 hops:

  1   2 ms      2 ms      2 ms     192.168.0.254
  2   4 ms      4 ms      4 ms     10.0.0.2
  3   6 ms      6 ms      6 ms     192.168.1.1

Trace complete.
```

图4-58　Tracert 命令

在Simulation仿真模式下，重复Realtime实时模式下的操作，事件列表如图4-59所示。

Event List

Vis.	Time(sec)	Last Device	At Device	Type
	0.000	–	PC1	ICMP
	0.001	PC1	Router1	ICMP
	0.001	–	Router1	ICMP
	0.002	Router1	PC1	ICMP
	0.104	–	PC1	ICMP
	0.105	PC1	Router1	ICMP
	0.105	–	Router1	ICMP
	0.106	Router1	PC1	ICMP
	0.210	–	PC1	ICMP
	0.211	PC1	Router1	ICMP
	0.211	–	Router1	ICMP
	0.212	Router1	PC1	ICMP
	0.313	–	PC1	ICMP
	0.314	PC1	Router1	ICMP
	0.315	Router1	Router2	ICMP
	0.315	–	Router2	ICMP
	0.316	Router2	Router1	ICMP
	0.317	Router1	PC1	ICMP
	0.417	–	PC1	ICMP
	0.418	PC1	Router1	ICMP
	0.419	Router1	Router2	ICMP
	0.419	–	Router2	ICMP
	0.420	Router2	Router1	ICMP
	0.421	Router1	PC1	ICMP
	0.521	–	PC1	ICMP
	0.522	PC1	Router1	ICMP
	0.523	Router1	Router2	ICMP
	0.523	–	Router2	ICMP
	0.524	Router2	Router1	ICMP
	0.525	Router1	PC1	ICMP

Event List

Vis.	Time(sec)	Last Device	At Device	Type
	0.627	–	PC1	ICMP
	0.628	PC1	Router1	ICMP
	0.629	Router1	Router2	ICMP
	0.630	Router2	PC2	ICMP
	0.631	PC2	Router2	ICMP
	0.632	Router2	Router1	ICMP
	0.633	Router1	PC1	ICMP
	0.733	–	PC1	ICMP
	0.734	PC1	Router1	ICMP
	0.735	Router1	Router2	ICMP
	0.736	Router2	PC2	ICMP
	0.737	PC2	Router2	ICMP
	0.738	Router2	Router1	ICMP
	0.739	Router1	PC1	ICMP
	0.842	–	PC1	ICMP
	0.843	PC1	Router1	ICMP
	0.844	Router1	Router2	ICMP
	0.845	Router2	PC2	ICMP
	0.846	PC2	Router2	ICMP
	0.847	Router2	Router1	ICMP
Visible	0.848	Router1	PC1	ICMP

图4-59　Event List 事件列表

PC1发送的第1个报文（Time字段以0.0开始的第1个事件）格式如图4-60所示，ICMP报文的类型值为8，说明是1个询问请求报文，而IP数据包中的TTL值为1，Router1的响应报文如错误!未找到引用源。所示，类型值为11（0x0b是十六进制），说明是1个生存时间超时的差错报文，原因在于Router1接收数据包后将对TTL值减1，TTL值为零，所以返回1个差错报文报告PC1。Tracert重复发送3个这样的报文，因此第2个报文（Time字段以0.1开始的第1个事件）和第3个报文（Time字段以0.2开始的第1个事件）跟第1个报文格式完成相同。

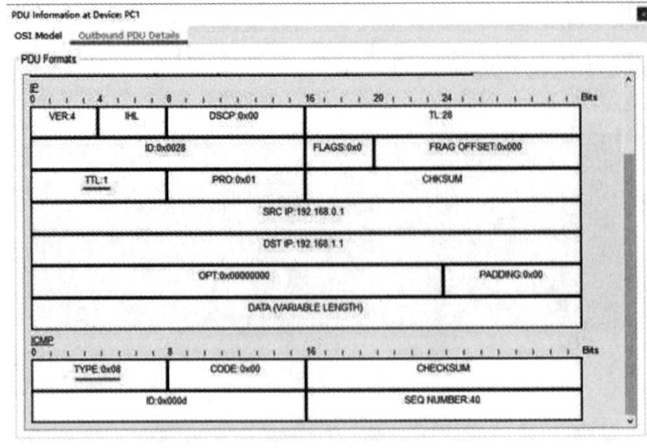

图4-60　Outbound PDU 详细信息

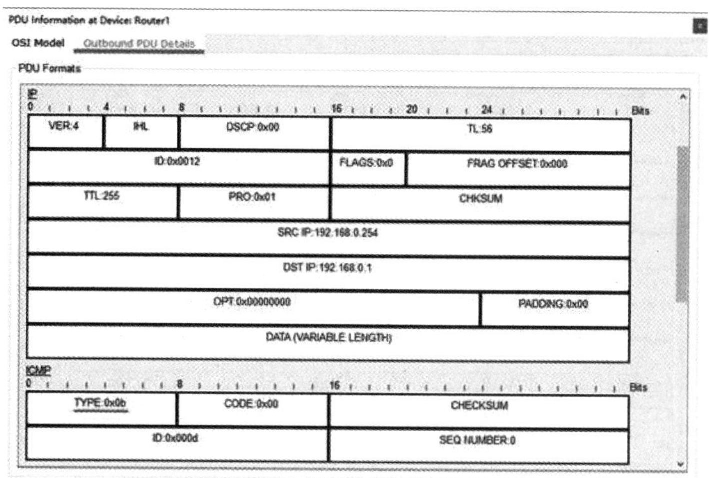

图4-61　Outbound PDU 详细信息

PC1发送的第4个报文（Time字段以0.3开始的第1个事件）格式如图4-62所示，ICMP报文的类型值为8，说明是1个询问请求报文，而IP数据包中的TTL值增加1变成2，Router1对数据包的 TTL值减1变成1后，报文如图4-63所示，转发该数据包给Router2，Router2的响应报文如图4-64所示，类型值为11（0x0b是十六进制），说明是1个生存时间超时的差错报文，所以返回1个差错报文报告PC1。Tracert重复发送3个这样的报文，因此第5个报文（Time字段以0.4开始的第1个事件）和第6个报文（Time字段以0.5开始的第1个事件）跟第4个报文格式完成相同。

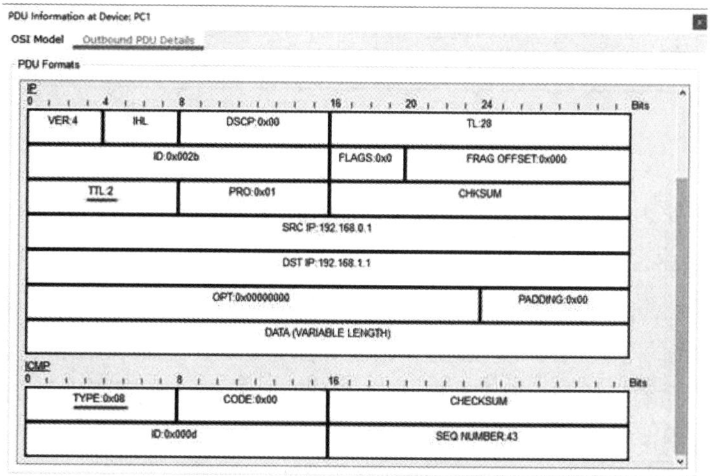

图4-62　Outbound PDU 详细信息

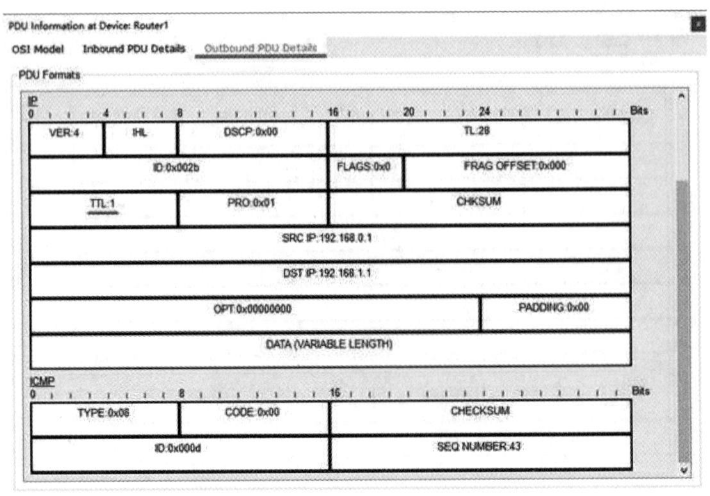

图4-63　Outbound PDU 详细信息

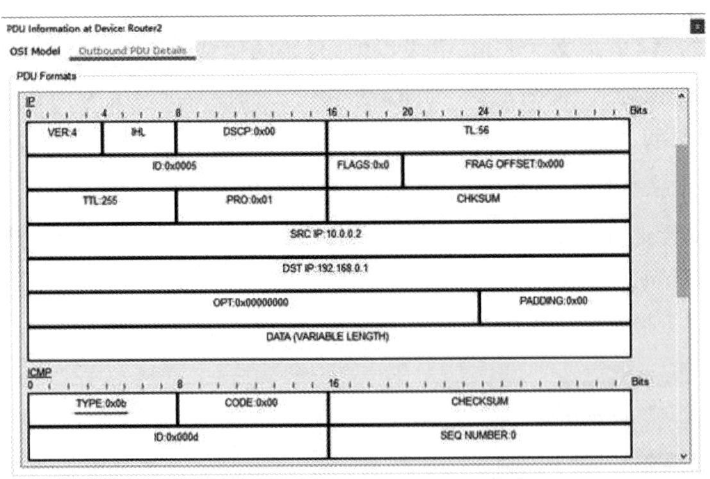

图4-64　Outbound PDU 详细信息

PC1发送的第7个报文（Time字段以0.6开始的第1个事件）格式如图4-65所示，ICMP报文的类型值为8，说明是1个询问请求报文，而IP数据包中的TTL值再增加1变成3，Router1对数据包的 TTL值减1变成2后，报文如图4-66所示，转发该数据包给Router2，Router2对数据包的 TTL值减1变成1后，报文如图4-67所示，Router2将数据包成功发送到PC2，PC2接收和响应的数据包如图4-68所示，出站数据包显示是1个类型值为0的ICMP报文，说明是1个正常的询问响应报文。Tracert重复发送3个这样的报文，因此第8个报文（Time字段以0.7开始的第1个事件）和第9个报文（Time字段以0.8开始的第1个事件）跟第7个报文格式完全相同。

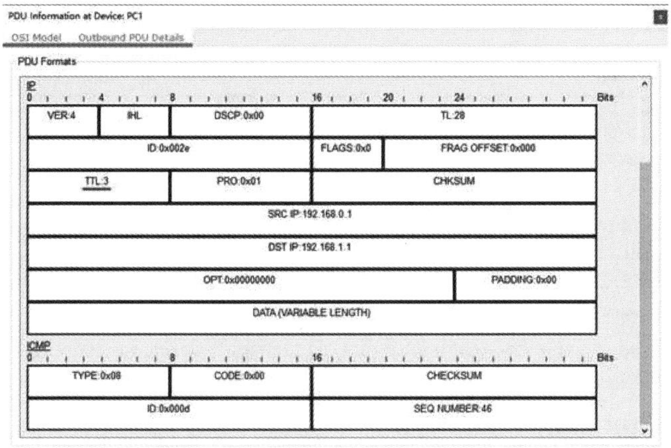

图4-65　Outbound PDU 详细信息

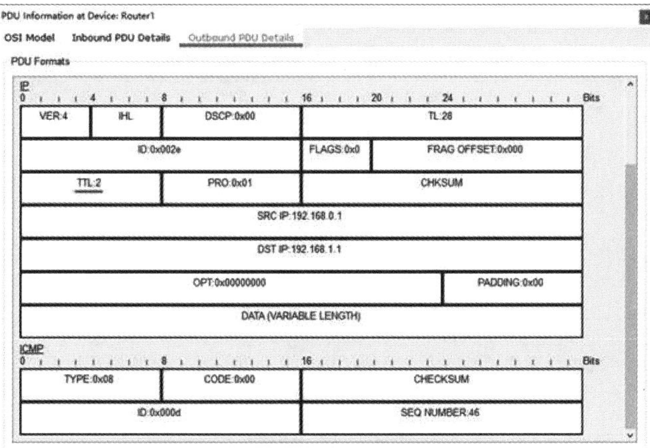

图4-66　Outbound PDU 详细信息

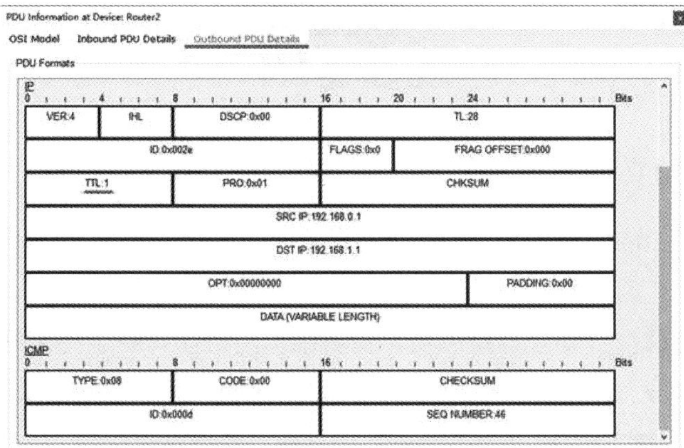

图4-67　Outbound PDU 详细信息

PDU Information at Device: PC2

OSI Model　Inbound PDU Details　Outbound PDU Details

At Device: PC2
Source: PC1
Destination: 192.168.1.1

In Layers	Out Layers
Layer7	Layer7
Layer6	Layer6
Layer5	Layer5
Layer4	Layer4
Layer 3: IP Header Src. IP: 192.168.0.1, Dest. IP: 192.168.1.1 ICMP Message Type: 8	Layer 3: IP Header Src. IP: 192.168.1.1, Dest. IP: 192.168.0.1 ICMP Message Type: 0
Layer 2: Ethernet II Header 00D0.BCD6.7C02 >> 000D.BDE8.20D2	Layer 2: Ethernet II Header 000D.BDE8.20D2 >> 00D0.BCD6.7C02
Layer 1: Port FastEthernet0	Layer 1: Port(s): FastEthernet0

1. FastEthernet0 receives the frame.

Challenge Me　<< Previous Layer　Next Layer >>

图4-68　PDU详细信息

4.3.6　思考题

ICMP协议会带来安全隐患吗?

4.4　实验四：路由协议

实验视频：路由协议

4.4.1　基础知识

路由协议（Routing Protocol）是一种指定数据包转送方式的网上协议，路由器通过路由表来转发数据，路由器路由表里的路由项可以通过手工添加和自动学习获得，路由器通过各种路由协议来自动获得路由项，更新维护路由器。对于小型网络，网络管理员可以通过手工添加静态路由；但是对于大型网络，网络管理员显然无法再通过人工的方式来维护路由表，因此需要通过路由协议来进行路由表的维护更新。

自治系统（Autonomous System，AS）是指一个统一采用相同路由协议的网络单位。

根据在自治系统使用情况，路由协议分为两大类：外部网关协议（Exterior Gateway Protocol，EGP）和内部网关协议（Interior Gateway Protocol，IGP），EGP用于自治系统之间的路由协议，IGP用于自治系统内部的路由协议。

外部网关协议主要有边界网关协议（Border Gateway Protocol，BGP），内部网关协议常见的有路由信息协议（Routing Information Protocol，RIP）、RIP2和开放式最短路径优先协议（Open Shortest Path First，OSPF）等协议。

RIP协议是一种分布式的基于距离矢量的路由选择协议，采用距离向量算法决定路径，距离（Metrics）的单位为“跳数”，跳数是指所经过的路由器的个数，数据包转发到目标IP地址所经过路由器最少（跳数最少）即为最优路径。由于RIP协议能支持的最大距离为15（16表示不可达），限制了网络的规模。另外，由于路由器交换的信息是路由器的完整路由表，不适合在大规模网络中使用，因此适合在小规模网络中使用，同时存在坏消息传播得慢和更新过程的收敛时间过长的缺点。

OSPF协议一种链路状态路由协议，路由器之间交换链路状态生成网络拓扑信息，然后再根据这个拓扑信息生成路由控制表，OSPF可以给每条链路（实际上，可以为连到该数据链路[子网]的网卡设置一个代价，而这个代价只用于发送端，接收端不需要考虑）赋予一个权重（也叫代价），并始终选择一个权重最小的路径作为最终路由。也就是说，OSPF以每个链路上的代价作为度量标准，始终选择一个总的代价最小的一条路径。

RIP协议是选择路由器个数最少的路径，而OSPF协议是选择总的代价较小的路径。

BGP协议用来实现自治系统之间的路由可达，并选择最佳路由的距离矢量路由协议。

4.4.2　实验目的

1. 理解路由，了解路由协议。
2. 理解RIP协议的工作原理。
3. 掌握路由器中RIP协议的配置方法。

4.4.3　实验拓扑

本实验的拓扑结构如图4-69所示，由3台2911型路由器、2台2960型交换机和2台计算机组成，其中路由器Router1和Router2通过串口线进行连接，其余设备之间通过直通网线或交叉网络进行连接，计算机的IP地址配置信息如表4-10所示，路由器接口的IP地址配置如表4-11所示。

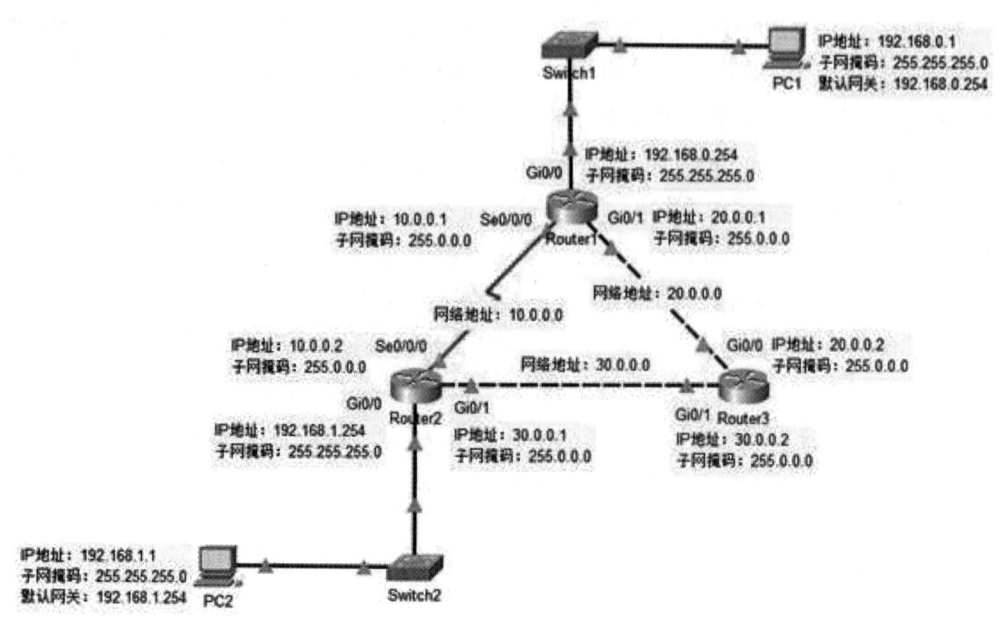

图4-69 实验拓扑

表4-10 计算机IP地址配置信息

名称	IP地址	子网掩码	默认网关
PC1	192.168.0.1	255.255.255.0	192.168.0.254
PC2	192.168.1.1	255.255.255.0	192.168.1.254

表4-11 路由器接口的IP地址配置

名称	接口	IP地址	子网掩码
Router1	Gi0/0	192.168.0.254	255.255.255.0
	Gi0/1	20.0.0.1	255.0.0.0
	Se0/0/0	10.0.0.1	255.0.0.0
Router2	Gi0/0	192.168.1.254	255.255.255.0
	Gi0/1	30.0.0.1	255.0.0.0
	Se0/0/0	10.0.0.2	255.0.0.0
Router3	Gi0/0	20.0.0.2	255.0.0.0
	Gi0/1	30.0.0.2	255.0.0.0

4.4.4　实验内容

任务一：搭建如图4-69所示的实验拓扑，配置计算机与路由器地址。

任务二：配置路由器的RIP路由，观察记录路由表的变化。

任务三：观察记录PC1与PC3的通信情况，验证RIP协议的工作原理。

实验素材：路由协议

4.4.5　实验步骤与结果

步骤1：搭建拓扑。

在设备类型选择区中选择路由器、交换机和计算机搭建实验拓扑，本次实验中2911型路由器之间需要通过串口来连接，2911型路由器默认情况下不带串行接口，因此需要对路由器添加串口模块。下面以Router1为例说明，单击路由器“Router1”，在弹出的窗口中选择Physical面板，如图4-70所示，给路由器增加模块之前，需要先关闭路由器的电源，箭头标记即为电源开关，单击关闭电源，在左侧MODULES中显示可添加的模块，单击HWIC-2T模块，即为带2个串口的模块，按住鼠标左键拖动到路由器面板的黑色方块区域，释放鼠标，添加的物理模块已经在路由器面板上，最后单击电源开关，打开路由器的电源。

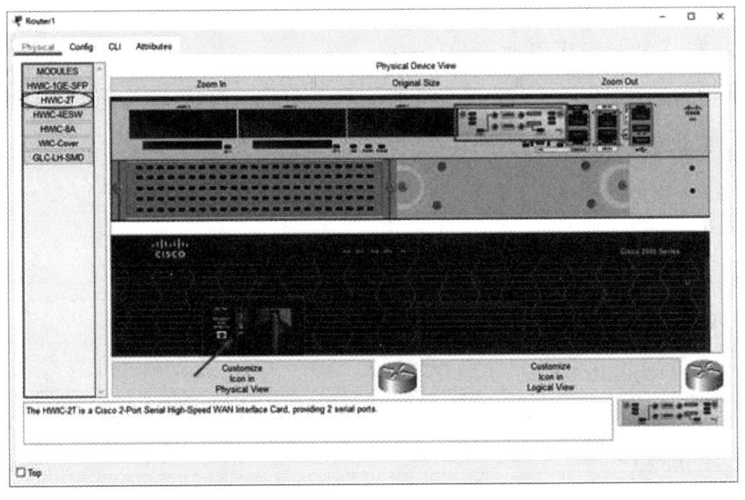

图4-70　路由器物理配置

步骤2：配置计算机的IP地址。

以PC1为例说明，单击PC1图标，在弹出的配置界面中选择Desktop面板，单击“IP

Configuration”，弹出配置界面如图4-71所示，输入IP地址、子网掩码和默认网关，用同样的方法配置PC2。

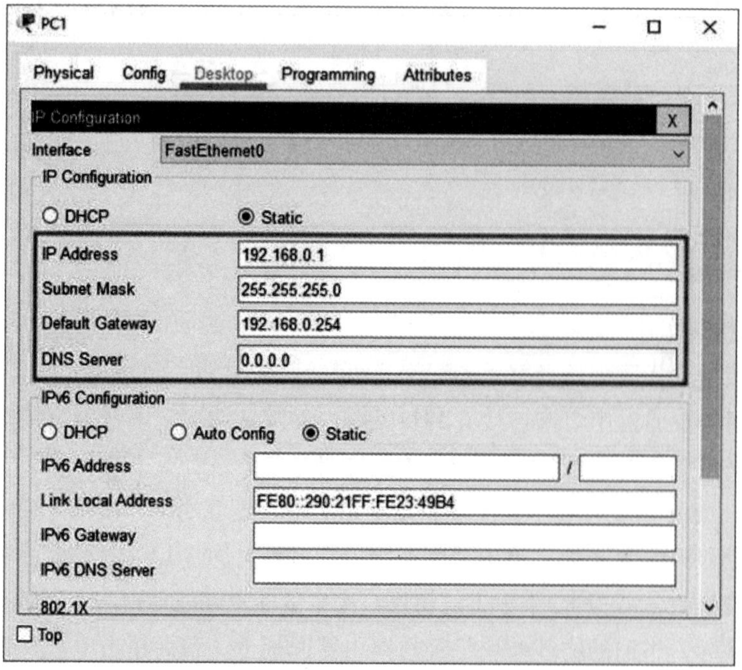

图4-71 IP地址配置界面

步骤3：配置路由器的接口地址。

配置路由器Router1，单击“Router1”图标，在弹出的窗口中选择CIL面板，打开命令行界面，下面通过命令行来启用接口并配置，具体代码如下：

```
Router1>enable
Router1#
Router1#configure terminal
Router1(config)#interface GigabitEthernet0/0
Router1(config-if)#no shutdown    //启用接口
Router1(config-if)#ip address 192.168.0.254 255.255.255.0  //配置接口的IP地址和子网掩码
Router1(config-if)#exit
Router1(config)#interface GigabitEthernet0/1
Router1(config-if)#no shutdown
Router1(config-if)#ip address 20.0.0.1 255.0.0.0
```

```
Router1(config-if)#
Router1(config-if)#exit
Router1(config)#interface Serial0/0/0
Router1(config-if)#no shutdown
Router1(config-if)#ip address 10.0.0.1 255.0.0.0
Router1(config-if)#end
Router1#
Router1#show ip interface brief    //查看配置
Interface            IP-Address      OK? Method Status                Protocol
GigabitEthernet0/0   192.168.0.254   YES manual up                    up
GigabitEthernet0/1   20.0.0.1        YES manual up                    up
GigabitEthernet0/2   unassigned      YES unset  administratively down down
Serial0/0/0          10.0.0.1        YES manual up                    up
Serial0/0/1          unassigned      YES unset  down                  down
Vlan1                unassigned      YES unset  administratively down down
```

路由器Router2的配置代码如下：

```
Router2>enable
Router2#configure terminal
Router2(config)#
Router2(config)#interface Serial0/0/0
Router2(config-if)#no shutdown
Router2(config-if)#ip address 10.0.0.2 255.0.0.0
Router2(config-if)#
Router2(config-if)#exit
Router2(config)#interface GigabitEthernet0/0
Router1(config-if)#no shutdown
Router2(config-if)#ip address 192.168.1.254 255.255.255.0
Router2(config-if)#
Router2(config-if)#exit
Router2(config)#interface GigabitEthernet0/1
Router1(config-if)#no shutdown
Router2(config-if)#ip address 30.0.0.1 255.0.0.0
```

```
Router2(config-if)#end
Router2#
Router2#show ip interface brief
Interface            IP-Address      OK? Method Status                Protocol
GigabitEthernet0/0   192.168.1.254   YES manual up                    up
GigabitEthernet0/1   30.0.0.1        YES manual up                    up
GigabitEthernet0/2   unassigned      YES unset  administratively down down
Serial0/0/0          10.0.0.2        YES manual up                    up
Serial0/0/1          unassigned      YES unset  administratively down down
```

路由器Router3的配置代码如下：

```
Router3>enable
Router3#configure terminal
Router3(config)#
Router3(config)#interface GigabitEthernet0/0
Router2(config-if)#no shutdown
Router3(config-if)#ip address 20.0.0.2 255.0.0.0
Router3(config-if)#
Router3(config-if)#exit
Router3(config)#interface GigabitEthernet0/1
Router2(config-if)#no shutdown
Router3(config-if)#ip address 30.0.0.2 255.0.0.0
Router3(config-if)#end
Router3#
Router3#show ip interface brief
Interface            IP-Address      OK? Method Status                Protocol
GigabitEthernet0/0   20.0.0.2        YES manual up                    up
GigabitEthernet0/1   30.0.0.2        YES manual up                    up
GigabitEthernet0/2   unassigned      YES unset  administratively down down
Vlan1                unassigned      YES unset  administratively down down
```

步骤4：配置路由器的RIP路由。

启用和配置路由器的RIP协议有图形化界面方法和命令行界面方法，首先将Packet Tracer切换到Simulation仿真模式，单击“Edit Filters”，在弹出的过滤器窗口中只选择

RIP和ICM协议。

图形化界面方法：以路由器“Router1”为例说明，单击Router1图标，在弹出的Config面板中，单击左侧的“RIP”，启用路由器的RIP功能，在右侧的RIP Routing下面的Network中输入Router1直连的网络：192.168.0.0、10.0.0.0和20.0.0.0，结果如图4-72所示，添加一个网络后，将在Event List事件列表中产生RIP数据包，RIP协议每30s广播一次，如图4-73所示，单击其中一个事件，弹出图4-74所示的PDU详细信息窗口，显示这是一个使用UDP协议的RIP广播数据包，单击Outbound PDU Details面板进一步查看详细信息如图4-75所示，单击Play Controls中的自动播放图标，路由器每30秒将向其他路由器广播路由信息，因此可以看到不断有RIP广播数据包在网络中传输。

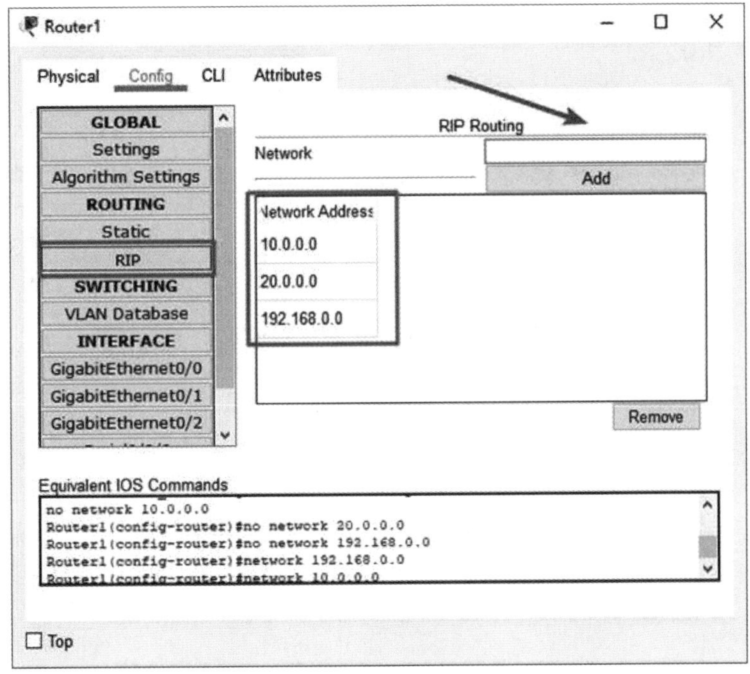

图4-72　RIP 配置

Event List

Vis.	Time(sec)	Last Device	At Device	Type
Visible	0.000	--	Router1	RIPv1
Visible	0.000	--	Router1	RIPv1
Visible	0.000	--	Router1	RIPv1
Visible	0.000	--	Router1	RIPv1
Visible	0.000	--	Router1	RIPv1
Visible	0.000	--	Router1	RIPv1
Visible	0.000	--	Router1	RIPv1
Visible	0.000	--	Router1	RIPv1

图4-73　Event List 事件列表

PDU Information at Device: Router1

OSI Model　Outbound PDU Details

At Device: Router1
Source: Router1
Destination: 255.255.255.255

In Layers	Out Layers
Layer7	Layer 7: RIP Version: 1, Command: 2
Layer6	Layer6
Layer5	Layer5
Layer4	Layer 4: UDP Src Port: 520, Dst Port: 520
Layer3	Layer 3: IP Header Src. IP: 20.0.0.1, Dest. IP: 255.255.255.255
Layer2	Layer 2: Ethernet II Header 0001.420E.1302 >> FFFF.FFFF.FFFF
Layer1	Layer 1: Port(s):

1. The device builds a periodic RIP update packet to send out to GigabitEthernet0/1.
2. The device adds an update route 10.0.0.0 to the RIP packet.
3. The device adds an update route 192.168.0.0 to the RIP packet.

Challenge Me　<< Previous Layer　Next Layer >>

图4-74　PDU 详细信息

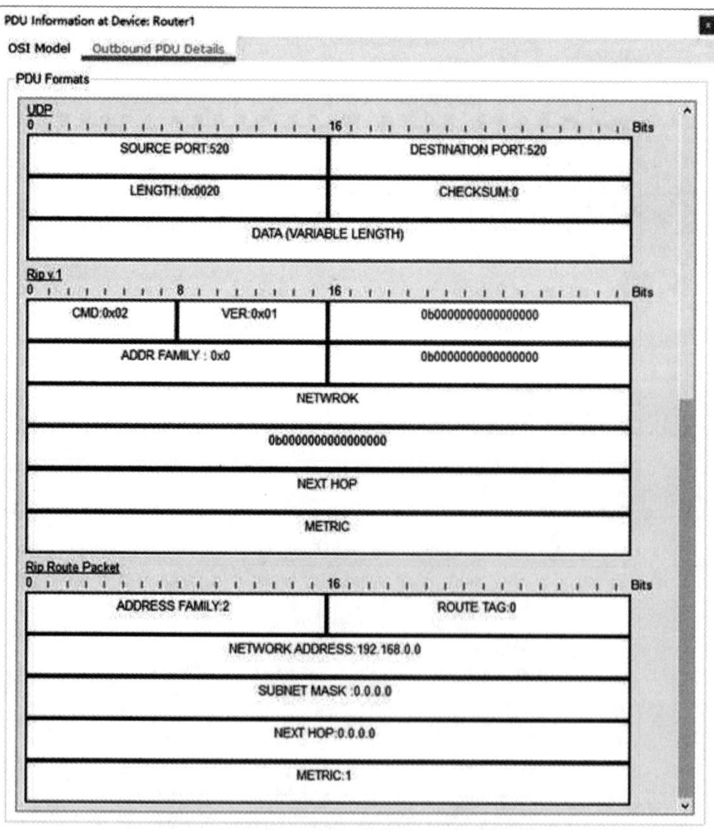

图4-75　Outbound PDU Details

单击常用工具栏的查看工具，再单击“Router1”，在下列列表中单击选择“Routing Table”，弹出路由器的路由表如图4-76所示，已经成功添加3条类型为R的RIP路由。

Routing Table for Router1

Type	Network	Port	Next Hop IP	Metric
C	10.0.0.0/8	Serial0/0/0	---	0/0
L	10.0.0.1/32	Serial0/0/0	---	0/0
C	20.0.0.0/8	GigabitEthernet0/1	---	0/0
L	20.0.0.1/32	GigabitEthernet0/1	---	0/0
R	30.0.0.0/8	Serial0/0/0	10.0.0.2	120/1
R	30.0.0.0/8	GigabitEthernet0/1	20.0.0.2	120/1
C	192.168.0.0/24	GigabitEthernet0/0	---	0/0
L	192.168.0.254/32	GigabitEthernet0/0	---	0/0
R	192.168.1.0/24	Serial0/0/0	10.0.0.2	120/1

图4-76　Router1 的路由表

命令行方法：以路由器Router2为例说明，单击“Router1”图标，在弹出的配置界面中选择“CLI”，启动命令界面，配置代码如下：

```
Router2>enable
Router2#
Router2#configure terminal
Router2(config)#router rip    //启用RIP协议
Router2(config-router)#network 10.0.0.0    //直连网络
Router2(config-router)#network 30.0.0.0    //直连网络
Router2(config-router)#network 192.168.1.0  //直连网络
Router2(config-router)#end
Router2#show ip route         //查看路由信息，其中R类型即为通过RIP协议获得
Codes: L - local, C - connected, S - static, R - RIP, M - mobile, B - BGP
    D - EIGRP, EX - EIGRP external, O - OSPF, IA - OSPF inter area
    N1 - OSPF NSSA external type 1, N2 - OSPF NSSA external type 2
    E1 - OSPF external type 1, E2 - OSPF external type 2, E - EGP
    i - IS-IS, L1 - IS-IS level-1, L2 - IS-IS level-2, ia - IS-IS inter area
    * - candidate default, U - per-user static route, o - ODR
    P - periodic downloaded static route
```

```
Gateway of last resort is not set

     10.0.0.0/8 is variably subnetted, 2 subnets, 2 masks
C       10.0.0.0/8 is directly connected, Serial0/0/0
L       10.0.0.2/32 is directly connected, Serial0/0/0
R    20.0.0.0/8 [120/1] via 30.0.0.2, 00:00:07, GigabitEthernet0/1
                [120/1] via 10.0.0.1, 00:00:10, Serial0/0/0
     30.0.0.0/8 is variably subnetted, 2 subnets, 2 masks
C       30.0.0.0/8 is directly connected, GigabitEthernet0/1
L       30.0.0.1/32 is directly connected, GigabitEthernet0/1
R    192.168.0.0/24 [120/1] via 10.0.0.1, 00:00:10, Serial0/0/0
     192.168.1.0/24 is variably subnetted, 2 subnets, 2 masks
C       192.168.1.0/24 is directly connected, GigabitEthernet0/0
L       192.168.1.254/32 is directly connected, GigabitEthernet0/0
Router2#
```

用同样的方法配置路由器Router3，具体配置代码如下：

```
Router3>enable
Router3#
Router3#configure terminal
Router3(config)#router rip
Router3(config-router)#network 20.0.0.0
Router3(config-router)#network 30.0.0.0
Router3(config-router)#end
Router3#
Router3#show ip route
Codes: L - local, C - connected, S - static, R - RIP, M - mobile, B - BGP
       D - EIGRP, EX - EIGRP external, O - OSPF, IA - OSPF inter area
       N1 - OSPF NSSA external type 1, N2 - OSPF NSSA external type 2
       E1 - OSPF external type 1, E2 - OSPF external type 2, E - EGP
       i - IS-IS, L1 - IS-IS level-1, L2 - IS-IS level-2, ia - IS-IS inter area
       * - candidate default, U - per-user static route, o - ODR
       P - periodic downloaded static route
```

```
Gateway of last resort is not set
R    10.0.0.0/8 [120/1] via 30.0.0.1, 00:00:05, GigabitEthernet0/1
               [120/1] via 20.0.0.1, 00:00:10, GigabitEthernet0/0
   20.0.0.0/8 is variably subnetted, 2 subnets, 2 masks
C      20.0.0.0/8 is directly connected, GigabitEthernet0/0
L      20.0.0.2/32 is directly connected, GigabitEthernet0/0
   30.0.0.0/8 is variably subnetted, 2 subnets, 2 masks
C      30.0.0.0/8 is directly connected, GigabitEthernet0/1
L      30.0.0.2/32 is directly connected, GigabitEthernet0/1
R    192.168.0.0/24 [120/1] via 20.0.0.1, 00:00:10, GigabitEthernet0/0
R    192.168.1.0/24 [120/1] via 30.0.0.1, 00:00:05, GigabitEthernet0/1
```

步骤5：PC1向PC2发送一个简单PDU数据包，观察记录数据包的传输路径。

为了排除ARP协议对实验的干扰，在PC1上使用ping命令测试与PC2的连通性，前2个ICMP数据包需要ARP协议来获得MAC地址导致发送失败，后2个ICMP数据包发送成功。

在仿真模式下，单击常用工具栏的添加简单PUD数据包图标，先后单击“PC1”和“PC2”，然后再单击Play Controls中的播放图标，在工作区观察数据包的发送过程，经过的节点设备：PC1→Switch1→Router1→Router2→Switch2→PC2，数据包按原路径返回PC1，对应的事件列表如图4-77所示。

Event List

Vis.	Time(sec)	Last Device	At Device	Type
	0.000	--	PC1	ICMP
	0.001	PC1	Switch1	ICMP
	0.002	Switch1	Router1	ICMP
	0.003	Router1	Router2	ICMP
	0.004	Router2	Switch2	ICMP
	0.005	Switch2	PC2	ICMP
	0.006	PC2	Switch2	ICMP
	0.007	Switch2	Router2	ICMP
	0.008	Router2	Router1	ICMP
	0.009	Router1	Switch1	ICMP
Visible	0.010	Switch1	PC1	ICMP

图4-77　Event List 事件列表

Router1和Router2的通信可以直接通过串口线进行，也可以通过Router3进行通信，虽然通过Router3的线路是调整链路，串口线是低速链路，但是根据RIP协议，经过路由器最少的路径为最优路径，因此仿真中是通过串口线来通信的。

4.4.6 思考题

在本实验拓扑中，在路由器Router3上ping路由器Router1的Se0/0/0接口（IP地址为10.0.0.2），数据包的路径是怎么样的？为什么有多条路径？

4.5 实验五：路由器实现VLAN间路由

实验视频：路由器实现 VLAN 间路由

4.5.1 基础知识

路由器工作在OSI参考模型的第三层（网络层），主要用于网络之间的连接，实现不同网络之间的通信，每个物理接口对应一个网络，每个VLAN本身可以当作一个网络，因此只需要把路由器的物理接口连接到一个VLAN，就可以实现VLAN之间的通信。

路由器除了物理接口外，也有一些逻辑软件接口，例如路由器物理接口的子接口。子接口是通过技术和协议将路由器的一个物理接口虚拟出多个逻辑接口，这些软件模拟出的逻辑接口即为子接口，每个子接口可以像物理接口一样去连接一个网络，从而减少路由器的物理接口。通常用路由器的子接口来实现VLAN之间的通信，这样只需要占用路由器的一个物理接口，路由器使用子接口时需要使用IEEE 802.1q协议，子接口地址即为VLAN的网关地址，路由器的物理接口连接的交换机的接口必须是Trunk模式。

创建与配置路由器子接口的命令代码如下：

4.5.2 实验目的

1. 理解路由器的工作原理。
2. 掌握路由器逻辑子接口的配置方法。

4.5.3 实验拓扑

本实验的实验拓扑分为实验拓扑一和实验拓扑二，如图4-78和4-79所示，网络设备和计算机相同，包含1台2911型路由器、1台2960型交换机和6台计算机，在交换机上创建VLAN10和VLAN20两条VLAN，其中PC1、PC2和PC3属于VLAN10，PC4、PC5和PC6

属于VLAN20，实验拓扑一采用传统路由器实现VLAN间通信，每个VLAN占用一个路由器物理接口，实验拓扑二采用单臂路由实现VLAN间通信，只占用一个路由器物理接口，在物理接口下面创建子接口，每个VLAN使用一个子接口。计算机的IP地址配置如表4-12所示，实验拓扑一的路由器接口地址配置如表4-13所示，实验拓扑二的路由器子接口地址配置如表4-14所示。

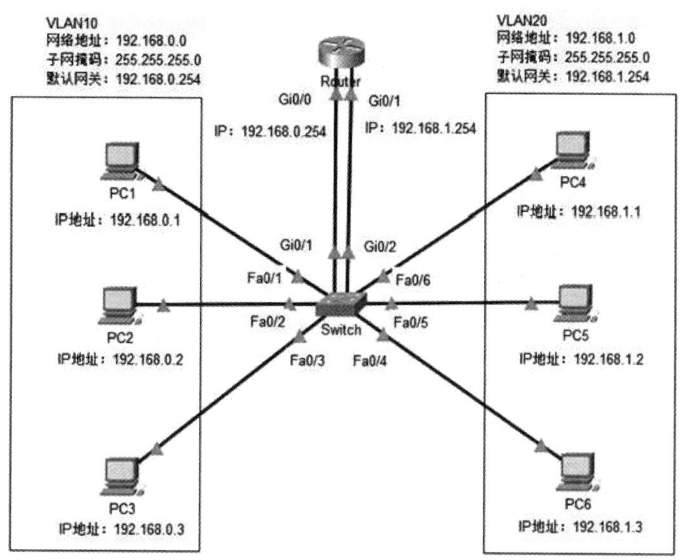

图4-78　实验拓扑一

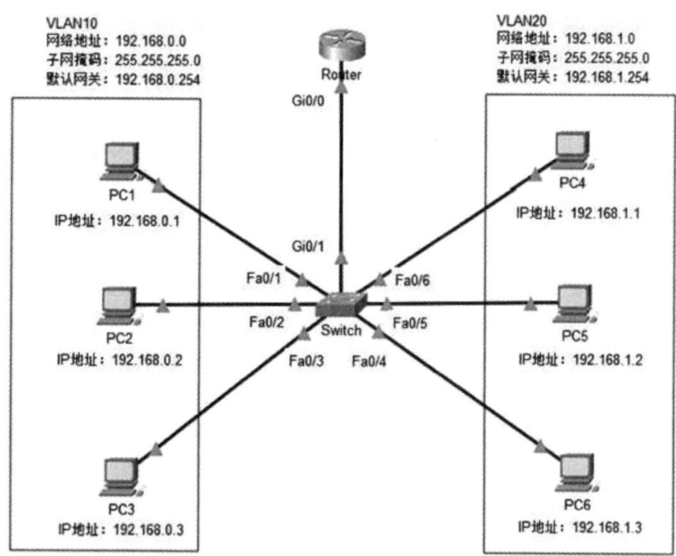

图4-79　实验拓扑二

表4-12　计算机IP地址配置

名称	IP地址	子网掩码	默认网关	VLAN编号
PC1	192.168.0.1	255.255.255.0	192.168.0.254	10
PC2	192.168.0.2	255.255.255.0	192.168.0.254	10
PC3	192.168.0.3	255.255.255.0	192.168.0.254	10
PC4	192.168.1.1	255.255.255.0	192.168.1.254	20
PC5	192.168.1.2	255.255.255.0	192.168.1.254	20
PC6	192.168.1.3	255.255.255.0	192.168.1.254	20

表4-13　路由器接口地址配置

名称	接口	IP地址	子网掩码
Router	Gi0/0	192.168.0.254	255.255.255.0
	Gi0/1	192.168.1.254	255.255.255.0

表4-14　路由器子接口地址配置

名称	接口	子接口	IP地址	子网掩码
Router	Gi0/0	Gi0/0.10	192.168.0.254	255.255.255.0
		Gi0/0.20	192.168.1.254	255.255.255.0

4.5.4　实验内容

任务一：搭建图4-78所示的实验拓扑，并配置计算机、交换机和路由器。

任务二：测试、观察和记录传统路由器接口下实现VLAN之间的通信。

任务三：搭建图4-79所示的实验拓扑，并配置计算机、交换机和路由器。

任务四：测试、观察和记录单臂路由实现VLAN之间的通信。

实验素材：路由器实现 VLAN 间路由

4.5.5　实验步骤与结果

步骤1：搭建实验拓扑一，并配置计算机、交换机和路由器。

配置计算机的IP地址，以PC1为例说明，单击PC1图标，在弹出的配置窗口选择Desktop面板，单击“IP Configuration”，在弹出的配置窗口中配置，如图4-80所示，其他计算机的IP地址配置过程类似。

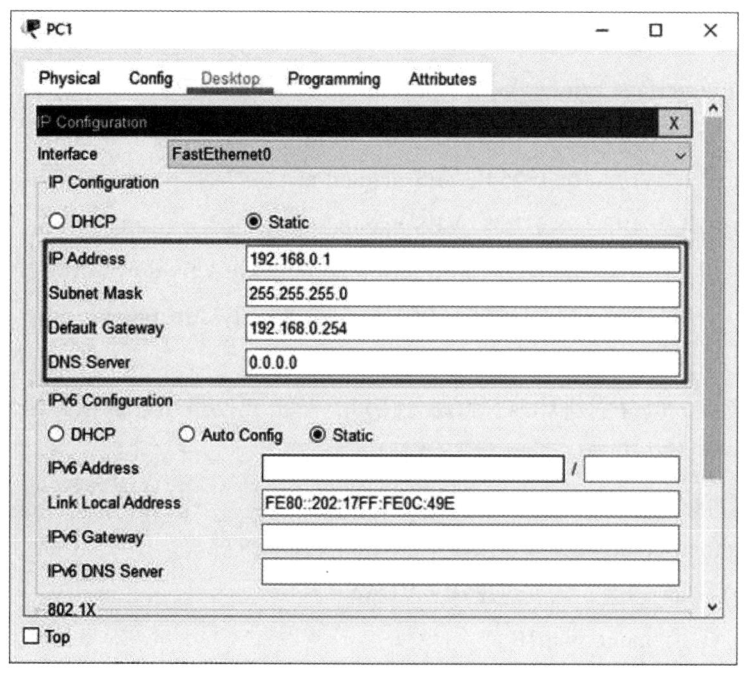

图4-80　IP地址配置

配置路由器，包含启用接口和配置IP地址，单击“Router”图标，在弹出的配置窗口中选择“CLI”，打开命令行界面，输入代码如下：

```
Router>enable
Router#
Router#configure terminal
Enter configuration commands, one per line.  End with CNTL/Z.
Router(config)#interface GigabitEthernet0/0    //进入Gi0/0接口
Router(config-if)#no shutdown                  //启用接口
Router(config-if)#ip address 192.168.0.254 255.255.255.0  //配置接口的IP地址与子网掩码
```

```
Router(config-if)#
Router(config-if)#exit
Router(config)#interface GigabitEthernet0/1    //进入Gi0/1接口
Router(config-if)#no shutdown           //启用接口
Router(config-if)#
Router(config-if)#ip address 192.168.1.254 255.255.255.0 //配置接口的IP地址与子网掩码
Router(config-if)#end
Router(config)#
Router#show ip interface brief          //查看已经配置完成的接口
Interface          IP-Address      OK? Method Status             Protocol
GigabitEthernet0/0   192.168.0.254   YES manual up                 up
GigabitEthernet0/1   192.168.1.254   YES manual up                 up
GigabitEthernet0/2   unassigned      YES unset  administratively down down
Vlan1              unassigned      YES unset  administratively down down
Router#
```

配置交换机，包含创建VLAN和划分接口，单击交换机图标，在弹出的配置窗口中选择CLI，打开命令行界面，输入代码如下：

```
Switch#configure terminal
Enter configuration commands, one per line.  End with CNTL/Z.
Switch(config)#vlan 10         //创建10号VLAN
Switch(config-vlan)#name vlan10
Switch(config-vlan)#exit
Switch(config)#vlan 20
Switch(config-vlan)#name vlan20  //创建20号VLAN
Switch(config-vlan)#exit
Switch(config)#interface range fa0/1-3  //进入fa0/1-3的接口模式
Switch(config-if-range)#switchport mode access  //切换接口为Access模式
Switch(config-if-range)#switchport access vlan 10  //划分接口到10号VLAN
Switch(config-if-range)#exit
Switch(config)#interface range fa0/4-6  //进入fa0/4-6的接口模式
Switch(config-if-range)#switchport mode access  //切换接口为access模式
Switch(config-if-range)#switchport access vlan 20   //划分接口到20号VLAN
```

```
Switch(config-if-range)#exit
Switch(config)#exit
Switch#
Switch#show vlan brief    //查看创建的VLAN和划分接口情况

VLAN Name                             Status    Ports
---- -------------------------------- --------- -------------------------------
1    default                          active    Fa0/7, Fa0/8, Fa0/9, Fa0/10
                                                Fa0/11, Fa0/12, Fa0/13, Fa0/14
                                                Fa0/15, Fa0/16, Fa0/17, Fa0/18
                                                Fa0/19, Fa0/20, Fa0/21, Fa0/22
                                                Fa0/23, Fa0/24, Gig0/1, Gig0/2
10   vlan10                           active    Fa0/1, Fa0/2, Fa0/3
20   vlan20                           active    Fa0/4, Fa0/5, Fa0/6
1002 fddi-default                     active
1003 token-ring-default               active
1004 fddinet-default                  active
1005 trnet-default                    active
Switch#
```

步骤2：测试VLAN间计算机的连通性，并观察记录。

在Realtime实时模式下，在PC1的命令行窗口中使用ping命令测试与PC4的连通性，结果图4-81所示，除第1个数据包因为ARP广播的原因传输失败，后面3个ICMP数据包传输成功。

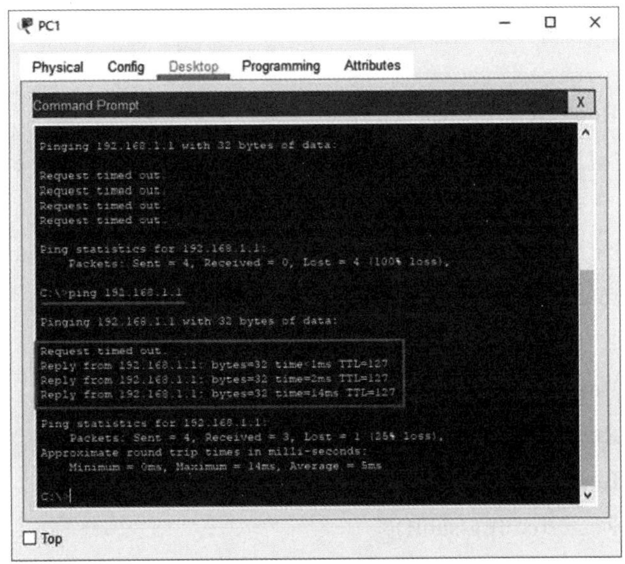

图4-81　测试连通性

在Simulation仿真模式下，添加一个从PC1到PC4的简单PUD数据包，单击Paly Controls的播放图标，在工作区观察数据包的传输过程，生成的Event List事件列表如图4-82所示，当前面几次传输该数据包时由于交换机的转发表记录不完整，会产生一些广播数据包，可以多传输几次，解决广播数据包对实验的干扰。

Event List

Vis.	Time(sec)	Last Device	At Device	Type
	0.000	--	PC1	ICMP
	0.001	PC1	Switch	ICMP
	0.002	Switch	Router	ICMP
	0.003	Router	Switch	ICMP
	0.004	Switch	PC4	ICMP
	0.005	PC4	Switch	ICMP
	0.006	Switch	Router	ICMP
	0.007	Router	Switch	ICMP
Visible	0.008	Switch	PC1	ICMP

图4-82 Event List 事件列表

步骤3：搭建实验拓扑二，并配置计算机、交换机和路由器。

实验拓扑二在实验拓扑一的基础上修改配置完成。

配置路由器，创建子接口，并配置IP地址信息，具体代码如下：

```
Router>enable
Router#configure terminal
Enter configuration commands, one per line.  End with CNTL/Z.
Router(config)#interface Gi0/0    //进入接口配置模式
Router(config-if)#no shutdown    //开启接口

Router(config-if)#
%LINK-5-CHANGED: Interface GigabitEthernet0/0, changed state to up

%LINEPROTO-5-UPDOWN: Line protocol on Interface GigabitEthernet0/0, changed state
to up

Router(config-if)#no ip address
Router(config-if)#exit
Router(config)#interface Gi0/0.10    //创建子接口
Router(config-subif)#
%LINK-5-CHANGED: Interface GigabitEthernet0/0.10, changed state to up
```

```
%LINEPROTO-5-UPDOWN: Line protocol on Interface GigabitEthernet0/0.10, changed
state to up

Router(config-subif)#encapsulation dot1Q 10  //封装802.1q
Router(config-subif)#ip address 192.168.0.254 255.255.255.0  //配置IP地址
Router(config-subif)#exit
Router(config)#interface Gi0/0.20    //创建子接口
Router(config-subif)#
%LINK-5-CHANGED: Interface GigabitEthernet0/0.20, changed state to up

%LINEPROTO-5-UPDOWN: Line protocol on Interface GigabitEthernet0/0.20, changed
state to up

Router(config-subif)#encapsulation dot1Q 20   //封装802.1q
Router(config-subif)#ip address 192.168.1.254 255.255.255.0   //配置IP地址
Router(config-subif)#end
Router#
%SYS-5-CONFIG_I: Configured from console by console

Router#show ip interface brief    //查看配置情况
Interface           IP-Address     OK? Method Status           Protocol
GigabitEthernet0/0     unassigned      YES NVRAM  up               up
GigabitEthernet0/0.10  192.168.0.254   YES manual up               up
GigabitEthernet0/0.20  192.168.1.254   YES manual up               up
GigabitEthernet0/1     unassigned      YES NVRAM  administratively down down
GigabitEthernet0/2     unassigned      YES NVRAM  administratively down down
Vlan1               unassigned      YES NVRAM  administratively down down
Router#
```

配置交换机，配置Trunk接口，具体代码如下：

```
Switch>enable
Switch#
```

```
Switch#configure terminal
Enter configuration commands, one per line.  End with CNTL/Z.
Switch(config)#interface GigabitEthernet0/1
Switch(config-if)#
Switch(config-if)#switchport mode trunk    //配置Trunk接口

Switch(config-if)#
%LINEPROTO-5-UPDOWN: Line protocol on Interface GigabitEthernet0/1, changed state
to down

%LINEPROTO-5-UPDOWN: Line protocol on Interface GigabitEthernet0/1, changed state
to up
Switch(config-if)#end
Switch#
%SYS-5-CONFIG_I: Configured from console by console

Switch#show interfaces trunk   //查看Trunk接口配置
Port        Mode         Encapsulation  Status        Native vlan
Gig0/1      on           802.1q         trunking      1

Port        Vlans allowed on trunk
Gig0/1      1-1005

Port        Vlans allowed and active in management domain
Gig0/1      1,10,20

Port        Vlans in spanning tree forwarding state and not pruned
Gig0/1      1,10,20
```

步骤4：测试VLAN间计算机的连通性，并观察记录。

在Realtime实时模式下，在PC1的命令行窗口中使用ping命令测试与PC4的连通性，结果如图4-83所示，除第1个数据包因为ARP广播的原因传输失败，后面3个ICMP数据包传输成功，跟步骤3结果相同。

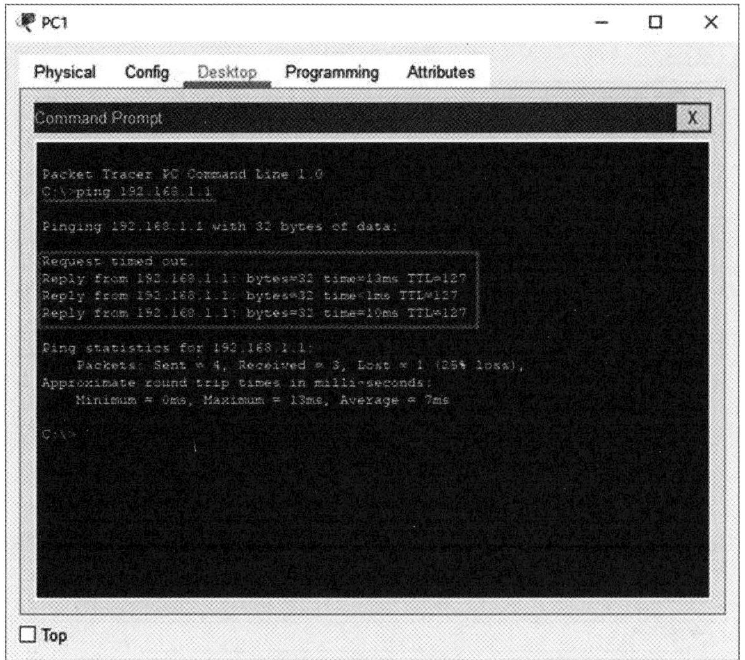

图4-83　测试连通性

在Simulation仿真模式下，添加一个从PC1到PC4的简单PUD数据包，单击Paly Controls的播放图标，在工作区观察数据包的传输过程，生成的Event List事件列表如图4-84所示，观察交换机和路由器对数据包的处理。

Event List

Vis.	Time(sec)	Last Device	At Device	Type
	0.000	--	PC1	ICMP
	0.001	PC1	Switch	ICMP
	0.002	Switch	Router	ICMP
	0.003	Router	Switch	ICMP
	0.004	Switch	PC4	ICMP
	0.005	PC4	Switch	ICMP
	0.006	Switch	Router	ICMP
	0.007	Router	Switch	ICMP
Visible	0.008	Switch	PC1	ICMP

图4-84　Event List 事件列表

单击事件列表中的第2个事件，弹出的PDU详细信息如图4-85所示，出站PDU数据包即交换机处理后发出的数据包已经封装802.1q协议，查看详细信息如图4-86所示。

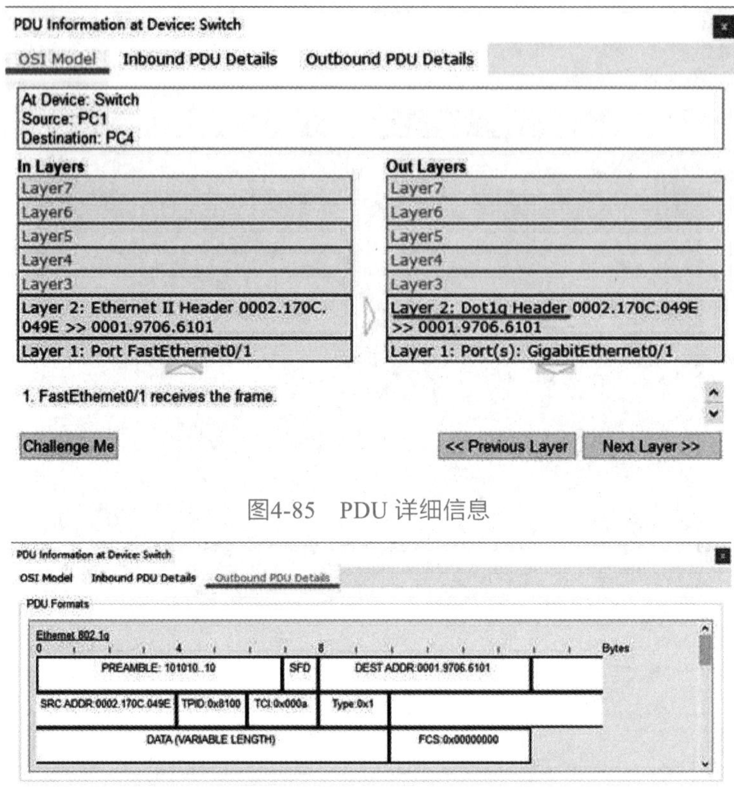

图4-85　PDU 详细信息

图4-86　Outbound PDU Details

单击事件列表中的第4个事件，弹出的PDU详细信息如图4-87所示，交换机收到的数据是封装802.1q协议的，但是发出的数据包中不再封装802.1q协议。

PDU Information at Device: Switch
OSI Model　Inbound PDU Details　Outbound PDU Details

At Device: Switch
Source: PC1
Destination: PC4

In Layers	Out Layers
Layer7	Layer7
Layer6	Layer6
Layer5	Layer5
Layer4	Layer4
Layer3	Layer3
Layer 2: Dot1q Header 0001.9706.6101 >> 00E0.B005.70B1	Layer 2: Ethernet II Header 0001.9706.6101 >> 00E0.B005.70B1
Layer 1: Port GigabitEthernet0/1	Layer 1: Port(s): FastEthernet0/4

1. GigabitEthernet0/1 receives the frame.

Challenge Me　<< Previous Layer　Next Layer >>

图4-87　PDU详细信息

以上两种方法都能实现VLAN间的通信，目前三层交换机已经普及，一般采用三层交换机来实现VLAN间的通信。

4.5.6　思考题

在实验拓扑的基本上再创建一个VLAN，验证、观察并记录VLAN内部和VLAN之间计算机的通信情况。

第 5 章　运输层协议

5.1　实验一：运输层端口号

5.1.1　基础知识

运输层（Transport Layer）位于OSI参考模型的第四层，介于应用层和网络层之间，是分层网络体系中的重要组成部分之一，为运行在不同主机上的应用进程提供直接通信，为最高层应用层提供服务。运输层有两个主要协议：传输控制协议（Transmission control Protocol，TCP）和用户数据报协议（User Datagram Protocol，UDP）。运输层协议负责封装应用层发过来的数据报，一般是封装在IP数据报内容里面。

UDP协议比较简单，UDP数据包由UDP首部和UDP数据包数据部分，构成如图5-1所示，其中首部由源端口、目的端口、长度和检验和四个字段组成，每个字段占用2个字节，而数据部分来自应用层数据包，因此UDP数据包的构成简单，对应用层生成的报文几乎未做任务处理，主要在首部里增加了端口号信息。

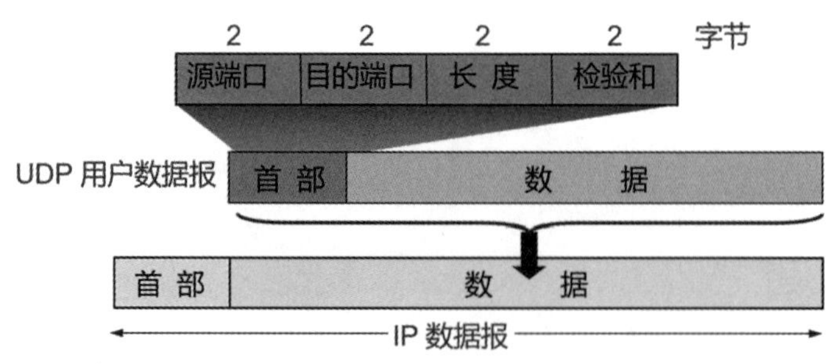

图5-1　UDP 数据包格式

UDP协议的特点：

（1）UDP面向无连接，发送数据包前不需要提前建立连接，UDP不能够保证可靠地交付数据。

（2）UDP面向报文传输，不对数据进行处理，收到一个数据包，就发送一个数据包。

（3）UDP没有拥塞控制。

（4）UDP首部比较简单，开销比较小。

TCP协议是TCP/IP协议体系最重要的协议之一， TCP报文的格式如图5-2所示，同样由首部和数据部分组成，首部是可变的，由20个字节的固定部分和可变部分组成，各字段的含义如下：

（1）序号：占32个比特位，用来标记传输的字节，一个字节对应一个序号，这个序号代表的是TCP报文数据部分首字节的序号。

（2）确认号：占32个比特位，用来表示期待收到的数据的首字节号。

（3）数据偏移：占4个比特位，单位是32位字(也就是4个字节)，表示数据偏移首部的距离。

（4）TCP标记：占6个比特位，每位的意义都不同，总共六位标记。

①URG（urgent）：紧急位，URG=1，表示紧急数据。

②ACK：确认位，ACK=1，表示确认号有效。

③PSH（push）：推送位，PSH=1的时候，表示尽快把数据给应用层。

④RST（reset）：重置位，RST=1，表示重新建立连接。

⑤SYN：同步位，SYN=1，表示连接请求报文。

⑥FIN（finish）：FIN=1，表示释放连接。

（5）窗口：占16个比特位，指明允许对方的发送的最大数据量。

（6）校验和：用来检验。

（7）紧急指针：URG=1时有效，指定了紧急数据在报文中的位置。

（8）TCP选项：最多占40个字节，预留用于未来扩展。

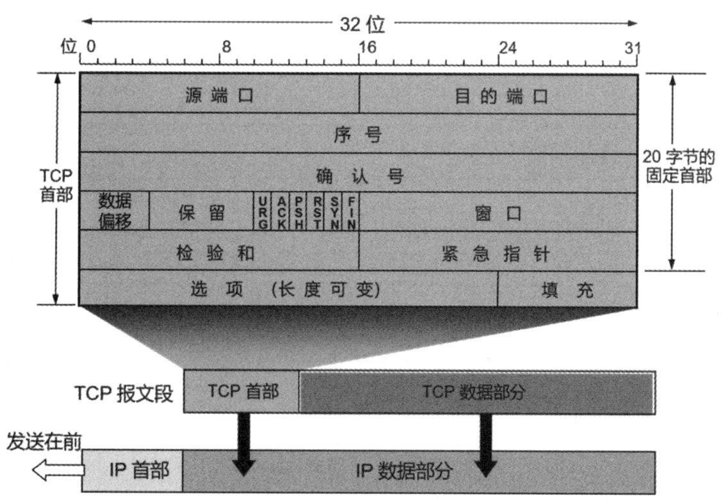

图5-2　TCP 报文的格式

TCP协议的特点：

（1）TCP是面向连接的协议，应用程序在使用 TCP 协议之前，必须先建立 TCP 连接。在传送数据完毕后，必须释放已经建立的 TCP 连接。

（2）TCP是点对点的通信，每一条 TCP 连接只能是一对一的。

（3）TCP可以提供可靠的数据传输服务，通过 TCP 连接传送的数据，无差错、不丢失、不重复，并且按序到达。

（4）TCP提供全双工通信，TCP 连接的两端都设有发送缓存和接受缓存，用来临时存放双向通信的数据，因此可以同时发送和接收。

（5）TCP面向字节流的协议，按照字节来传输处理数据。

局域网内计算机之间通过MAC地址来通信，互联网上计算机之间通过IP地址来通信，一台计算机上运行多个应用程序，也对应多个进程，当计算机接收到数据包后，计算机需要知道这个数据包应该提交给哪个进程，端口号跟进程相对应，因此端口号是运输层地址，计算机需要解析出运输层的端口号，才能将数据包提交给正常的应用进程。端口号只具有本地意义，即端口号只是为了标记本计算机应用层中的各进程。端口号由16位二进制数据构成，分为三类：

（1）熟知端口：其数值一般为 0~1023。当一种新的应用程序出现时，必须为它指派一个熟知端口。

（2）登记端口：其数值为 1024~49151。这类端口是 ICANN 控制的，使用这个范围的端口必须在 ICANN 登记，以防止重复。

（3）动态端口：其数值为 49152~65535。这类端口是留给客户进程选择作为临时端口。

常见的TCP端口与应用程序的对应关系如表5-1所示。

表5-1　TCP端口号对应应用程序

端口号	应用程序	说明
20	FTP	文件传输协议（数据连接）
21	FTP	文件传输协议（控制连接）
23	TELNET	远程登录
25	SMTP	简单邮件传输协议
80	HTTP	网页传输协议
110	POP3	接收邮件协议
443	HTTPS	加密网页传输协议

常见的UDP端口与应用程序的对应关系如表5-2所示。

表5-2　UDP端口号对应应用程序

端口号	应用程序	说明
53	DNS	域名服务程序
67	DHCP	DHCP服务器回应应答消息给主机的67号端口
68	DHCP	主机发送请求消息到DHCP服务器的68号端口
69	TFTP	简单文件传输协议
162	SNMP	简单网络管理协议
443	HTTPS	加密传输协议

5.1.2　实验目的

1. 理解运输层的端口号与应用层的进程之间的关系。
2. 了解常用的端口号及对应应用程序。

5.1.3　实验拓扑

本实验拓扑如图5-3所示，由1台DNS服务器、1台WEB服务器、1台2960型交换机和1台计算机组成，设备的IP地址配置如表5-3所示，在DNS服务器中添加一条DNS记录：www.prot.com，对应IP地址：192.168.1.252。

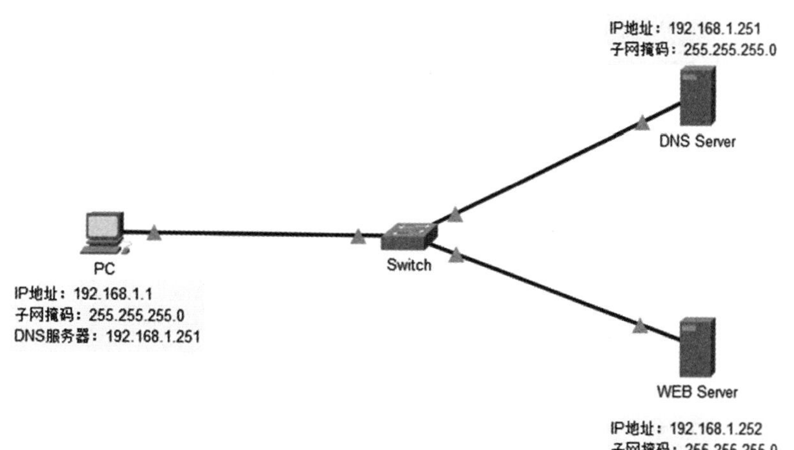

图5-3　实验拓扑

表5-3　设备IP地址配置

名称	IP地址	子网掩码	DNS服务器
PC	192.168.1.1	255.255.255.0	192.168.1.251
DNS Server	192.168.1.251	255.255.255.0	
WEB Server	192.168.1.252	255.255.255.0	

5.1.4　实验内容

任务一：搭建如图5 3所示的实验拓扑，并配置计算机和服务器。

任务二：观察记录PC访问www.port.com网页的端口号情况。

实验素材：运输层端口号

5.1.5　实验步骤与结果

步骤1：搭建实验拓扑。

在设备区域中选择计算机、交换机和服务器设备，并通过线缆进行连接。

步骤2：配置计算机和服务器。

配置计算机的IP地址信息，单击PC图标，在弹出的窗口中选择Desktop面板，单击“IP Configuration”，打开IP地址配置窗口，输入地址信息，如图5-4所示。

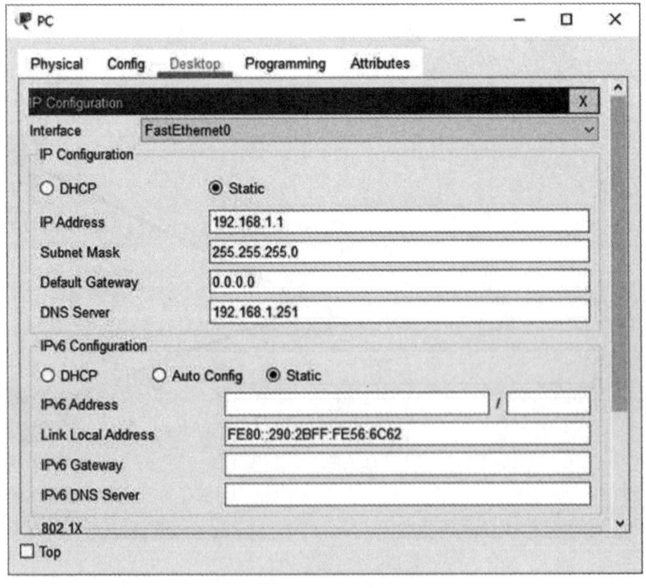

图5-4　IP地址配置

配置DNS服务器的，单击“DNS Server”图标，在弹出的窗口中选择Desktop面板，单击“IP Configuration”，打开IP地址配置窗口，输入地址信息，如图5-5所示。

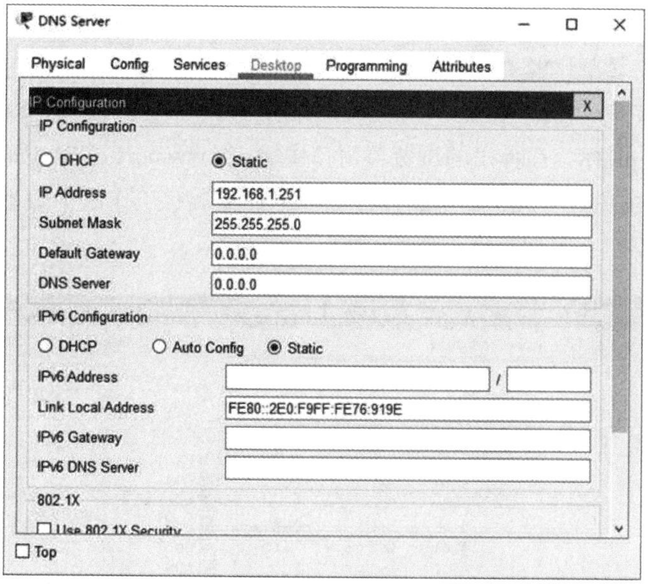

DNS Server
Physical　Config　Services　Desktop　Programming　Attributes
IP Configuration
IP Configuration
DHCP　Static
IP Address　192.168.1.251
Subnet Mask　255.255.255.0
Default Gateway　0.0.0.0
DNS Server　0.0.0.0
IPv6 Configuration
DHCP　Auto Config　Static
IPv6 Address　/
Link Local Address　FE80::2E0:F9FF:FE76:919E
IPv6 Gateway
IPv6 DNS Server
802.1X
Use 802.1X Security
Top

图5-5　IP 地址配置

单击Services面板，在左侧列表中单击选择“DNS”，在右侧的“DNS Service”中单击“On”，启用DNS服务，并在下方输入一条记录：www.prot.com，192.168.1.252，并单击“Add”添加完成，如图5-6所示。

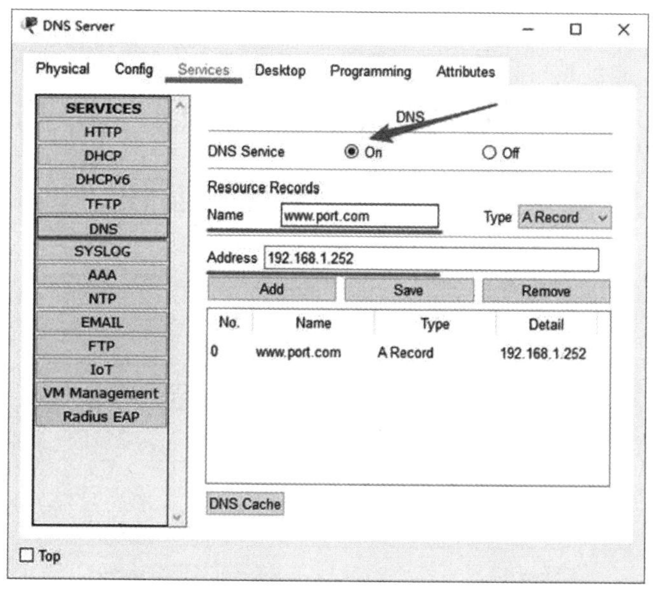

图5-6　DNS 配置

WEB服务器的HTTP服务默认处于开启状态，不需要进行配置。

步骤3：观察记录PC上通过浏览器访问www.port.com的过程。

单击“Simulation”图标将Packet Tracer切换到仿真模式，单击“Edit Filters”，打开协议过滤窗口，选择DNS和HTTP协议，下面开始实验。

单击“WEB Server”图标，在弹出的配置窗口中单击选择Desktop面板，单击“Web Browser”图标，在弹出的浏览器窗口中输入www.port.com，如图5-7所示，单击“Go”，然后单击Play Controls中的播放图标，仔细观察工作区中数据包的传输过程，在事件列表中将产生一系列事件，如图5-8所示。

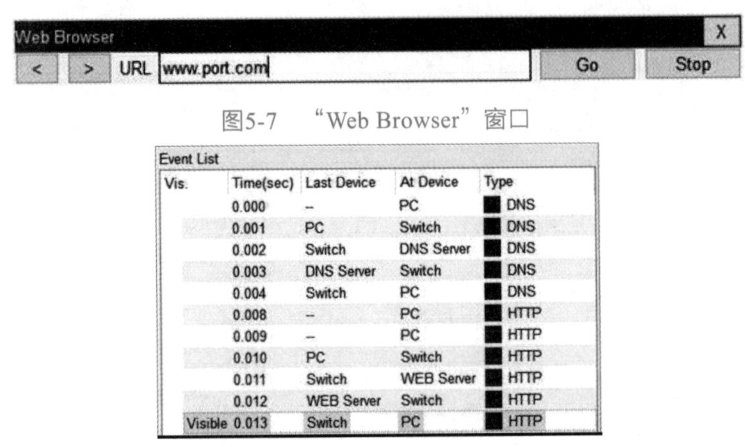

图5-7 “Web Browser”窗口

Event List

Vis.	Time(sec)	Last Device	At Device	Type
	0.000	--	PC	DNS
	0.001	PC	Switch	DNS
	0.002	Switch	DNS Server	DNS
	0.003	DNS Server	Switch	DNS
	0.004	Switch	PC	DNS
	0.008	--	PC	HTTP
	0.009	--	PC	HTTP
	0.010	PC	Switch	HTTP
	0.011	Switch	WEB Server	HTTP
	0.012	WEB Server	Switch	HTTP
Visible	0.013	Switch	PC	HTTP

图5-8 Event List 事件列表

单击事件列表中的第1个事件，弹出如图5-9所示的PUD详细信息，这是PC发送的1个DNS请求报文，目的端口号是53号，再单击“Outbound PDU Details”查看出站详细信息，如图5-10所示，显示查询www.port.com的DNS请求报文。

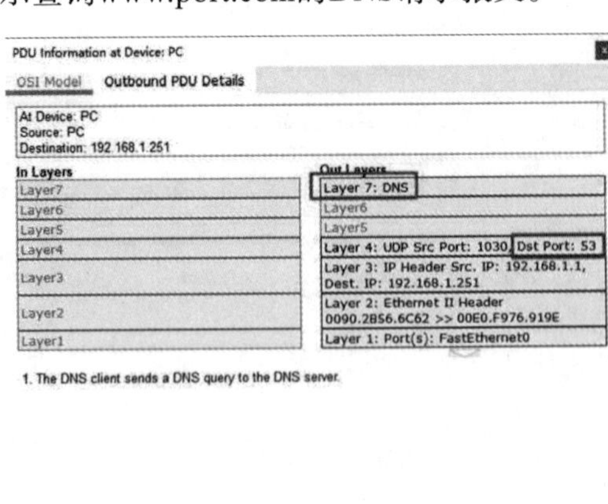

图5-9 PDU 详细信息

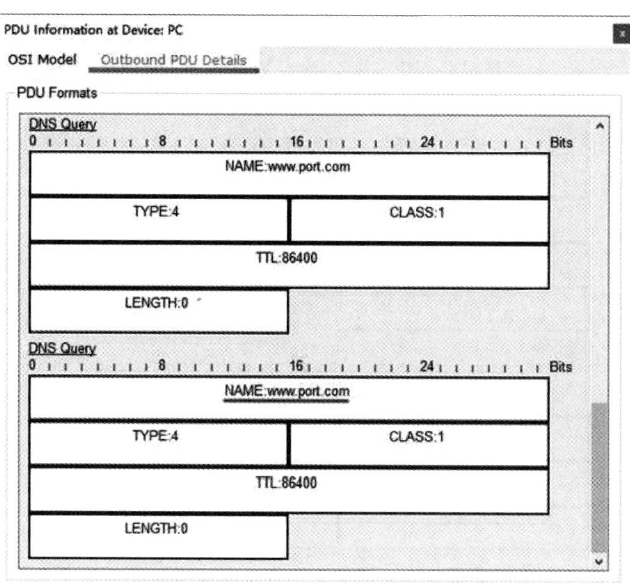

图5-10　Outbound PUD Details

单击“DNS服务器”以DNS请求报文的响应，如图5-11所示，再次单击“Outbound PDU Details”查看出站详细信息，如图5-12所示，显示响应数据包已经获得www.port.com域名对应的IP地址：192.168.1.252。

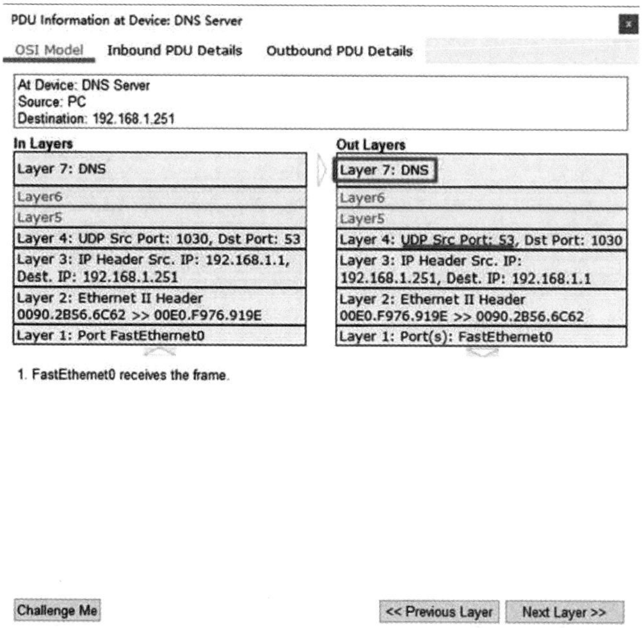

图5-11　PUD 详细信息

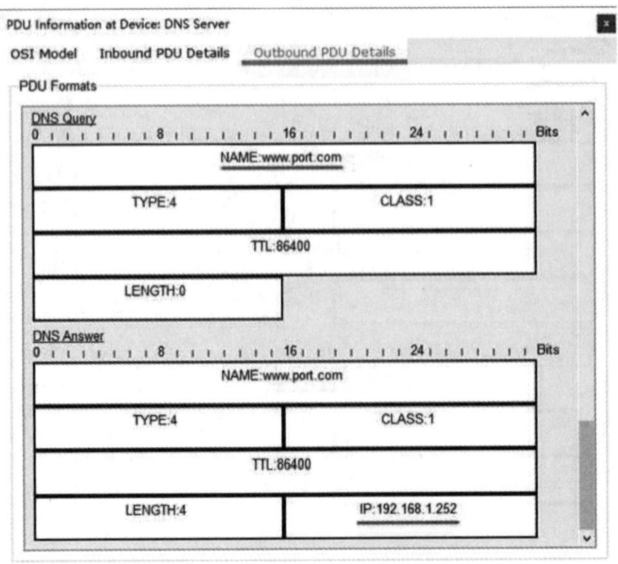

图5-12 Outbound PUD Details

接下来查看HTTP报文，单击PC发送的报文图标或对应事件列表，弹出如图5-13所示的PDU详细信息，显示是1个HTTP请求报文，目的端口号是80。

PDU Information at Device: PC

OSI Model　Outbound PDU Details

At Device: PC
Source: PC
Destination: HTTP CLIENT

In Layers	Out Layers
Layer7	Layer 7:
Layer6	Layer6
Layer5	Layer5
Layer4	Layer 4: TCP Src Port: 1029, Dst Port: 80
Layer3	Layer 3: IP Header Src. IP: 192.168.1.1, Dest. IP: 192.168.1.252
Layer2	Layer 2: Ethernet II Header 0090.2B56.6C62 >> 000A.4106.7989
Layer1	Layer 1: Port(s):

1. The HTTP client sends a HTTP request to the server.

Challenge Me　<< Previous Layer　Next Layer >>

图5-13 PDU 详细信息

单击WEB服务器接收到的报文或对应的事件，弹出如图5-14所示的PDU详细信息，单击“Outbound PDU Details”，打开出站详细信息如图5-15所示，可以查看报文的详细信息，显示WEB服务器的响应报应，使用端口号是80。

PDU Information at Device: WEB Server

OSI Model　Inbound PDU Details　Outbound PDU Details

At Device: WEB Server
Source: PC
Destination: HTTP CLIENT

In Layers	Out Layers
Layer 7:	Layer 7:
Layer6	Layer6
Layer5	Layer5
Layer 4: TCP Src Port: 1029, Dst Port: 80	Layer 4: TCP Src Port: 80, Dst Port: 1029
Layer 3: IP Header Src. IP: 192.168.1.1, Dest. IP: 192.168.1.252	Layer 3: IP Header Src. IP: 192.168.1.252, Dest. IP: 192.168.1.1
Layer 2: Ethernet II Header 0090.2B56.6C62 >> 000A.4106.7989	Layer 2: Ethernet II Header 000A.4106.7989 >> 0090.2B56.6C62
Layer 1: Port FastEthernet0	Layer 1: Port(s): FastEthernet0

1. FastEthernet0 receives the frame.

Challenge Me　<< Previous Layer　Next Layer >>

图5-14　PDU 详细信息

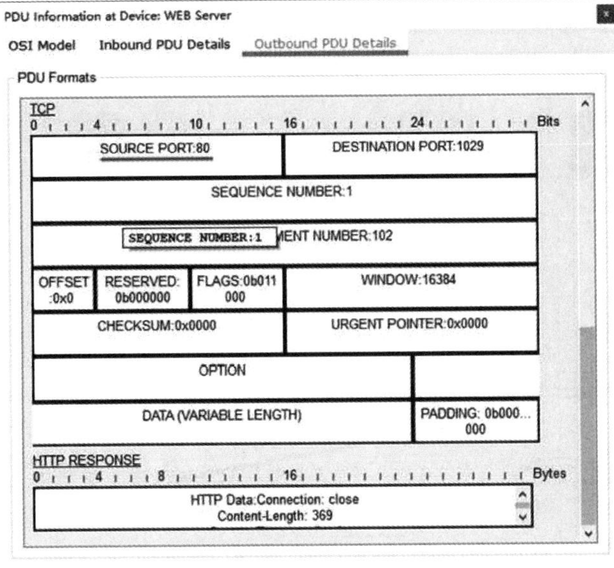

图5-15　Outbound PDU Details

5.1.6　思考题

如何来判断计算机端口的开放情况？

5.2 实验二：TCP的连接管理

5.2.1 基础知识

TCP 是面向连接的协议，TCP连接是用来传送 TCP 报文的。每一次面向连接的通信都包含TCP 连接的建立和释放。TCP连接有三个阶段：建立连接、数据传送和连接释放，TCP连接的建立俗称为“三次握手”，而连接的释放俗称为“四次挥手”，而TCP的连接管理就是确保连接的建立和释放都能够正常地进行。

TCP 连接建立过程中要解决以下三个问题：

（1）收发双方确知对方的存在。

（2）允许双方协商一些参数（最大窗口值、是否使用窗口扩大选项和时间戳选项以及服务质量等）。

（3）分配实体资源（缓存大小、连接表中的项目等）。

TCP“三次握手”过程如图5-16所示，发送方为客户机A，接收方为服务器B，TCP必须是一方主动打开，另一方被动打开。这里以客户机A主动发起连接为例说明，三次握手的过程如下：

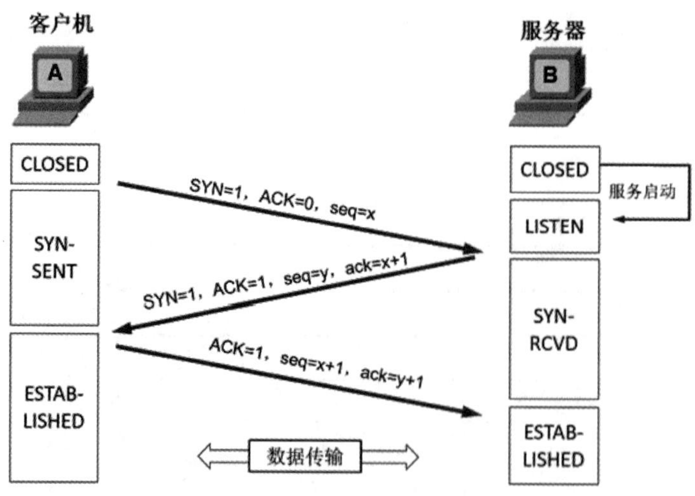

图5-16 TCP“三次握手”过程图

第1次握手：首先客户机向服务器发送一段TCP请求连接的报文，其中：

（1）标记位SYN=1，表示这是来自客户机的请求建立新连接的报文。

（2）序号为seq=x（随机产生数）。

（3）随后客户机进入SYN-SENT阶段。

第2次握手：服务器接收到来自客户机的TCP报文之后，结束LISTEN阶段，并返回一个确认建立连接和请求建立连接的TCP报文，其中：

（1）标记位ACK=1，表示确认客户机的报文seq序号有效，服务器能正常接收客户机发送的数据。

（2）标记位SYN=1，表示这是来自服务器的请求建立新连接的报文（TCP连接是全双工双向连接）。

（3）序号为seq=y。

（4）确认号为ack=x+1，表示收到客户机的序号seq并将其值加1作为确认号ack的值；随后服务器进入SYN-RCVD阶段。

第3次握手：客户机接收到来自服务器的连接请求TCP报文之后，需要返回一个TCP报文进行确认同意建立连接，然后结束SYN-SENT阶段，其中：

（1）标记位ACK=1，表示确认收到服务器同意连接的信号，同意建立连接；

（2）序号为seq=x+1，表示收到服务器的确认号ack，并将其值作为客户要机的序号值。

（3）确认号为ack=y+1，表示收到服务器序号seq，并将其值加1作为确认号Ack的值。

（4）随后客户机进入ESTABLISHED阶段。

此后客户机和服务器进行正常的数据传输，这就是“三次握手”的过程。

TCP“四次挥手”过程如图5-17，同样连接的释放必须是一方主动释放，另一方被动释放，以下为客户机A主动发起释放连接为例说明，“四次挥手”过程如下：

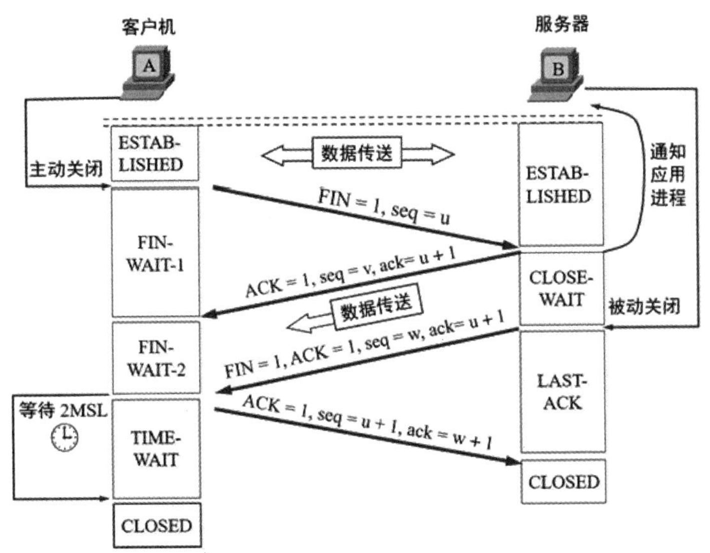

图5-17　TCP“四次挥手”过程图

第1次挥手：客户机首先发起释放连接，向服务器发送一个请求断开连接的TCP报文，其中：

（1）标记位为FIN=1，表示这是一个请求释放连接的报文。

（2）序号为seq=u。

（3）随后客户机进入FIN-WAIT-1阶段，即半关闭阶段。并且停止在客户机到服务器方向上发送数据，但是客户机仍然能接收从服务器传输过来的数据。

注意：这里不发送的是正常连接时传输的数据，而不是管理连接数据，所以客户机仍然能发送ACK确认报文。

第2次挥手：服务器接收到从客户机发出的请求连接释放报文之后，同意客户机的释放连接请求，需要返回一个确认报文，随后服务器结束ESTABLISHED阶段，其中：

（1）标记位为ACK=1，表示是一个确认报文。

（2）序号为seq=v。

（3）确认号为ack=u+1，表示是在收到客户机报文的基础上，将其序号Seq值加1作为本段报文确认号ack的值。

（4）随后服务器开始准备释放服务器到客户机方向上的连接。

（5）客户机收到从服务器发出的TCP报文之后，确认了服务器收到了客户机发出的释放连接请求，随后客户机结束FIN-WAIT-1阶段，进入FIN-WAIT-2阶段。

至此已经关闭从客户机到服务器方向上的连接。

第3次挥手：服务器自从发出ACK确认报文之后，经过CLOSED-WAIT阶段，做好了释放服务器到客户机方向上的连接准备，再次向客户机发出一个请求释放连接的报文，其中：

（1）标记位为FIN=1，表示这是一个请求释放连接的报文。

（2）ACK等同于第2次挥手中的ACK。

（3）序号为seq=w。

（4）确认号为ack=u+1；表示是在收到客户机报文的基础上，将其序号seq值加1作为本段报文确认号ack的值。

（5）随后服务器结束CLOSE-WAIT阶段，进入LAST-ACK阶段。并且停止在服务器到客户机的方向上发送数据，但是服务器仍然能够接收从客户机传输过来的数据。

第4次挥手：客户机收到从服务器发出的请求释放连接报文，需要向服务器发送一个报文进行确认，结束FIN-WAIT-2阶段，进入TIME-WAIT阶段，其中：

（1）标记位为ACK=1，表示是一个确认报文；

（2）序号为seq=u+1，表示是在收到了服务器报文的基础上，将其确认号ack值作为本报文序号的值。

（3）确认号为ack=w+1，表示是在收到了服务器报文的基础上，将其序号Seq值作为本报文确认号的值。

（4）随后客户机开始在TIME-WAIT阶段等待2MSL后进行关闭状态。

5.2.2　实验目的

1. 理解TCP“三次握手”过程。
2. 理解TCP“四次挥手”过程。

5.2.3　实验拓扑

本实验拓扑如图5-18所示，由1台计算机与1台服务器组成，服务器提供WEB服务，其中计算机和服务器的IP地址配置如表5-4所示。

图5-18　实验拓扑

表5-4　计算机和服务器IP地址配置

名称	IP地址	子网掩码
PC	192.168.1.1	255.255.255.0
Server	192.168.1.250	255.255.255.0

5.2.4　实验内容

任务一：搭建如图5-18所示的实验拓扑，并配置计算机与服务器。

任务二：仿真模式下，观察计算机向服务器建立TCP连接的过程，并记录。

任务三：仿真模式下，观察计算机向服务器释放TCP连接的过程，并记录。

实验素材：TCP 的连接管理

5.2.5 实验步骤与结果

步骤1：搭建实验拓扑，并配置计算机和服务器。

在设备选择区选择计算机与服务器，并使用交叉线进行连接，单击“PC”图标，在弹出的配置窗口中单击选择Desktop面板，单击“IP Configuration”图标，在弹出的IP配置窗口中填写IP地址和子网掩码，如图5-19所示，用同样的方法配置服务器的IP地址与子网掩码，如图5-20所示。

PC
Physical
Config
Desktop
Programming
Attributes
IP Configuration
X
Interface
FastEthernet0
IP Configuration
DHCP
Static
IP Address
192.168.1.1
Subnet Mask
255.255.255.0
Default Gateway
0.0.0.0
DNS Server
0.0.0.0
IPv6 Configuration
DHCP
Auto Config
Static
IPv6 Address
Link Local Address
FE80::2D0:97FF:FEBE:828E
IPv6 Gateway
IPv6 DNS Server
802.1X
Top

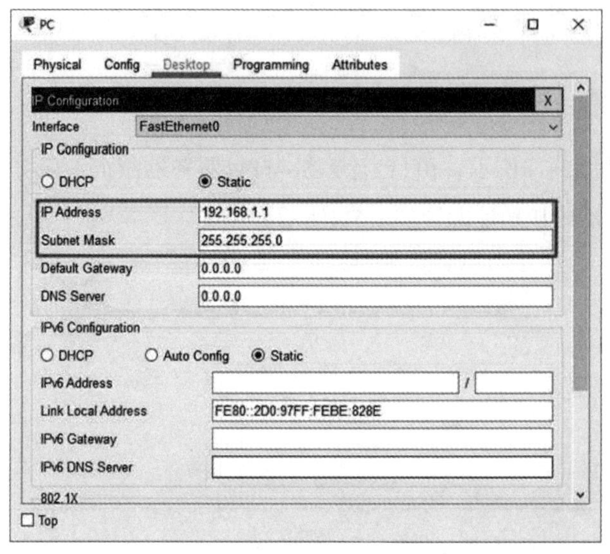

图5-19　IP 地址配置

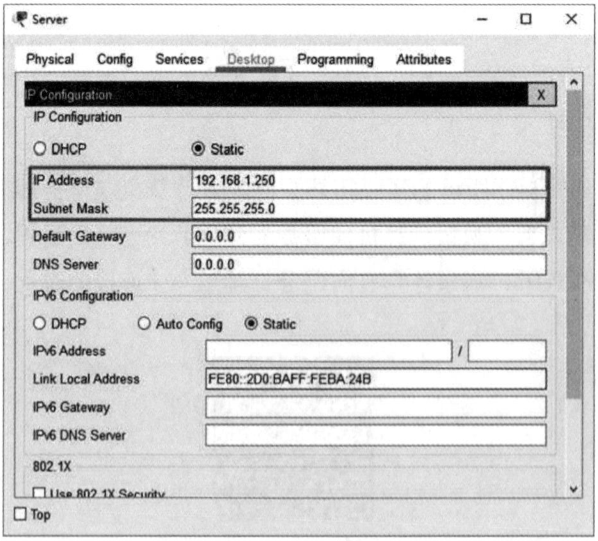

Server
Physical
Config
Services
Desktop
Programming
Attributes
IP Configuration
X
IP Configuration
DHCP
Static
IP Address
192.168.1.250
Subnet Mask
255.255.255.0
Default Gateway
0.0.0.0
DNS Server
0.0.0.0
IPv6 Configuration
DHCP
Auto Config
Static
IPv6 Address
Link Local Address
FE80::2D0:BAFF:FEBA:24B
IPv6 Gateway
IPv6 DNS Server
802.1X
Use 802.1X Security
Top

图5-20　IP 地址配置

步骤2：在仿真模式下，从PC上浏览服务器网页。

单击“Simulation”将Packet Tracer切换到仿真模式，单击Event List Filters中的“Edit Filters”，在弹出的窗口中选择HTTP和TCP协议，然后单击PC图标，在弹出的窗口中选择Desktop面板，单击打开“Web Browser”，在弹出的浏览器窗口的地址栏中输入192.168.1.250，如图5-21所示，单击“Go”图标，最后在Play Controls中单击播放，观察工作区中数据包的传输过程，同时在Event List事件列表中将产生一系列事件，如图5-22所示，仿真完成后，浏览器窗口将显示网页内容，如图5-23所示。

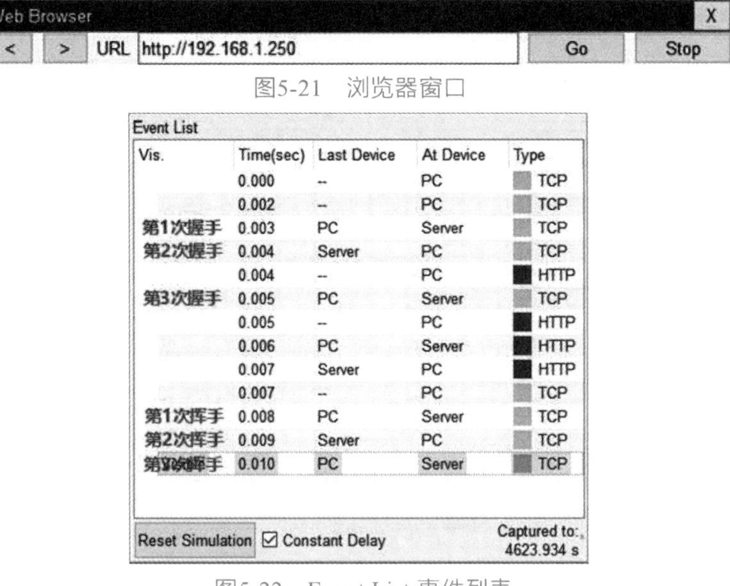

图5-21　浏览器窗口

Event List

Vis.	Time(sec)	Last Device	At Device	Type
	0.000	--	PC	TCP
	0.002	--	PC	TCP
第1次握手	0.003	PC	Server	TCP
第2次握手	0.004	Server	PC	TCP
	0.004	--	PC	HTTP
第3次握手	0.005	PC	Server	TCP
	0.005	--	PC	HTTP
	0.006	PC	Server	HTTP
	0.007	Server	PC	HTTP
	0.007	--	PC	TCP
第1次挥手	0.008	PC	Server	TCP
第2次挥手	0.009	Server	PC	TCP
第3次挥手	0.010	PC	Server	TCP

Reset Simulation　☑ Constant Delay　Captured to: 4623.934 s

图5-22　Event List 事件列表

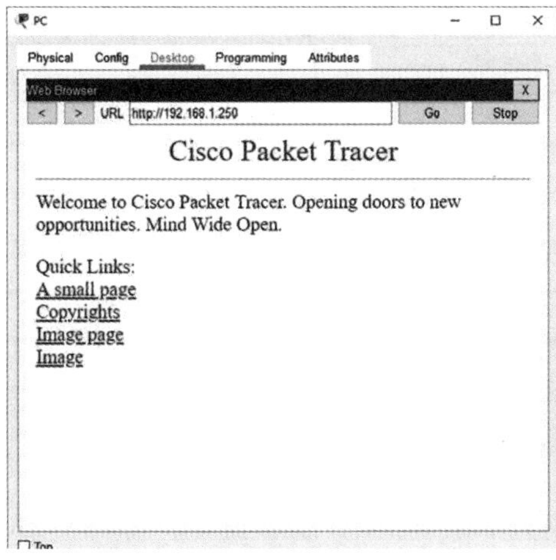

图5-23　浏览器窗口

步骤3：在Event List事件列表中，观察记录TCP三次握手过程。

TCP连接建立的三次握手已标注在图5-22中，三次握手的具体信息如下：

单击第1次握手的事件，弹出PUD信息窗口，如图5-24所示，在入站信息中发现是一个连接请求（SYN=1）的TCP连接，再单击“Inbound PDU Details”面板查看详细信息，如图5-25所示，获得序号、确认号和标志位信息，填入表5-5中。

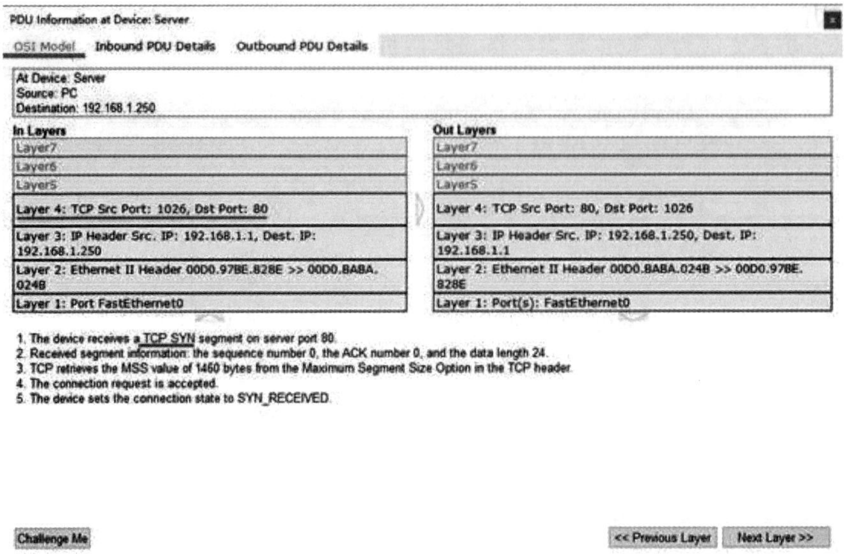

图5-24　PDU 详细信息

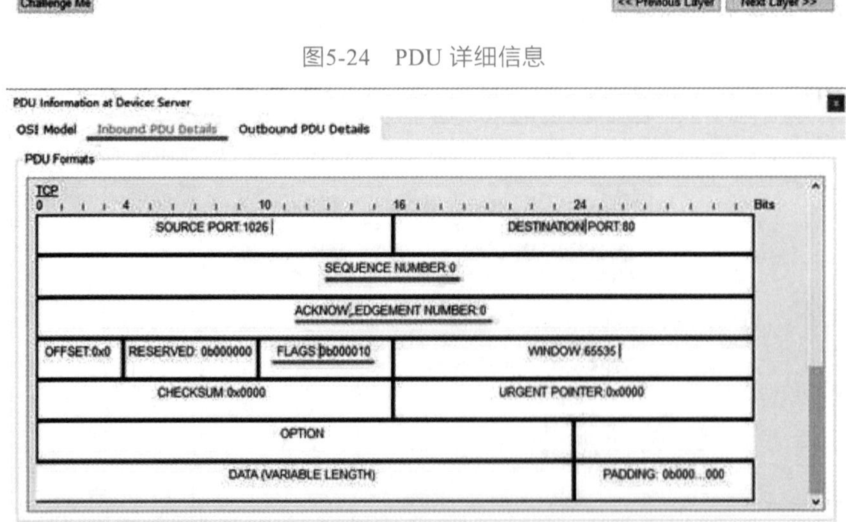

图5-25　Inbound PDU Details

单击第2次握手的事件，弹出PUD信息窗口，如图5-26所示，在入站信息中发现是一个连接请求（SYN=1）和连接确认（ACK=1）的TCP连接，再单击Inbound

PDU Details面板查看详细信息，如图5-27所示，获得序号、确认号和标志位信息，填入表5-5中。

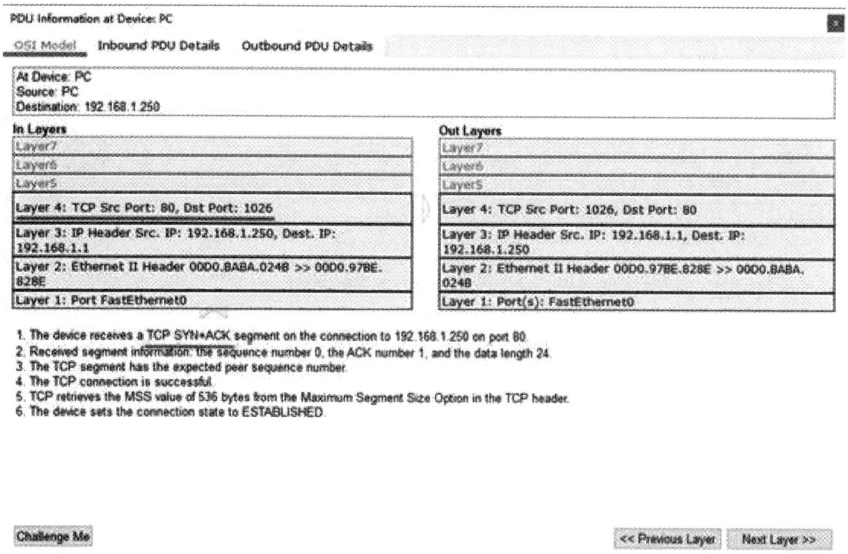

PDU Information at Device: PC

OSI Model　Inbound PDU Details　Outbound PDU Details

At Device: PC
Source: PC
Destination: 192.168.1.250

In Layers

Layer7
Layer6
Layer5
Layer 4: TCP Src Port: 80, Dst Port: 1026
Layer 3: IP Header Src. IP: 192.168.1.250, Dest. IP: 192.168.1.1
Layer 2: Ethernet II Header 00D0.BABA.024B >> 00D0.97BE.828E
Layer 1: Port FastEthernet0

Out Layers

Layer7
Layer6
Layer5
Layer 4: TCP Src Port: 1026, Dst Port: 80
Layer 3: IP Header Src. IP: 192.168.1.1, Dest. IP: 192.168.1.250
Layer 2: Ethernet II Header 00D0.97BE.828E >> 00D0.BABA.024B
Layer 1: Port(s): FastEthernet0

1. The device receives a TCP SYN+ACK segment on the connection to 192.168.1.250 on port 80.
2. Received segment information: the sequence number 0, the ACK number 1, and the data length 24.
3. The TCP segment has the expected peer sequence number.
4. The TCP connection is successful.
5. TCP retrieves the MSS value of 536 bytes from the Maximum Segment Size Option in the TCP header.
6. The device sets the connection state to ESTABLISHED.

Challenge Me　　<< Previous Layer　Next Layer >>

图5-26　PDU 详细信息

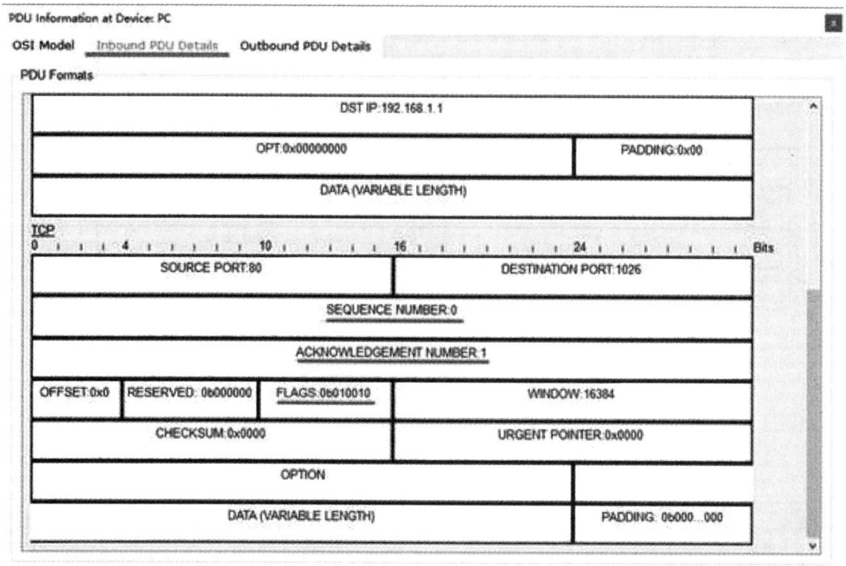

PDU Information at Device: PC

OSI Model　Inbound PDU Details　Outbound PDU Details

PDU Formats

DST IP:192.168.1.1
OPT:0x00000000　PADDING:0x00
DATA (VARIABLE LENGTH)

TCP
0　4　10　16　24　Bits
SOURCE PORT:80　DESTINATION PORT:1026
SEQUENCE NUMBER:0
ACKNOWLEDGEMENT NUMBER:1
OFFSET:0x0　RESERVED: 0b000000　FLAGS:0b010010　WINDOW:16384
CHECKSUM:0x0000　URGENT POINTER:0x0000
OPTION
DATA (VARIABLE LENGTH)　PADDING: 0b000...000

图5-27　Inbound PDU Details

单击第3次握手的事件，弹出PUD信息窗口，如图5-28所示，在入站信息中发现是一个连接确认（ACK=1）的TCP连接，再单击“Inbound PDU Details”面板查看详细信息，如图5-29所示，获得序号、确认号和标志位信息，填入表5-5中。

PDU Information at Device: Server

OSI Model　Inbound PDU Details

At Device: Server
Source: PC
Destination: 192.168.1.250

In Layers	Out Layers
Layer7	Layer7
Layer6	Layer6
Layer5	Layer5
Layer 4: TCP Src Port: 1026, Dst Port: 80	Layer4
Layer 3: IP Header Src. IP: 192.168.1.1, Dest. IP: 192.168.1.250	Layer3
Layer 2: Ethernet II Header 00D0.97BE.828E >> 00D0.BABA.024B	Layer2
Layer 1: Port FastEthernet0	Layer1

1. The device receives a TCP ACK segment on the connection to 192.168.1.1 on port 1026.
2. Received segment information: the sequence number 1, the ACK number 1, and the data length 20.
3. The TCP segment has the expected peer sequence number.
4. The TCP connection is successful.
5. The device sets the connection state to ESTABLISHED.

Challenge Me　　<< Previous Layer　Next Layer >>

图5-28　PDU 详细信息

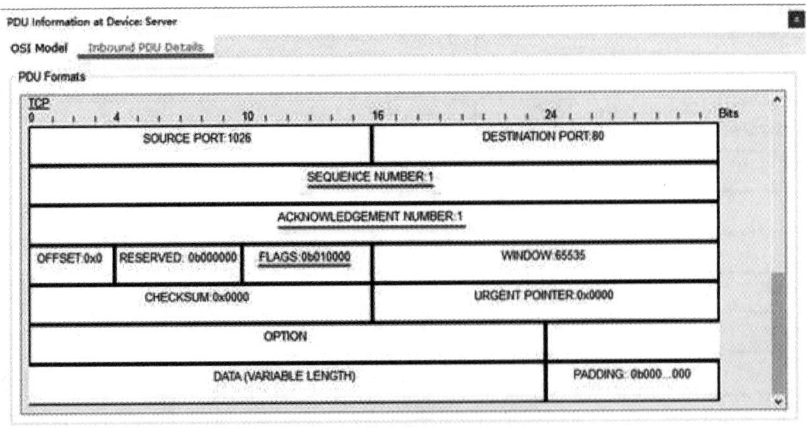

图5-29　Inbound PDU Details

表5-5　TCP 连接建立

TCP连接	SYN	ACK	seq（序号）	ack（确认号）
第1次握手	1	0	0	0
第2次握手	1	1	0	1
第3次握手	0	1	1	1

步骤4：在Event List事件列表中，观察记录TCP四次挥手过程。

本次实验中连接的释放是通过三次挥手完成，由于服务器不需要再向计算机传输数据，因此第2次挥手和第3次挥手合并为1次。

单击第1次挥手的事件，弹出PUD信息窗口，如图5-30所示，在入站信息中发现是一个连接释放请求（FIN=1）和连接确认（ACK=1）的TCP连接，再单击“Inbound PDU Details”面板查看详细信息，如图5-31所示，获得序号、确认号和标志位信息，填入表5-6中。

PDU Information at Device: Server

OSI Model　Inbound PDU Details　Outbound PDU Details

At Device: Server
Source: PC
Destination: 192.168.1.250

In Layers	Out Layers
Layer7	Layer7
Layer6	Layer6
Layer5	Layer5
Layer 4: TCP Src Port: 1026, Dst Port: 80	Layer 4: TCP Src Port: 80, Dst Port: 1026
Layer 3: IP Header Src. IP: 192.168.1.1, Dest. IP: 192.168.1.250	Layer 3: IP Header Src. IP: 192.168.1.250, Dest. IP: 192.168.1.1
Layer 2: Ethernet II Header 00D0.97BE.828E >> 00D0.BABA.024B	Layer 2: Ethernet II Header 00D0.BABA.024B >> 00D0.97BE.828E
Layer 1: Port FastEthernet0	Layer 1: Port(s): FastEthernet0

1. The device receives a TCP FIN+ACK segment on the connection to 192.168.1.1 on port 1026.
2. Received segment information: the sequence number 103, the ACK number 472, and the data length 20.
3. The TCP segment has the expected peer sequence number.
4. The TCP connection was disconnected.
5. The device sets the connection state to CLOSE_WAIT.
6. The device sets the connection state to LAST_ACK.
7. The TCP segment has the expected ACK number. The device pops the last sent segment from the buffer.

Challenge Me　　<< Previous Layer　Next Layer >>

图5-30　PDU 详细信息

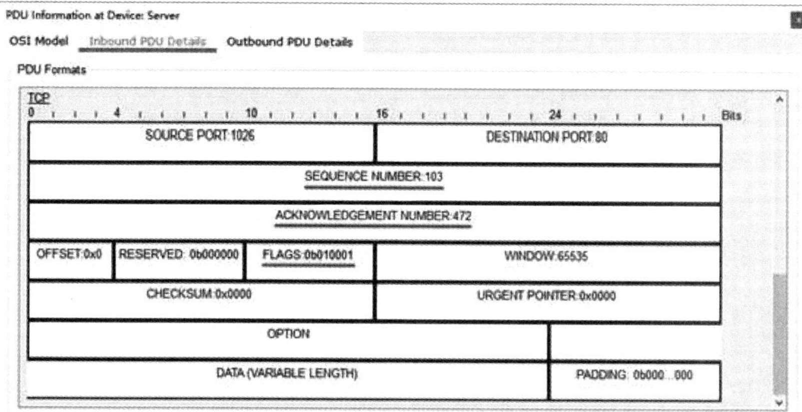

图5-31　Inbound PDU Details

单击第2次挥手的事件，弹出PUD信息窗口，如图5-32所示，在入站信息中发现是一个连接释放请求（FIN=1）和连接确认（ACK=1）的TCP连接，再单击“Inbound PDU Details”面板查看详细信息，如图5-33所示，获得序号、确认号和标志位信息，填入表5-6中。

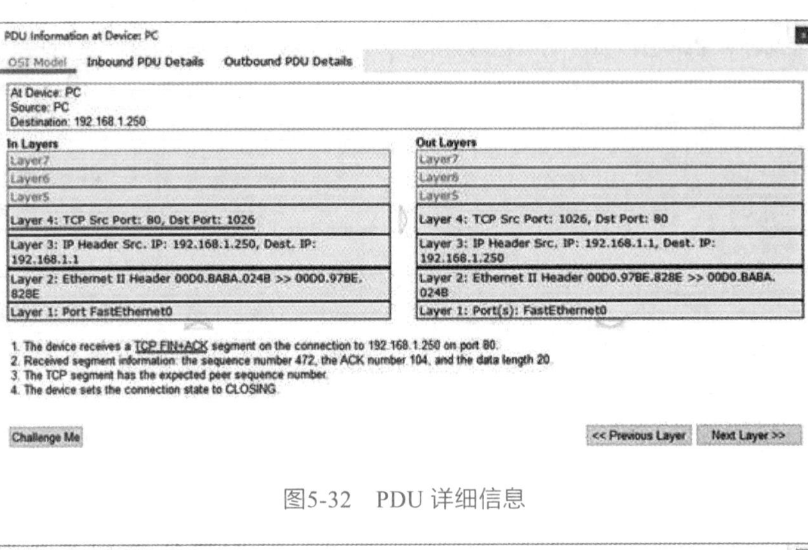

图5-32　PDU 详细信息

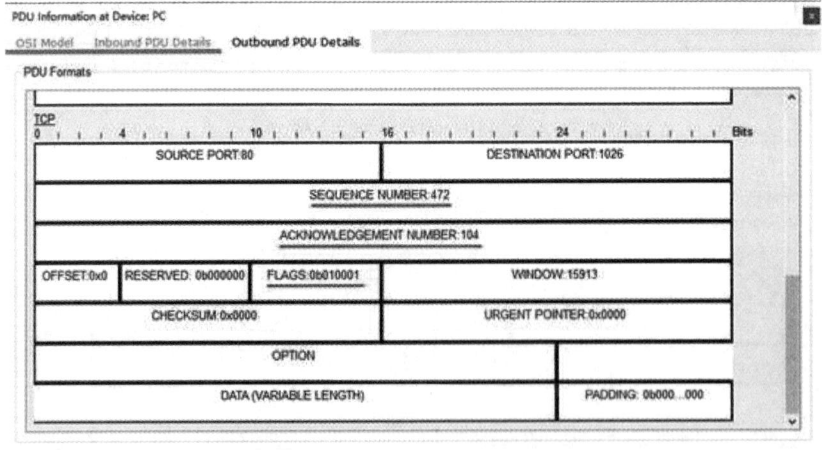

图5-33　Inbound PDU Details

单击第3次挥手的事件，弹出PUD信息窗口，如图5-34所示，在入站信息中发现是一个连接确认（ACK=1）的TCP连接，再单击“Inbound PDU Details”面板查看详细信息，如图5-35所示，获得序号、确认号和标志位信息，填入表5-6中。

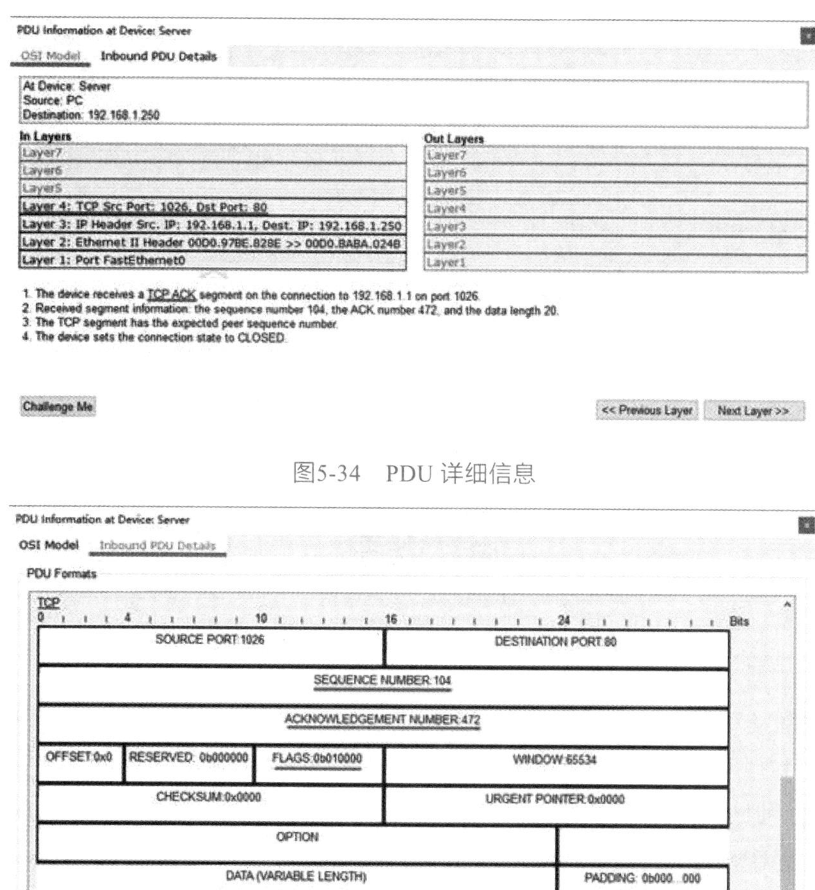

图5-34　PDU 详细信息

图5-35　Inbound PDU Details

表5-6　TCP连接释放

TCP连接	FIN	ACK	seq（序号）	ack（确认号）
第1次挥手	1	1	103	472
第2次挥手	1	1	472	104
第3次挥手	0	1	104	472

5.2.6　思考题

为什么 TCP 建立连接是“三次握手”，而关闭连接是“四次挥手”呢？

第6章 应用层协议

6.1 实验一：域名解析

实验视频：域名解析

6.1.1 基础知识

域名系统（Domain Name System，DNS），因特网上作为域名和IP地址相互映射的一个分布式数据库，能够使用户更方便地访问互联网，而不用去记住能够被机器直接读取的IP地址。通过主机名，最终得到该主机名对应的IP地址的过程叫作域名解析（或主机名解析）。DNS协议运行在UDP协议之上，使用端口号53。在RFC文档中RFC 2181对DNS有规范说明，RFC 2308对DNS查询的反向缓存进行说明。

DNS是实现互联网的WWW、FTP和E-MAIL等服务的基础。域名解析方法主要有两种：递归查询（Recursive Query）和迭代查询（Iterative Query）。递归查询中，域名服务器将代替提出请求的客户机进行域名查询，若域名服务器在本地资源中无法解析，则会在域树中的各分支的上下进行递归查询，最终将查询结果返回给客户机。迭代查询中，客户机送出查询请求后，若该域名服务器中未找到，会通知客户机另一台域名服务器的IP地址，使客户机自动转向另外一台域名服务器查询，以此类推，直至查询成功，否则由最后一台域名服务器通知客户机查询失败。一般情况下，客户机向本地域名服务器的查询采用递归查询，而本地域名服务器向根域名服务器的查询采用迭代查询。

DNS报文分为请求报文和响应报文，两类报文采用相同格式，如图6 1所示，前12个字节为报文首部，各字段的含义如下：

（1）Transaction ID（会话标识）：是DNS报文的ID标识，用来标识请求报文和响应报文，可以用来区分DNS应答报文是哪个请求的响应。

（2）Flags（标志）：其格式如图6 2所示，各字段的含义如表6 1所示。

（3）Questions（问题数）：查询问题区域的数。

（4）Answer RRs（回答资源记录数）：回答区域的数量。

（5）Authoritative RRs（授权资源记录数）：授权区域的数量。

（6）Additional RRs（附加资源记录数）：附加区域的数量。

图6-1　DNS 报文格式

Flags	QR	opcode	AA	TC	RD	RA	(zero)	rcode
	1	4	1	1	1	1	3	4

图6-2　标志位格式

表6-1　标志的字段及其含义

字段	字段含义
QR	请求查询和响应报文标志，0为请求报文，1为响应报文
opcode	0为标准请求查询，1为反向请求查询，2为服务器状态请求
AA	为授权回答
TC	为可截断
RD	为期望递归
RA	为可用递归
rcode	为返回码，0为没有差错，3为名字差错，2为服务器错误

Queries（查询问题区域）格式如图6-3所示，各字段的含义如下：

（1）Name（查询名）：表示的是需要查询的域名。

（2）Type（查询类型）：各类型的含义如表6-2所示。

（3）Class（查询类）：一般为1，表示Internet数据。

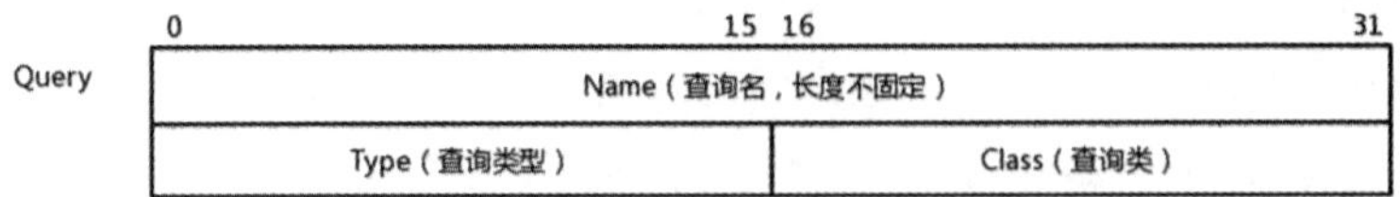

图6-3　查询问题区域格式

表6-2　查询类型的含义

查询类型	特征字符	说明
1	A	从域名得到IPv4地址
2	NS	域名服务器
5	CNAME	域名别名
6	SOA	主域名服务器
15	MX	邮件服务器
28	AAA	从域名获得IPv6地址

资源记录(RR)区域包括回答区域、授权区域和附加区域，采用相同的格式，如图6-4所示，各字段含义如下：

（1）Name（域名）：它的格式和Queries区域的查询名字字段是一样的。

（2）Type（查询类型）：表示资源记录的类型。

（3）Class（查询类）：一般表示Internet信息。

（4）Time to live（生存时间）：以秒为单位，表示的是资源记录的生命周期。

（5）Data length（资源数据长度）：是一个可变长字段，表示按照查询段的要求返回的相关资源记录的数据。

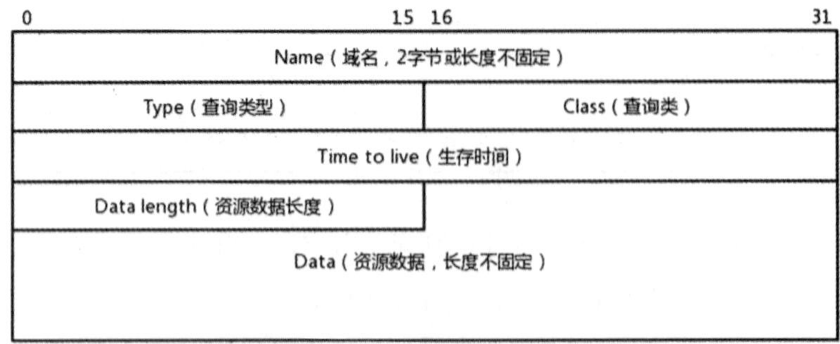

图6-4　资源记录区域格式

6.1.2　实验目的

1．理解DNS两种查询的工作原理。

2．熟悉DNS报文的格式。

6.1.3　实验拓扑

本实验拓扑如图6-5所示，由3台路由器、2台交换机、4台域名服务器、2台网页服务器和1台计算机组成，其中计算机和服务器的IP地址配置如表6-3所示，路由器的接口配置如表6-4所示。

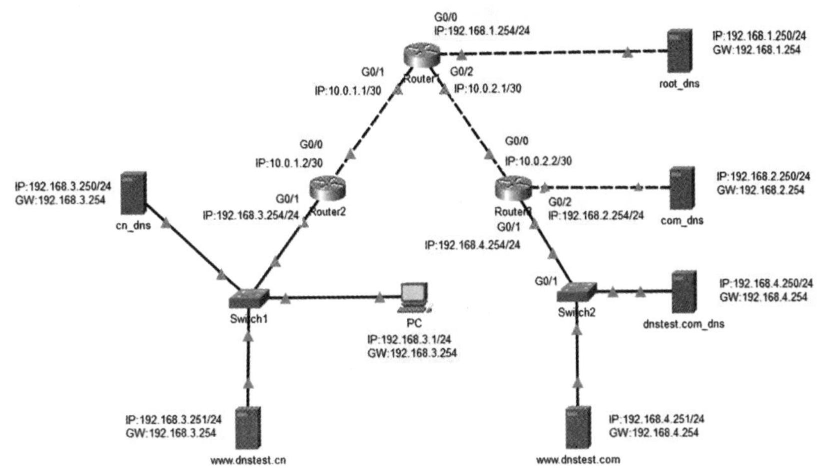

图6-5　实验拓扑

表6-3　计算机和服务器的IP地址配置

设备名称	IP地址	子网掩码	默认网关
PC	192.168.3.1	255.255.255.0	192.168.3.254
root_dns	192.168.1.250	255.255.255.0	192.168.1.254
com_dns	192.168.2.250	255.255.255.0	192.168.2.254
cn_dns	192.168.3.250	255.255.255.0	192.168.3.254
dnstest.com_dns	192.168.4.250	255.255.255.0	192.168.4.254
www.dnstest.cn	192.168.3.251	255.255.255.0	192.168.3.254
www.dnstest.com	192.168.4.251	255.255.255.0	192.168.4.254

表6-4 路由器接口配置

设备名称	接口	IP地址	子网掩码
Router1	G0/0	192.168.1.254	255.255.255.0
	G0/1	10.0.1.1	255.255.255.252
	G0/2	10.0.2.1	255.255.255.252
Router2	G0/0	10.0.1.2	255.255.255.252
	G0/1	192.168.3.254	255.255.255.0
Router3	G0/0	10.0.2.2	255.255.255.252
	G0/1	192.168.4.254	255.255.255.0
	G0/2	192.168.2.254	255.255.255.0

6.1.4 实验内容

实验素材：域名解析

任务一：搭建如图6-5所示的实验拓扑，并配置计算机、服务器和路由器接口的IP地址。

任务二：配置路由器的静态路由。

任务三：配置域名服务器的资源记录。

任务四：通过PC浏览器访问www.dnstest.cn，观察记录域名解析过程。

任务五：通过PC浏览器访问www.dnstest.com，观察记录域名解析过程。

6.1.5 实验步骤与结果

步骤1：搭建实验拓扑，配置设备的IP地址。

在设备选择区域选择计算机、服务器和路由器，并通过直通线和交叉线进行连接。

单击PC图标，在弹出的配置窗口中选择Desktop面板，单击“IP Configuration”打开IP地址配置窗口，填写IP地址、子网掩码、默认网关和域名解析服务器地址，如图6-6所示。

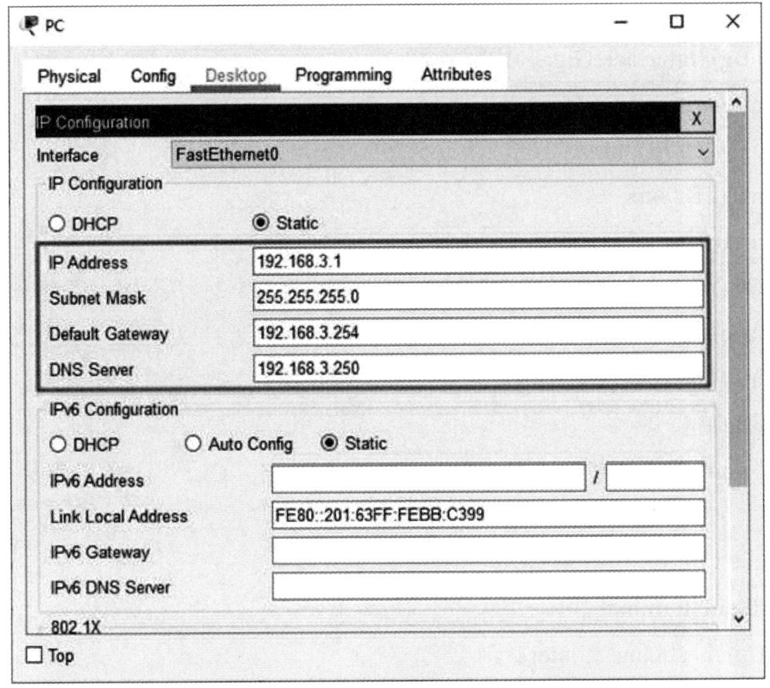

图6-6　IP 地址配置

步骤2：配置路由器的接口IP地址和添加静态路由。

单击“Router1”图标，在弹出的配置窗口中单击“CLI”，打开命令行窗口，输入以下代码：

```
Router>enable
Router#configure terminal
Router(config)#hostname Router1
Router1(config)#interface GigabitEthernet0/0
Router1(config-if)#no shutdown    //启用接口
Router1(config-if)#ip address 192.168.1.254 255.255.255.0    //配置接口IP地址和子网掩码
Router1(config-if)#
Router1(config-if)#exit
Router1(config)#interface GigabitEthernet0/1
Router1(config-if)#no shutdown
Router1(config-if)#ip address 10.0.1.1 255.255.255.252
Router1(config-if)#
```

```
Router1(config-if)#exit
Router1(config)#interface GigabitEthernet0/2
Router1(config-if)#no shutdown
Router1(config-if)#ip address 10.0.2.1 255.255.255.252
Router1(config-if)#exit
Router1(config)#
Router1(config)#ip route 192.168.3.0 255.255.255.0 10.0.1.2   //添加一条静态路由
Router1(config)#ip route 192.168.2.0 255.255.255.0 10.0.2.2   //添加一条静态路由
Router1(config)#ip route 192.168.4.0 255.255.255.0 10.0.2.2   //添加一条静态路由
Router1(config)#
```

单击“Router2”图标，在弹出的配置窗口中单击“CLI”，打开命令行窗口，输入以下代码：

```
Router>enable
Router#configure terminal
Router(config)#hostname Router2
Router(config)#
Router2(config)#interface GigabitEthernet0/0
Router2(config-if)#ip address 10.0.1.2 255.255.255.252
Router2(config-if)#no shutdown
Router2(config-if)#
Router2(config-if)#exit
Router2(config)#interface GigabitEthernet0/1
Router2(config-if)#ip address 192.168.3.254 255.255.255.0
Router2(config-if)#no shutdown
Router2(config-if)#
Router2(config-if)#exit
Router2(config)#
Router2(config)#ip route 192.168.1.0 255.255.255.0 10.0.1.1
Router2(config)#ip route 192.168.2.0 255.255.255.0 10.0.1.1
Router2(config)#ip route 192.168.4.0 255.255.255.0 10.0.1.1
Router2(config)#
```

单击“Router3”图标，在弹出的配置窗口中单击“CLI”，打开命令行窗口，输入以下代码：

```
Router>enable
Router#configure terminal
Router(config)#hostname Router3
Router3(config)#
Router3(config)#interface GigabitEthernet0/0
Router3(config-if)#ip address 10.0.2.2 255.255.255.252
Router3(config-if)#no shutdown
Router3(config-if)#
Router3(config-if)#exit
Router3(config)#interface GigabitEthernet0/1
Router3(config-if)#ip address 192.168.4.254 255.255.255.0
Router3(config-if)#no shutdown
Router3(config-if)#
Router3(config-if)#exit
Router3(config)#interface GigabitEthernet0/2
Router3(config-if)#ip address 192.168.2.254 255.255.255.0
Router3(config-if)#no shutdown
Router3(config-if)#
Router3(config-if)#exit
Router3(config)#
Router3(config)#ip route 192.168.1.0 255.255.255.0 10.0.2.1
Router3(config)#ip route 192.168.3.0 255.255.255.0 10.0.2.1
Router3(config)#
```

步骤3：配置服务器的IP地址和添加域名服务器的资源记录。

单击root_dns服务器图标，在弹出的Config配置窗口，修改“Display Name”为“root_dns”，如6-7所示。

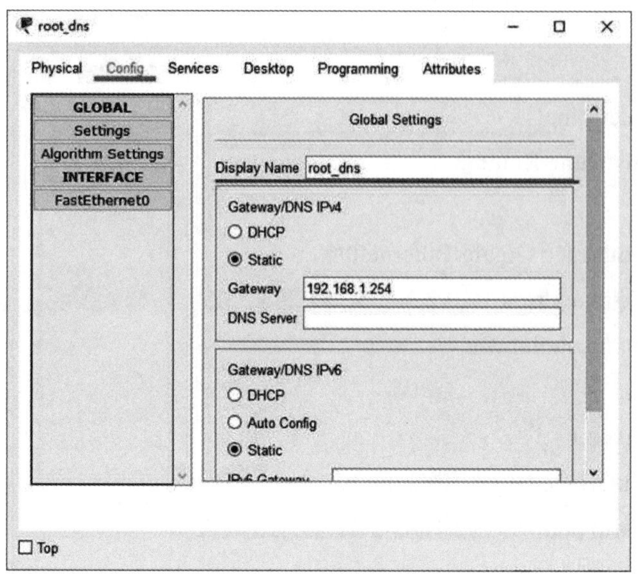

图6-7　配置窗口

单击Desktop面板，再单击“IP Configuration”打开IP地址配置窗口，填写IP地址、子网掩码和默认网关，如图6-8所示。

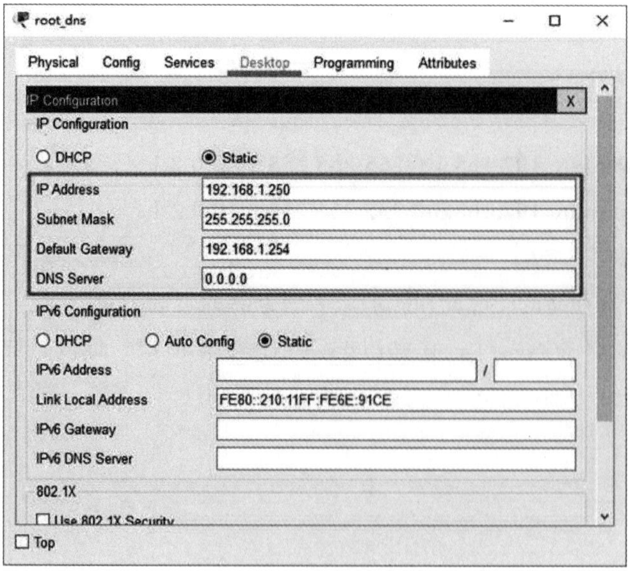

图6-8　IP地址配置

单击“Services"面板，在左侧的服务列表中单击选择“DNS”，在右侧单击DNS Service的“On”启用DNS服务，然后在Resource Records中输入4条资源记录，其中2条A记录，2条域名服务器记录，如图6-9所示。

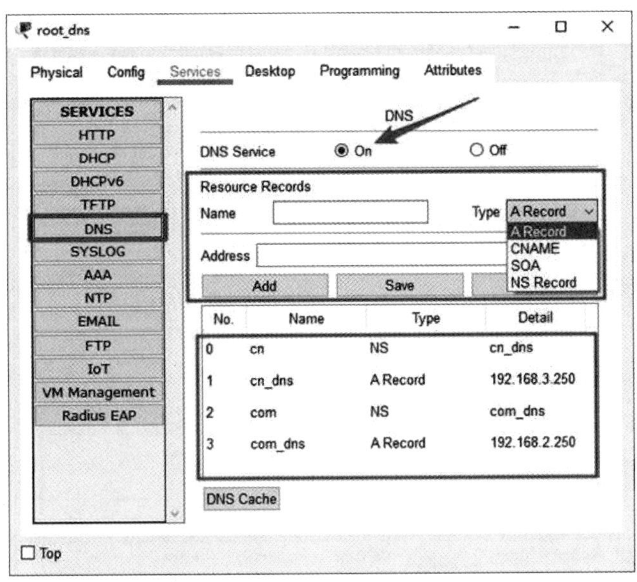

图6-9　root_dns域名服务配置

用同样的方法配置其余的域名服务器，各域名服务器的域名服务配置如图6-10，6-11，6-12所示。

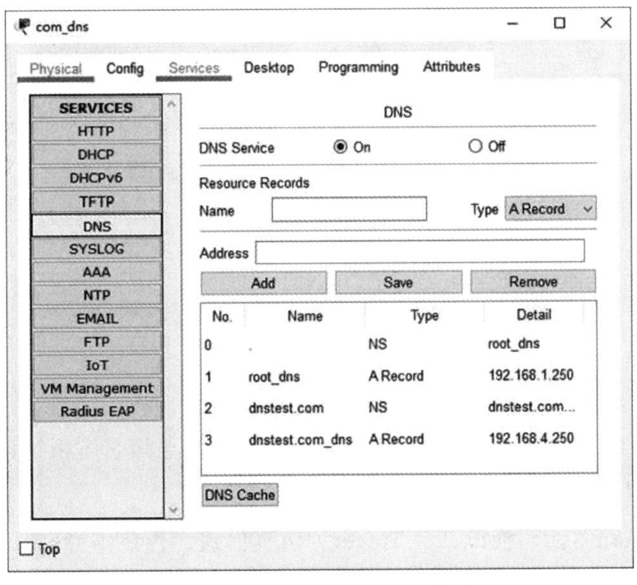

图6-10　com_dns 域名服务配置

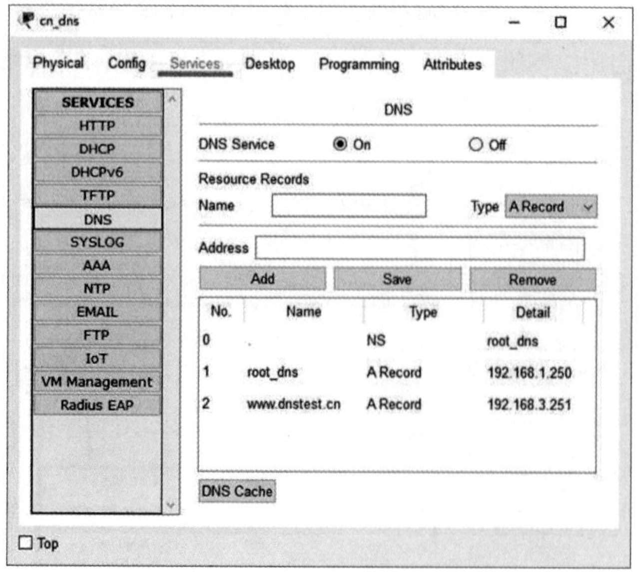

图6-11　cn_dns 域名服务配置

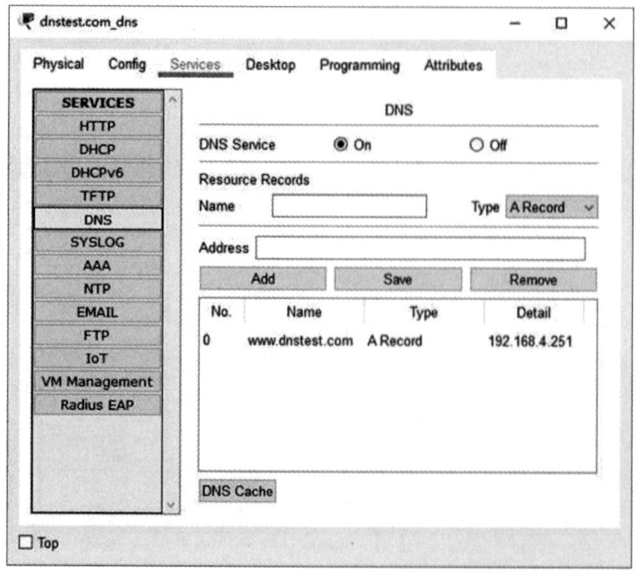

图6-12　dnstest.com_dns 域名服务配置

步骤4：通过PC浏览器访问www.dnstest.cn，观察记录域名解析过程。

Realtime实时模式和Simulation模式之间来回切换3次。

单击Simulation图标切换Packet Tracer到仿真模式，再单击“Edit Filters”打开事件列表过滤器，选择“DNS”和“HTTP”。

单击“PC”图标，在弹出的配置窗口中单击选择Desktop面板，单击“Web Browser”打开浏览器窗口，地址栏输入：www.dnstest.cn，如图6-13所示，单击“Go”图标，然后单击Play Controls中的播放图标，观察工作区的报文的传输过程，产生的事件列表如图6-14所示，前面部分是DNS报文，后面部分是HTTP报文，本次域名解析在本地域名服务器中查询完成。

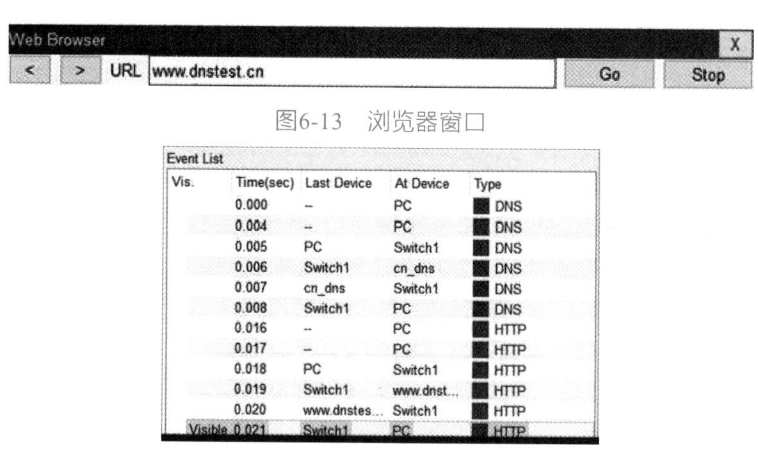

图6-13　浏览器窗口

图6-14　Event List 事件列表

PC发送的DNS请求报文如图6-15所示，说明DNS报文使用在运输层使用UDP协议，单击“Outbound PDU Details”查看出站详细信息，如图6-16所示。

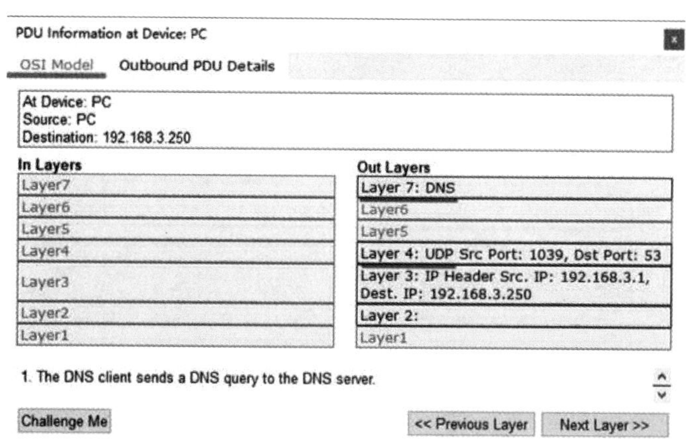

图6-15　PDU 详细信息

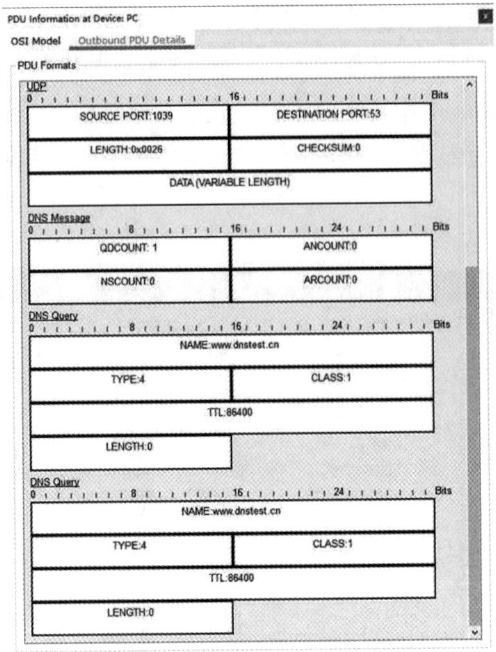

图6-16　Outbound PDU Details

cn_dns服务器的DNS响应报文如图6-17所示，报文中包含www.dnstest.cn域名对应的IP地址：192.168.3.251。

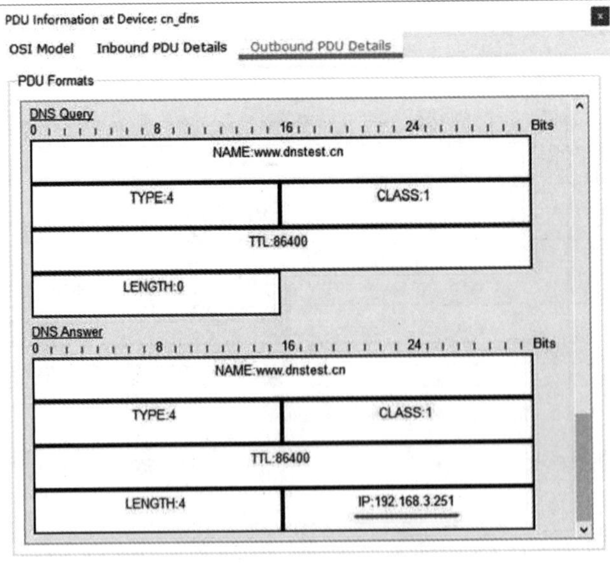

图6-17　Outbound PDU Details

步骤5：通过PC浏览器访问www.dnstest.com，观察记录域名解析过程。

在PC上用同样的方法访问www.dnstest.com，观察工作区中报文的传输过程，产生的事件列表如图6-18所示，该域名的解析无法在本地域名服务器完成，需要通过根域名服务器、顶级域名服务器和权威域名服务器的解析才能完成。

Event List

Vis.	Time(sec)	Last Device	At Device	Type
	0.000	--	PC	DNS
	0.001	PC	Switch1	DNS
	0.002	Switch1	cn_dns	DNS
	0.002	--	cn_dns	DNS
	0.003	cn_dns	Switch1	DNS
	0.004	Switch1	Router2	DNS
	0.005	Router2	Router1	DNS
	0.006	Router1	root_dns	DNS
	0.006	--	root_dns	DNS
	0.007	root_dns	Router1	DNS
	0.008	Router1	Router3	DNS
	0.009	Router3	com_dns	DNS
	0.009	--	com_dns	DNS
	0.010	com_dns	Router3	DNS
	0.011	Router3	Switch2	DNS
	0.012	Switch2	dnstest.c...	DNS
	0.013	dnstest.co...	Switch2	DNS
	0.014	Switch2	Router3	DNS
	0.015	Router3	com_dns	DNS
	0.015	--	com_dns	DNS
	0.016	com_dns	Router3	DNS
	0.017	Router3	Router1	DNS
	0.018	Router1	root_dns	DNS
	0.018	--	root_dns	DNS
	0.019	root_dns	Router1	DNS
	0.020	Router1	Router2	DNS
	0.021	Router2	Switch1	DNS
	0.022	Switch1	cn_dns	DNS
	0.022	--	cn_dns	DNS
	0.023	cn_dns	Switch1	DNS
Visible	0.024	Switch1	PC	DNS

图6-18　Event List 事件列表

步骤6：重复步骤5，通过PC浏览器访问www.dnstest.com，观察记录域名解析过程。

产生的DNS事件列表如图6-19所示，与步骤5相比区别较大，在本地域名服务器查寻完成，主要原因是通过步骤5，cn_dns服务器中已经存在DNS缓存，并以记录域名www.dnstest.com和对应的IP地址。

Event List

Vis.	Time(sec)	Last Device	At Device	Type
	0.000	--	PC	DNS
	0.001	PC	Switch1	DNS
	0.002	Switch1	cn_dns	DNS
	0.003	cn_dns	Switch1	DNS
	0.004	Switch1	PC	DNS

图6-19　Event List 事件列表

查看DNS缓存的方法是单击“cn_dns”图标，在弹出的配置窗口中单击选择Services面板，在左侧单击选择DNS服务，如图6-20所示，再单击“DNS Cache”，打开DNS缓存窗口，如图6-21所示，显示已经存在要查询域名的记录。用户也可以单击“Clear Cache”来清空DNS缓存。

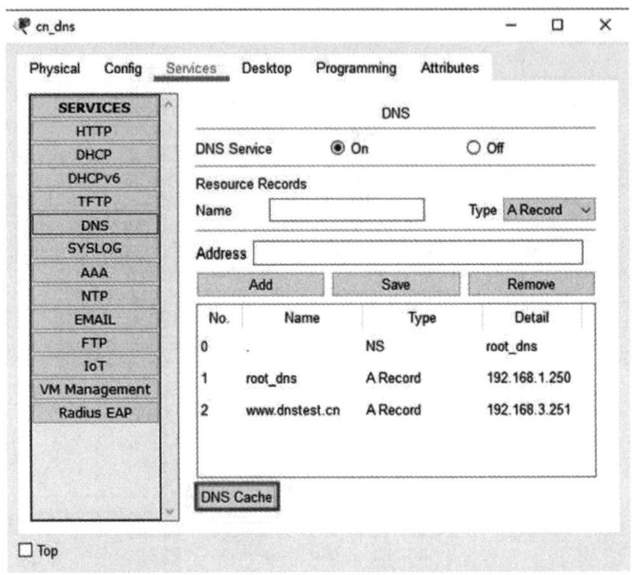

图6-20　服务配置

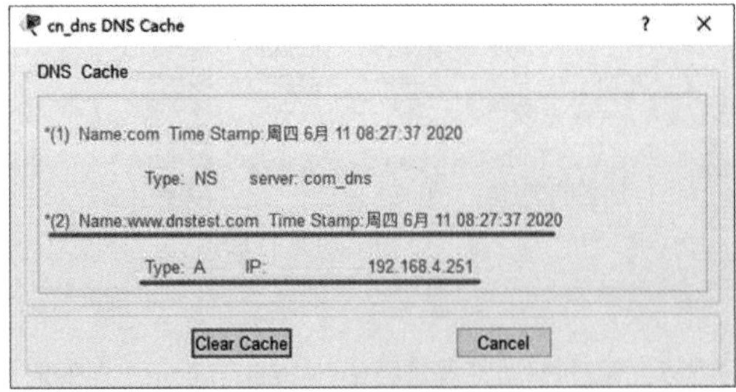

图6-21　DNS 缓存

6.1.6　思考题

了解DNS安全事件，思考如何加强DNS安全？

6.2　实验二：DHCP协议

实验视频：DHCP 协议

6.2.1　基础知识

动态主机配置协议 (Dynamic Host Configuration Protocol，DHCP)，是一个重要的应用层协议，用来集中管理和分配IP地址，使网络中的计算机能够自动完成IP地址、默认网关、DNS服务器地址等信息的配置，从而提升IP地址的使用效率，以节省IP地址资源，在局域网中得到广泛的应用。

DHCP协议采用客户机/服务器模式，DHCP服务首先由DHCP客户机发起，当DHCP服务器接收到来自DHCP客户机的申请IP地址的请求时，会从IP地址池中选择一个IP地址，发送给DHCP客户机，从而实现DHCP客户机IP地址的动态配置。

DHCP协议在运输层使用UDP协议进行工作，常用的三个端口分别为：67，68和546。其中67为DHCP服务器端口号，68号端口为DHCP 客户机的端口号，546用于DHCP Failover。

DHCP协议对IP地址的分配方式分为三种，具体如下：

（1）静态分配：由网络管理员通过手工方式选择要分配的IP地址，然后由DHCP服务器发送给客户端。

（2）自动分配：DHCP服务器从其IP地址池内分配一个IP地址给DHCP客户机，在分配方式下，客户机第一次向DHCP服务器申请到该IP地址后，便可永久使用该IP地址，不再分配给其他客户机。

（3）动态分配：DHCP服务器从其IP地址池内分配一个IP地址给DHCP客户机，该IP地址有一个有效期，超出有效期后若不再续约则会被收回，一般采用这种方式。

DHCP的工作过程如图6-22所示，主要包含四个阶段，具体如下：

（1）DHCP Client发现阶段，即DHCP客户机寻找DHCP服务器的阶段。由于DHCP客户机并不知道DHCP服务器的地址，因此以广播方式发送一个DHCP discover报文来寻找DHCP服务器，该报文的源IP地址为0.0.0.0，目的IP地址为255.255.255.255。

（2）DHCP Server提供阶段，即DHCP服务器提供IP地址的阶段。在网络中的DHCP服务器接收到DHCP discover报文后会做出响应，从其IP地址池中挑选一个IP地址分配给

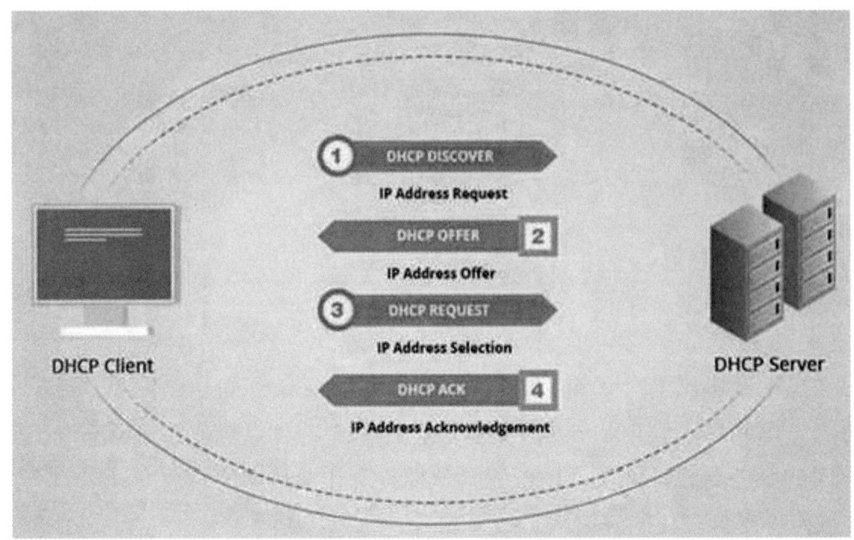

图6-22　DHCP工作过程

DHCP客户机，向DHCP客户机发送一个包含该 IP地址和其他配置信息的DHCP offer响应报文。

（3）DHCP Client选择阶段，即DHCP客户机选择某台DHCP服务器提供的IP地址的阶段。如果有多台DHCP服务器向DHCP客户机发来的DHCP offer报文，则DHCP客户机只接受第一个收到的DHCP offer报文，然后它就以广播方式回答一个DHCP request报文，该报文中包含向它所选定的DHCP服务器请求IP地址的内容。

（4）DHCP Server确认阶段，即DHCP服务器确认所提供的IP地址的阶段。当DHCP服务器收到DHCP客户机回答的DHCP request请求报文之后，它便向DHCP客户机发送一个包含它所提供的IP地址和其他设置的DHCP ack确认信息，告诉DHCP客户机可以使用它所提供的IP地址，这样DHCP客户机可完成IP地址、默认网关和DNS服务器等配置。

DHCP报文的格式如图6-23所示，各字段的含义如下：

（1）Op（报文类型）： 1表示客户端请求报文，2表示服务器响应报文。

（2）HW Type（硬件类别）：一般是1，表示以太网。

（3）HW Len（硬件长度）： 硬件地址长度，MAC地址长度为6字节，以太网为6。

（4）Hops（跳数）：表示当前客户端经过的中继数目，默认值为0，该值要小于等于16，大于16则会被标记为不可达。

（5）Transaction ID（事务ID）：表示客户机随机挑选的随机数，用于与服务端发送的报文相对应有客户机生成，服务器Reply时，会把Request中的Transaction ID拷贝到

图6-23 DHCP 报文格

Reply报文中。

（6）Secs（请求持续时间）：表示客户机获取地址或者地址租用后所用的时间，单位为秒。

（7）Flags（标志位）：表示客户机以什么的形式发送报文给服务端，前15位均为0，第16位有效，1表示广播，2多播。

（8）Client IP Address（客户机的IP地址）：表示当前客户机的IP地址，初始化状态该值为0.0.0.0。

（9）Your IP Address（服务器分配给客户机的IP地址）：表示在服务器进行响应时填充该字段。

（10）（Next）Server IP Address：表示客户机获取启动配置信息的IP地址。

（11）Gateway（Relay）IP Address（网关（中继）IP地址）：表示第一个DHCP中继的IP地址。客户机和服务器不在同一个网段时，当客户机发送DHCP请求给第一个DHCP Relay服务器时，该服务器将自己的IP地址填充至该字段，服务器也是根据该地址进行响应报文的发送。

（12）Server Name（服务器名称）：可选，由服务器端填写，填充的为客户机获取配置信息的服务器名称，64个字节，一般不使用，填充为0。

（13）Boot File name（启动配置文件名称）：可选，由服务器填写，该字段填充的是客户端需要获取的配置文件名称，128bytes，一般不使用，填充为0。

（14）Option（选项）：不定长度，其值为53时，表示为DHCP Message Type，类型表如表6-5所示。

表6-5　DHCP报文类型

值	DHCP报文类型	值	DHCP报文类型
1	DISCOVER	8	INFORM
2	OFFER	9	FORCERENEW
3	REQUEST	10	LEASEQUERY
4	DECLINE	11	LEASEUNASSIGNED
5	ACK	12	LEASEUNKNOWN
6	NAK	13	LEASEACTIVE
7	RELEASE		

当DHCP服务器和客户机不在同一网段时，需要通过DHCP中继来转发DHCP报文。DHCP 中继在收到客户端的DHCP Discover报文后会修改该报文中相应字段，并将报文由广播改为单播发送给指定的DHCP 服务器，其余报文的发送也由DHCP 中继进行转发。对于客户机来说，DHCP 中继与DHCP Server服务器之间的通信是透明的，并不知道DHCP中断的存在；同样的对于DHCP服务器来说，DHCP 中继与客户机之间的通信也是透明的。

6.2.2　实验目的

1．了解DHCP的功能。
2．理解DHCP协议的工作原理。
3．熟悉DHCP报文格式。

6.2.3　实验拓扑

本实验的实验拓扑如图6-24所示，由1台路由器、2台交换机、1台DHCP服务器和2台计算机组成，计算机的IP地址、子网掩码和默认网关通过DHCP服务器自动获取，DHCP服务器和路由器接口的IP地址配置如表6-6所示。

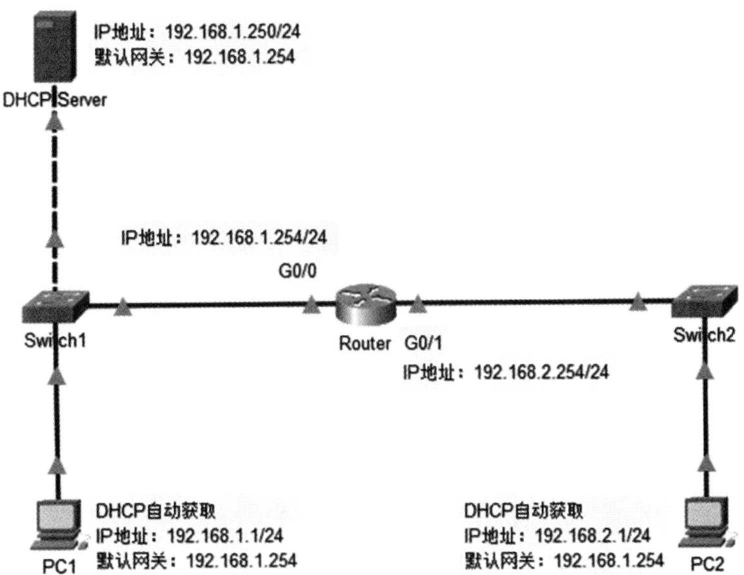

图6-24　实验拓扑

表6-6　IP 地址配置

名称	IP地址	子网掩码	默认网关
DHCP Server	192.168.1.250	255.255.255.0	192.168.1.254
Router的G0/0	192.168.1.254	255.255.255.0	
Router的G0/1	192.168.2.254	255.255.255.0	

6.2.4　实验内容

任务一：搭建如图6-24所示的实验拓扑，并配置路由器和DHCP服务器。

任务二：观察记录PC1通过DHCP获取IP地址配置的过程。

任务三：观察记录PC2通过DHCP获取IP地址配置的过程。

实验素材：DHCP 协议

6.2.5 实验步骤与结果

步骤1：搭建实验拓扑。

在设备工作区选择相应设备，并通过连接线进行连接。

步骤2：配置路由器。

配置路由器的接口地址，单击“Router”图标，在弹出的窗口中单击选择CLI，打开命令行界面，输入以下代码：

```
Router>enable
Router#
Router#configure terminal
Router(config)#interface GigabitEthernet0/0
Router(config-if)#ip address 192.168.1.254 255.255.255.0   //配置IP地址
Router(config-if)#no shutdown   //启动接口
Router(config-if)#exit
Router(config)#interface GigabitEthernet0/1
Router(config-if)#no shutdown
Router(config-if)#
Router(config-if)#ip address 192.168.2.254 255.255.255.0
Router(config-if)#
Router(config-if)#exit
Router(config)#
```

步骤3：配置DHCP服务器。

单击“DHCP Server”图标，在弹出的窗口中单击选择“Server”，单击左侧的DHCP服务，在右侧的DHCP配置区域单击“On”启动DHCP服务，输入地址池名称、默认网关、起始IP地址、子网掩码和最大值等，然后单击“Add”添加1个新的地址池，本实验中添加serverPool1和serverPool1两个地址池，如图6-25和图6-26所示，分别为192.168.1.0和192.168.2.0（两个网络提供IP地址）。

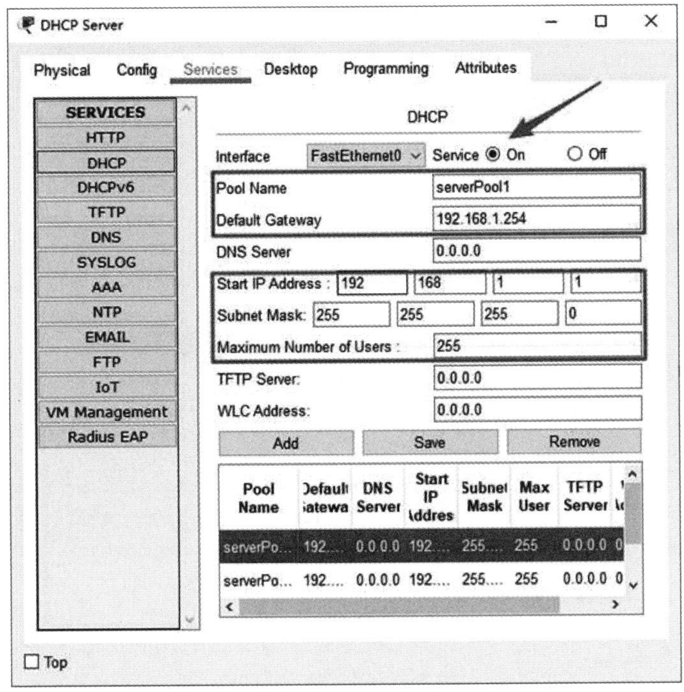

图6-25　DHCP 配置

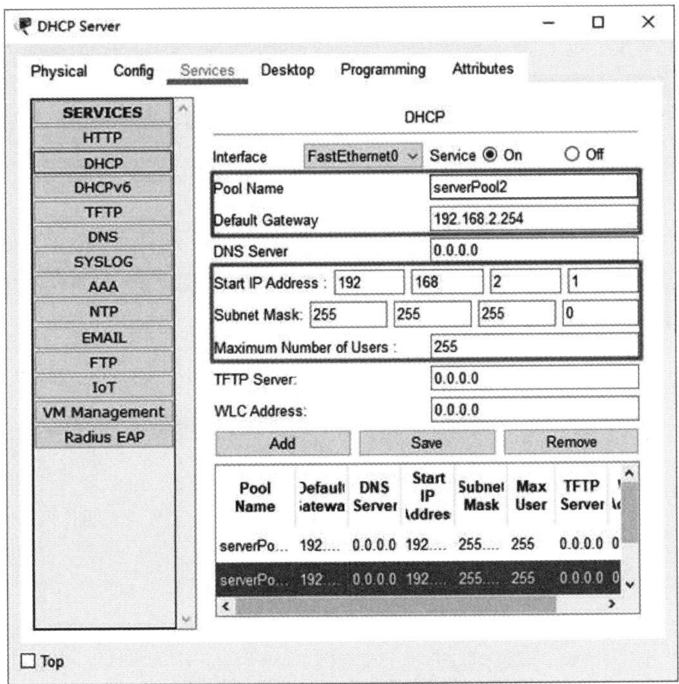

图6-26　DHCP 配置

步骤4：仿真模式下，观察记录PC1自动获得IP地址的过程。

单击“Simulation”图标切换Packet Tracer到仿真模式，再单击Play Controls的Edit Filters图标，在弹出的配置窗口中选择“DHCP”，然后“PC1”图标，在弹出的配置窗口中选择Desktop面板，单击“IP Configuration”打开IP地址配置窗口，如图6-27所示，单击选择“DHCP”。

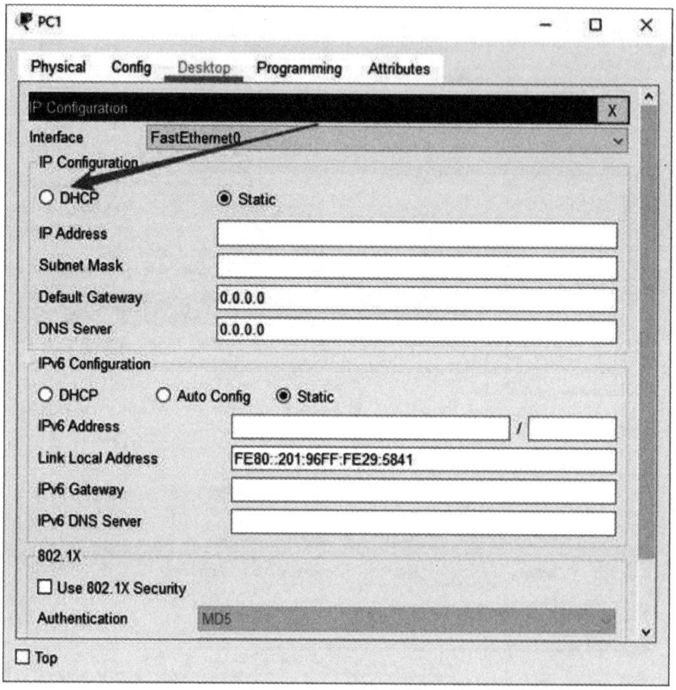

图6-27　IP 地址配置窗口

单击Play Controls中的播放图标，开始仿真，观察工作区报文的传输情况，同时将产生一系列的Event List事件，如图6-28所示。

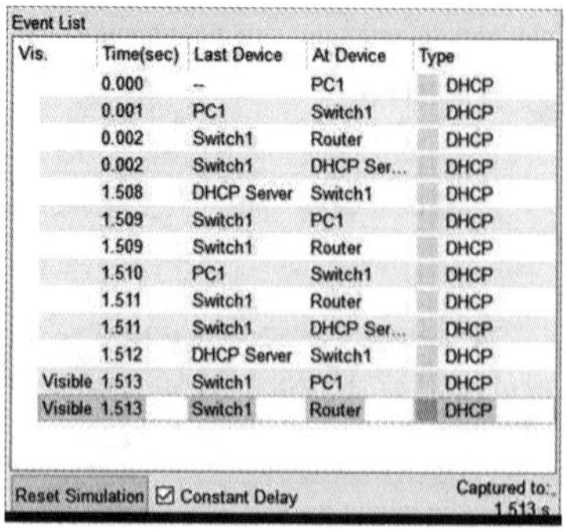
Event List

Vis.	Time(sec)	Last Device	At Device	Type
	0.000	--	PC1	DHCP
	0.001	PC1	Switch1	DHCP
	0.002	Switch1	Router	DHCP
	0.002	Switch1	DHCP Ser...	DHCP
	1.508	DHCP Server	Switch1	DHCP
	1.509	Switch1	PC1	DHCP
	1.509	Switch1	Router	DHCP
	1.510	PC1	Switch1	DHCP
	1.511	Switch1	Router	DHCP
	1.511	Switch1	DHCP Ser...	DHCP
	1.512	DHCP Server	Switch1	DHCP
Visible	1.513	Switch1	PC1	DHCP
Visible	1.513	Switch1	Router	DHCP

Reset Simulation　Constant Delay　Captured to: 1.513 s

图6-28　Event List 事件列表

计算机PC1发出的DHCP discover报文如图6-29所示，源IP地址为0.0.0.0，目的地址为255.255.255.255，是一个广播数据包。

PDU Information at Device: PC1

OSI Model　Outbound PDU Details

At Device: PC1
Source: PC1
Destination: 255.255.255.255

In Layers	Out Layers
Layer7	Layer 7: DHCP Packet Server: 0.0.0.0, Client: 0.0.0.0
Layer6	Layer6
Layer5	Layer5
Layer4	Layer 4: UDP Src Port: 68, Dst Port: 67
Layer3	Layer 3: IP Header Src. IP: 0.0.0.0, Dest. IP: 255.255.255.255
Layer2	Layer 2: Ethernet II Header 0001.9629.5841 >> FFFF.FFFF.FFFF
Layer1	Layer 1: Port(s): FastEthernet0

1. The DHCP client constructs a Discover packet and sends it out.

Challenge Me　<< Previous Layer　Next Layer >>

图6-29　PDU 详细信息

DHCP服务器响应的DHCP OFFER报文和计算机PC1的DHCP REQUEST报文如错误!未找到引用源。如图6-30所示，左侧的入站数据包即为DHCP OFFER报文，右侧的出站数据包即为DHCP REQUEST报文。

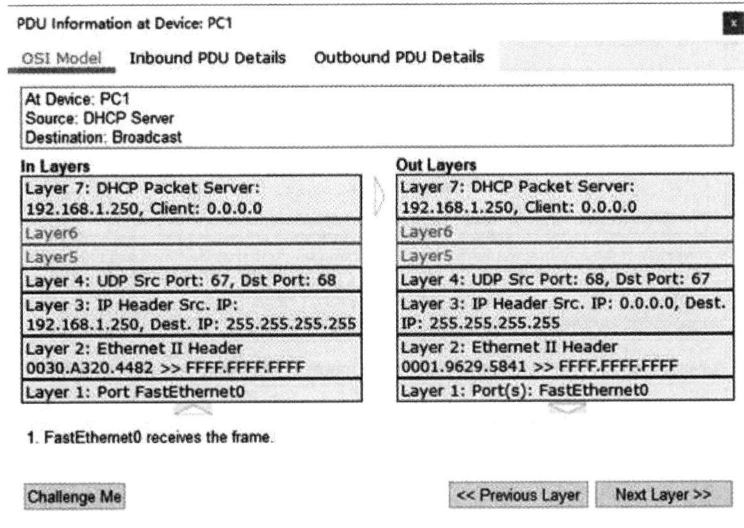

图6-30　PDU 详细信息

DHCP ACK报文如图6-31所示，单击“Inbound PDU Details”，弹出出站详细信息如图6-32所示。

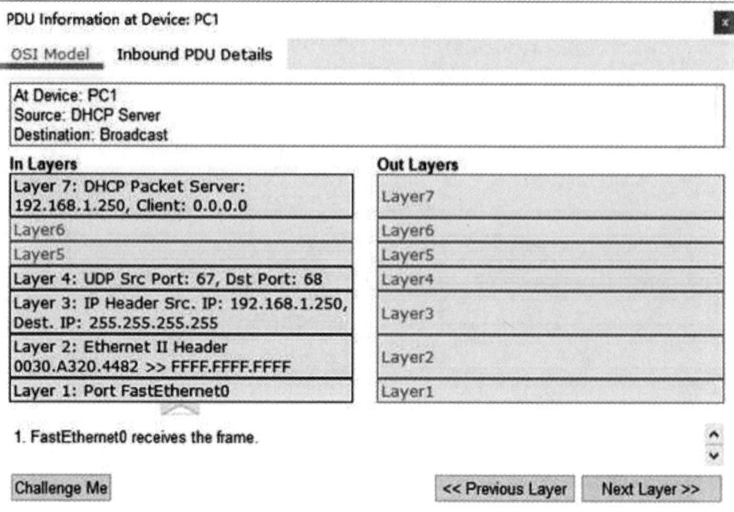

图6-31　PDU 详细信息

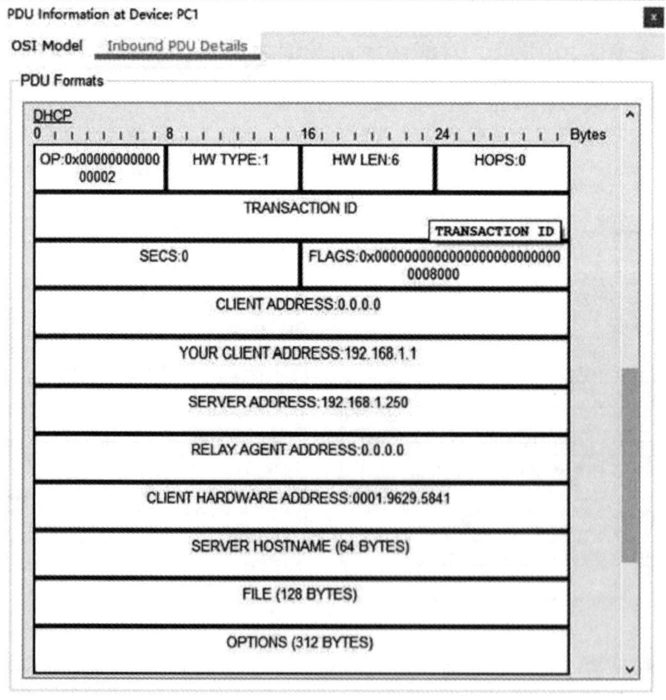

图6-32　Outbound PDU Details

最后计算机PC1通过DHCP协议获得IP地址、子网掩码等信息，如图6-33所示。

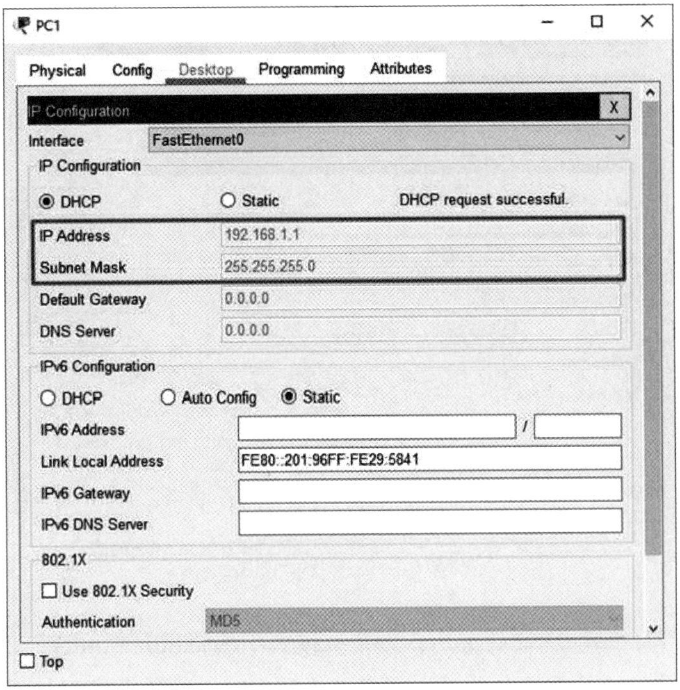

图6-33　IP 地址配置

步骤5：仿真模式下，观察记录PC2自动获得IP地址的过程。

用步骤4的方法，让PC2自动获取IP地址，发现失败，如图6-34所示，主要原因在于DHCP服务器与PC2不在同一个网络，PC2发送的DHCP discover广播报文不会被路由器转发，因此无法到达DHCP服务器，可以通过设备DHCP中继的方法解决这个问题，在Router中进行配置，代码如下：

```
Router>enable
Router#
Router#configure terminal
Router(config)#interface GigabitEthernet0/1
Router(config-if)#
Router(config-if)#ip helper-address 192.168.1.250 //启用中继功能，以便路由器转发广播数据
Router(config-if)#exit
Router(config)#
```

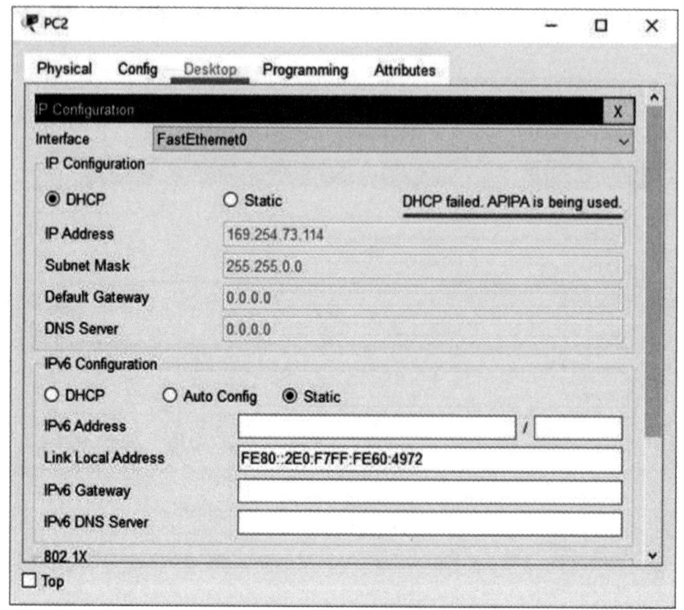

图6-34　IP 地址配置

接下来采用与步骤4同样的方法，在仿真模式中编辑Edit Filters只选择“DHCP”，然后PC2选择DHCP方式配置IP地址，观察工作区中报文的传输过程，产生的事件列表如图6-35所示，成功获取IP地址、子网掩码和默认网关，如图6-36所示。

Event List

Vis.	Time(sec)	Last Device	At Device	Type
	0.000	--	PC2	DHCP
	0.001	PC2	Switch2	DHCP
	0.002	Switch2	Router	DHCP
	0.003	Router	Switch1	DHCP
	0.004	Switch1	PC1	DHCP
	0.004	Switch1	DHCP Ser...	DHCP
	1.510	DHCP Server	Switch1	DHCP
	1.511	Switch1	Router	DHCP
	1.512	Router	Switch2	DHCP
	1.513	Switch2	PC2	DHCP
	1.514	PC2	Switch2	DHCP
	1.515	Switch2	Router	DHCP
	1.516	Router	Switch1	DHCP
	1.517	Switch1	DHCP Ser...	DHCP
	1.518	DHCP Server	Switch1	DHCP
	1.519	Switch1	Router	DHCP
	1.520	Router	Switch2	DHCP
Visible	1.521	Switch2	PC2	DHCP

图6-35　Event List 事件列表

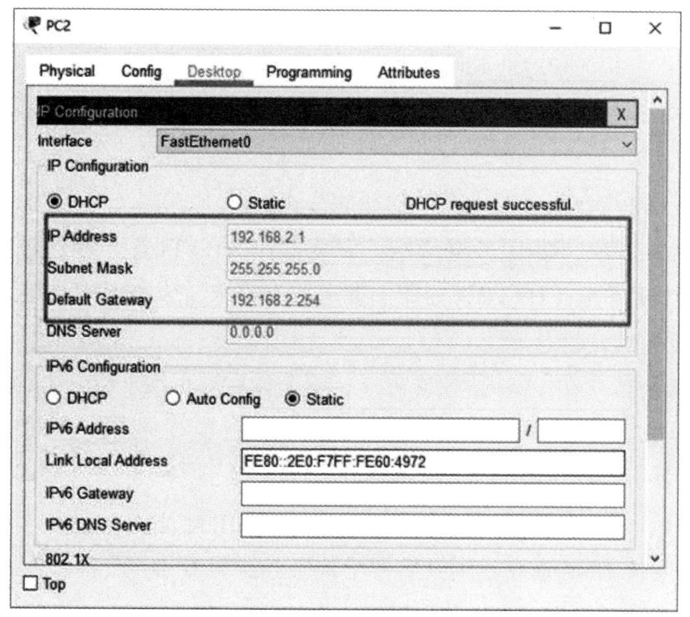

图6-36　IP 地址配置

6.2.6　思考题

DHCP主要有DISCOVER、OFFER、REQUEST、ACK四个阶段，每个阶段的报文一定是广播数据包吗？并解析原因。

6.3　实验三：HTTP协议

6.3.1　基础知识

超文本传输协议（Hypertext Transfer Protocol，HTTP）是用于从万维网（World Wide Web，WWW）服务器传输超文本到本地浏览器的传送协议，是因特网上应用最为广泛的一种网络传输协议。HTTP是一个属于应用层的面向对象的协议，适用于分布式超媒体信息系统。

统一资源定位符（Uniform Resource Locator，URL）是对可以从因特网上得到资源的位置和访问方法的一种简洁的表示。URL 给资源的位置提供一种抽象的识别方法，并用这种方法给资源定位。只要能够对资源定位，系统就可以对资源进行各种操作，如存取、更新、替换和查找其属性。URL 相当于一个文件名在网络范围的扩展。因此 URL 是与因特网相连的机器上的任何可访问对象的一个指针。

URL 的一般形式是：<协议>://<主机>:<端口>/<路径>，其含义如下：

（1）协议：协议名称，例如http。

（2）主机：主机的IP地址或域名。

（3）端口：运输层的端口号，服务器HTTP的端口号是80，常用服务的端口号通常省略。

（4）路径：是指在服务器中文件的存储位置

HTTP协议采用客户端/服务端架构，浏览器作为HTTP客户端通过URL（统一资源定位符）向WEB服务端（HTTP服务器）发送所有请求，WEB服务器根据接收到的请求后，向客户端发送响应信息。

万维网的运行建立在HTTP协议基础上，下面以在客户端上打开www.zjjcxy.cn网页为例说明，如图6-37所示，具体过程如下：

（1）浏览器分析超链指向页面的 URL。

（2）浏览器向 DNS 请求解析 www.zjjcxy.cn 的 IP 地址。

（3）域名系统 DNS 解析出浙江警察学院服务器的 IP 地址。

（4）浏览器与服务器建立 TCP 连接

（5）浏览器发出取文件命令：GET /chn/yxsz/index.htm。

（6）服务器给出响应，把文件 index.htm 发给浏览器。

（7）释放TCP连接。

（8）浏览器显示“浙江警院院系设置”文件 index.htm 中的所有文本。

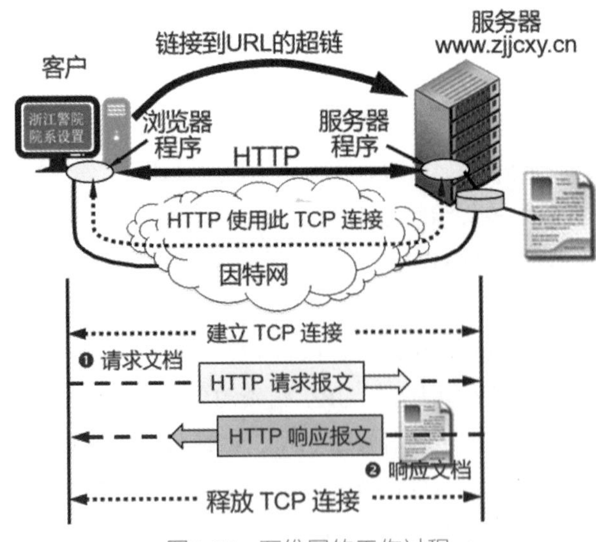

图6-37　万维网的工作过程

HTTP的报文分为请求报文和响应报应两种，从客户机向服务器发送的报文为请求报文，从服务器到客户机的报文为响应报文。

请求报文由三个部分组成，即开始行、首部行和实体主体，如图6-38所示，开始行也是请求行，各字段的含义如下：

（1）方法：是对所请求的对象进行的操作，方法实际上也就是一些命令，请求报文的类型是由它所采用的方法决定的，方法对应的含义如表6-7所示。

（2）URL：统一资源定位符所请求资源的网址。

（3）版本：HTTP 1.0和HTTP 1.1。

（4）CRLF：换行。

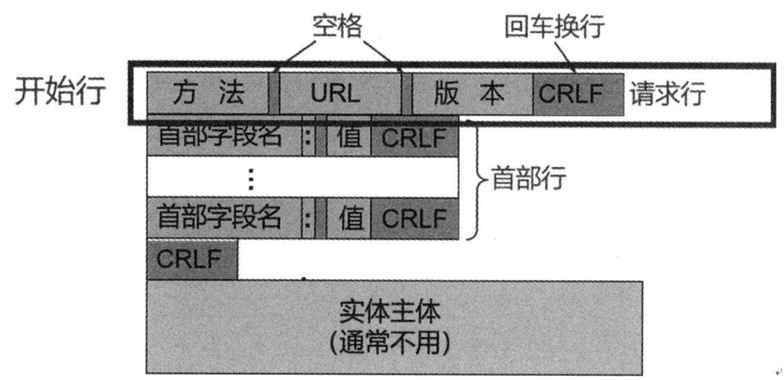

图6-38　请求报文格式

表6-7　方法含义

方法	含义
OPTION	请求一些选项的信息
GET	请求读取由URL所标志的信息
HEAD	请求读取由URL所标志的信息的首部
POST	给服务器添加信息（例如，注释）
PUT	在指明的URL下存储一个文档
DELETE	删除指明的URL所标志的资源
TRACE	用来进行环回测试的请求报文
CONNECT	用于代理服务器

响应报文同样由三个部分组成，即开始行、首部行和实体主体，如图6-39所示，开始行也是状态行，各字段的含义如下：

（1）版本：HTTP的版本，分为HTTP 1.0和HTTP 1.1。

（2）状态码：各状态码的含义如表6-8所示，常见的状态码及含义如表6-9。

（3）短语：统一资源定位符，所请求资源的网址。

（4）CRLF：换行。

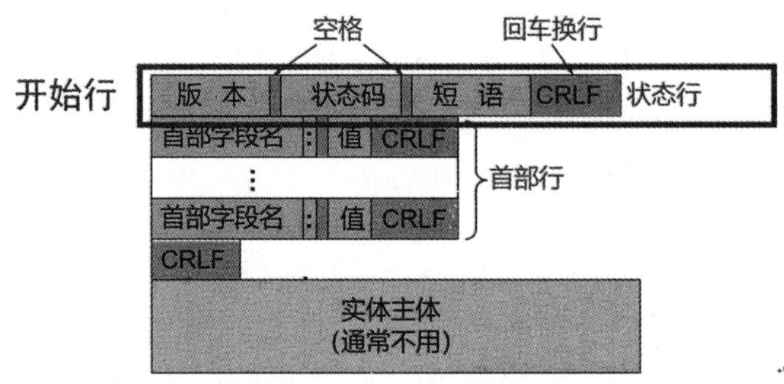

图6-39 响应报文格式

表6-8 状态码的含义

状态码	含义
1xx	表示通知信息的，如请求收到了或正在进行处理
2xx	表示成功，如接受或知道了
3xx	表示重定向，表示要完成请求还必须采取进一步的行动
4xx	表示客户的差错，如请求中有错误的语法或不能完成
5xx	表示服务器的差错，如服务器失效无法完成请求

说明：代表数字。

表6-9 常见状态码含义

状态码	含义
200	（成功）服务器已成功处理了请求。通常，这表示服务器提供了请求的网页
303	（查看其他位置）请求者应当对不同的位置使用单独的GET 请求来检索响应时，服务器返回此代码
404	（未找到）服务器找不到请求的网页
500	（服务器内部错误）服务器遇到错误，无法完成请求

6.3.2　实验目的

1．掌握HTTP协议的工作原理。

2．理解HTTP报文的格式。

6.3.3　实验拓扑

本实验拓扑如图6-40所示，由1台计算机与1台服务器组成，服务器提供WEB服务，其中计算机和服务器的IP地址配置如表6-10所示。

图6-40　实验拓扑

表6-10　计算机和服务器IP地址配置

名称	IP地址	子网掩码
PC	192.168.1.1	255.255.255.0
Server	192.168.1.250	255.255.255.0

6.3.4　实验内容

任务一：搭建如图6-40所示的实验拓扑。

任务二：观察记录HTTP报文的格式。

实验素材：HTTP 协议

6.3.5　实验步骤与结果

步骤1：搭建实验拓扑。

搭建实验拓扑，并配置计算机和服务器。

在设备选择区选择计算机与服务器，并使用交叉线进行连接，单击“PC”图标，在弹出的配置窗口中单击选择Desktop面板，单击“IP Configuration”图标，在弹出的IP配置窗口中填写IP地址和子网掩码，如图6-41所示，用同样的方法配置服务器的IP地址与子网掩码，如图6-42所示。

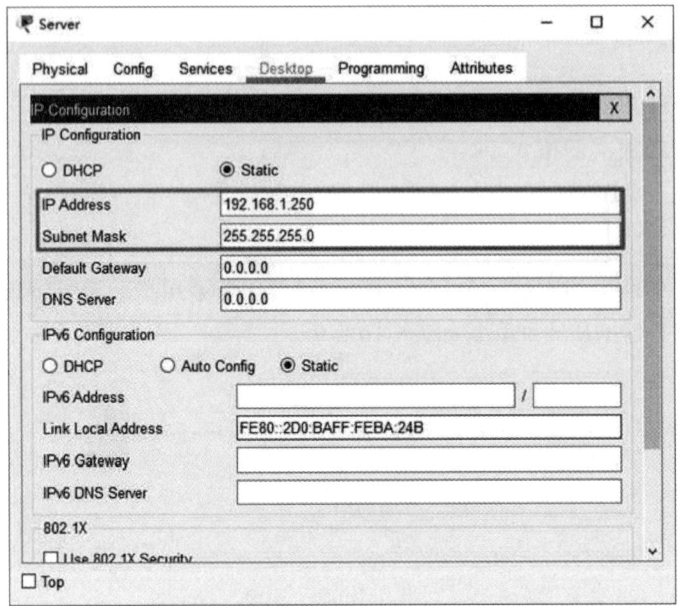

图6-41　IP 地址配置

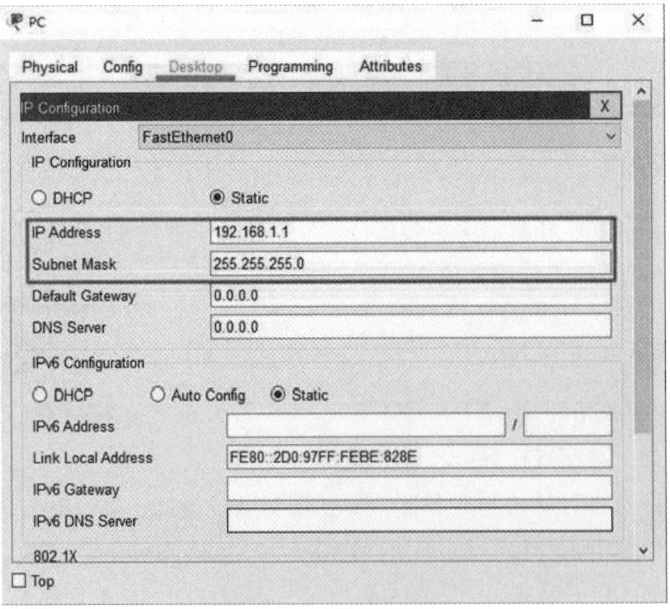

图6-42　IP 地址配置

步骤2：在仿真模式下，从PC上浏览服务器网页。

单击“Simulation”将Packet Tracer切换到仿真模式，单击Event List Filters中的

“Edit Filters”，在弹出的窗口中选择TCP协议，然后单击“PC”图标，在弹出的窗口中选择Desktop面板，单击打开“Web Browser”，在弹出的浏览器窗口的地址栏中输入192.168.1.250，如图6-43所示，单击“Go”图标，最后在Play Controls中单击播放，观察工作区中数据包的传输过程，同时在Event List事件列表中将产生一系列事件，如图6-44所示，仿真完成后，浏览器窗口将显示网页内容，如图6-45所示。

图6-43　浏览器

Event List

Vis.	Time(sec)	Last Device	At Device	Type
Visible	126.329	--	PC	HTTP
	126.330	--	PC	HTTP
请求报文	126.331	PC	Server	HTTP
响应报文	126.332	Server	PC	HTTP

图6-44　Event List 事件列表

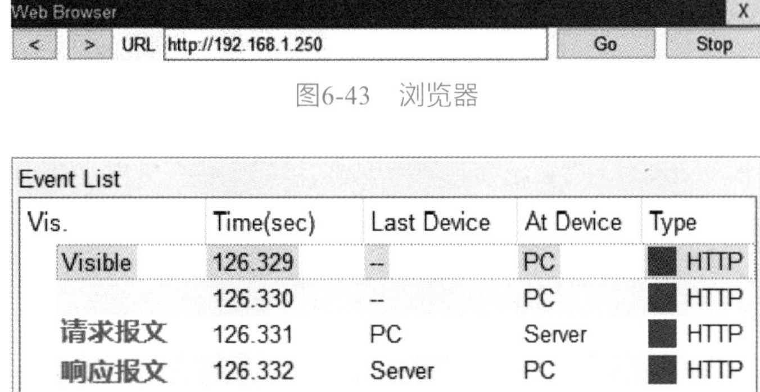

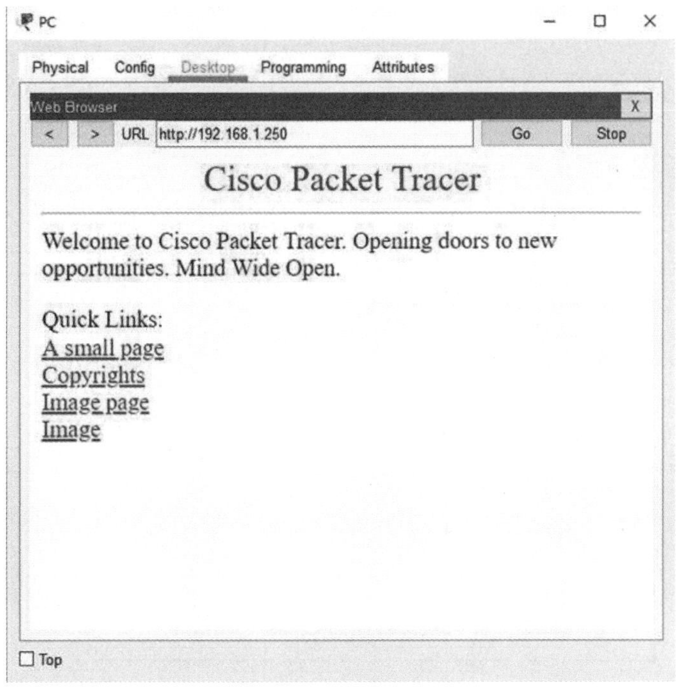

图6 45　浏览器

步骤3：在Event List事件列表中，观察记录HTTP的请求报文和响应报文。

单击如图6-44所示的Event List事件列表中的请求报文，打开如图6-46所示的PDU详细信息窗口，左侧为入站信息，单击“Inbound PDU Details”，弹出如图6-47所示的请求报文详细信息，具体代码如下：

HTTP Data:Accept-Language: en-us

Accept: */*

Connection: close

Host: 192.168.1.250

右侧为入站信息，单击“Outbound PDU Details”，弹出如图6 48所示的响应报文详细信息，具体代码如下：

HTTP Data:Connection: close

Content-Length: 369

Content-Type: text/html

Server: PT-Server/5.2

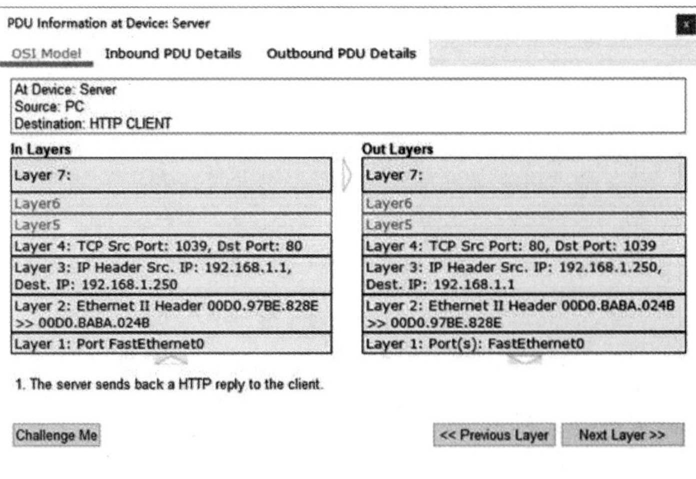

图6-46　PDU 详细信息

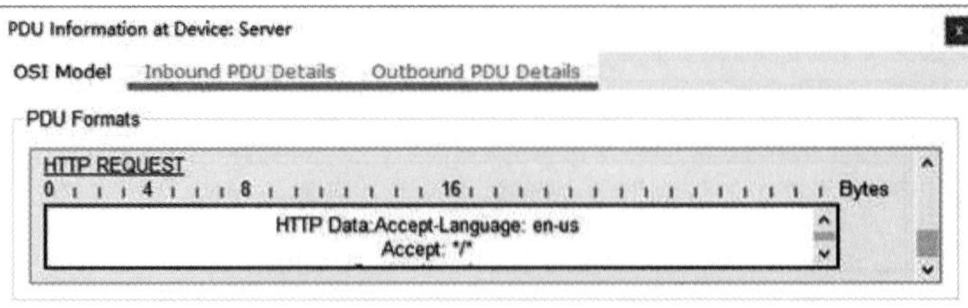

图6-47　Inbound PDU Details

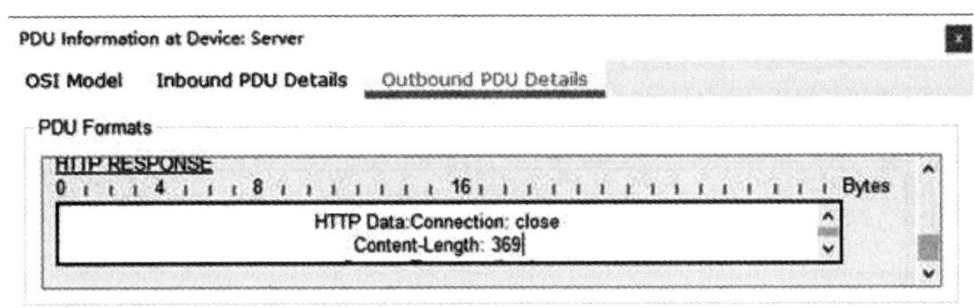

图6-48　Outbound PDU Details

6.3.6　思考题

如何加强HTTP协议的安全性？

6.4　实验四：电子邮件协议

6.4.1　基础知识

电子邮件系统由用户代理、电子邮件服务器和电子邮件协议三个部分组成。用户代理是邮件客户端软件，用于撰写、编辑、收发电子邮件；电子邮件服务器用于接收、存储、转发和传输电子邮件，包括SMTP服务器、SMTP客户端、POP3服务器和IMAP服务器，电子邮件协议用于电子邮件的传输，包括发送电子邮件协议SMTP、接收电子邮件协议POP3和IMAP。电子邮件的传输过程如图6 49所示，其中发送方邮件服务器既是SMTP服务器，也是SMTP客户，而接收方电子邮件服务器既是SMTP服务器，也是POP3服务器或IMAP服务器。

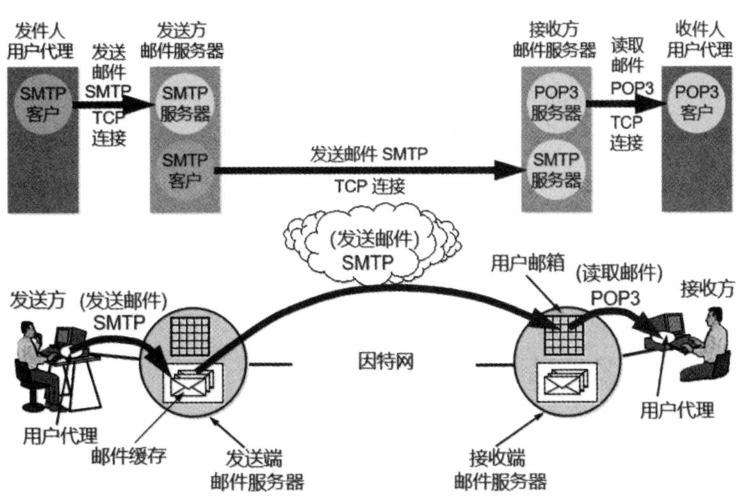

图6-49　电子邮件传输过程

简单邮件传输协议（Simple Mail Transfer Protocol，SMTP），用于由源地址到目的地址传送邮件的规则，同时也用来控制信件的中转方式。SMTP协议的邮件对象由两个部分组成：信封和内容。其中内容又有首部和主体两个部分，报文的格式要求如下：

（1）所有报文都是由ASCII码组成。

（2）报文由报文行组成，各行之间用回车（CR）、换行(LF)符分隔。

（3）报文的长度不能超过998个字符。

（4）报文行的长度应在78个字符之内（不包括回车换行符）。

（5）报文中可包括多个首部字段和首部内容。

（6）报文可包括一个主体，主体必须用一个空行与其首部分隔。

（7）除非需要使用回车与换行符，否则报文中不使用回车与换行符。

SMTP常用命令和应答状态码及其含义如表6-11和表6-12所示。

表6-11　SMTP 常用命令及其含义

常用命令	含义
HELO	发送方问候收件方，后面是发件人服务器地址或标识。收件方回答OK时标识自己的身份。问候和确认过程表示两台机器可以进行通信，同时状态参数被复位，缓冲区被清空
MAIL	开始传送邮件，后面跟发件方邮件地址。该命令会清空有关缓冲区，为新的邮件做准备
RCPT	后跟收件人邮箱地址，当有多个收件人时，需要多次使用该命令，每次只能指明一个人
DATA	该命令之后的数据作为发送的数据。最后以单独的一行“.”来结束整封邮件
REST	用来通知收件方复位，所有已存入缓冲区的收件人数据，发件人数据和待传送数据都必须清除
NOOP	该命令不影响任何参数，只是要求接收方回答OK，不会影响缓冲区的数据。
QUIT	SMTP要求接收方必须回答OK，然后中断传输

表6-12　SMTP 应答状态码及其含义

应答状态码	含义
220	服务就绪
250	请求邮件动作正常，完成（HELO、MAIL FROM，RCPT TO、QUIT指令执行成功会返回此信息）
235	认证通过

应答状态码	含义
221	正在处理
354	开始发送数据，以“.”结束（DATA指令执行成功会返回此信息）
500	语法错误，命令不能识别
550	命令不能执行，邮箱无效
552	中断处理：用户超出文件空间

邮局协议版本3（Post Office Protocol - Version 3， POP3），是TCP/IP协议族中的一员，由RFC1939 定义，用于支持使用客户端远程管理在服务器上的电子邮件，提供了SSL加密的POP3协议被称为POP3S。

POP 协议支持离线邮件处理。其具体过程是：邮件发送到服务器上，电子邮件客户端调用邮件客户机程序以连接服务器，并下载所有未阅读的电子邮件。这种离线访问模式是一种存储转发服务，将邮件从邮件服务器端送到个人终端机器上，一般是PC机或MAC。一旦邮件发送到 PC 机或MAC上，邮件服务器上的邮件将会被删除。但目前的POP3邮件服务器大都可以“只下载邮件，服务器端并不删除”，也就是改进的POP3协议。

邮件访问协议（Internet Mail Access Protocol，IMAP），早期也称作交互邮件访问协议，目前是第4个版本，各种邮件客户端可以通过IMAP协议从邮件服务器上获取邮件的信息、下载邮件等，由RFC2060定义。IMAP协议运行在TCP/IP协议之上，使用的端口是143。它与POP3协议的主要区别是用户可以不用把所有的邮件全部下载，可以通过客户端直接对服务器上的邮件进行操作。

6.4.2　实验目的

1. 理解电子邮件的工作原理。
2. 理解电子邮件协议的报文格式。

6.4.3　实验拓扑

实验拓扑结构如图6-50所示，由1台路由器、2台交换机、2台DNS服务器、2台电子邮件服务器和2台计算机组成。PC1、DNS1和MAIL-Server1属于同一个局域网，PC2、DNS2和MAIL-Server2属于同一个局域网，两个局域网通过路由器Router进行连接。

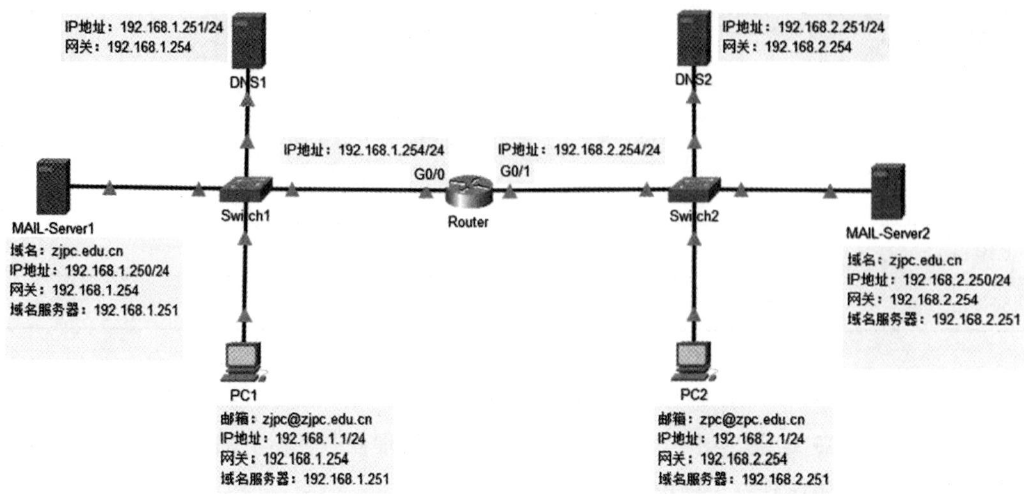

图6-50　实验拓扑

实验拓扑中需要设置两个域：zjpc.edu.cn和zpc.edu.cn，分别由域名服务器DNS1和DNS2负责进行域名解析，同时设置两个电子邮件服务器MAIL-Server1和MAIL-Server2，分别负责zjpc.edu.cn和zpc.edu.cn域内电子邮件的接收和发送工作。

计算机与服务器的IP地址配置如表6-13所示。

表6-13　计算机与服务器的IP地址配置

设备	IP地址	子网掩码	默认网关	域名服务器
PC1	192.168.1.1	255.255.255.0	192.168.1.254	192.168.1.251
PC2	192.168.2.1	255.255.255.0	192.168.2.254	192.168.2.251
DNS1	192.168.1.251	255.255.255.0	192.168.1.254	
DNS2	192.168.2.251	255.255.255.0	192.168.2.254	
MAIL-Server1	192.168.1.250	255.255.255.0	192.168.1.254	192.168.1.251
MAIL-Server2	192.168.2.250	255.255.255.0	192.168.2.254	192.168.2.251

域名服务器需要手动添加资源记录，DNS1的配置参数如表6-14所示，DNS2的配置参数如表6-15所示。

表6-14　DNS1 配置参数

No.	Name	Type	Detail
1	pop.zjpc.edu.cn	A Record	192.168.1.250
2	smtp.zjpc.edu.cn	A Record	192.168.1.250
3	zjpc.edu.cn	A Record	192.168.1.250
4	zpc.edu.cn	A Record	192.168.2.250

表6-15　DNS2配置参数

No.	Name	Type	Detail
1	pop.zpc.edu.cn	A Record	192.168.2.250
2	smtp.zpc.edu.cn	A Record	192.168.2.250
3	zjpc.edu.cn	A Record	192.168.1.250
4	zpc.edu.cn	A Record	192.168.2.250

MAIL-Server1和MAIL-Server2电子邮件服务器的配置如表6-16所示。

表6-16　电子邮件服务器的配置参数

设备名称	域名	用户名	密码
MAIL-Server1	zjpc.edu.cn	zjpc	zjpc
MAIL-Server2	zpc.edu.cn	zpc	zpc

PC1和PC2的电子邮件配置参数如表6-17所示。

表6-17　计算机的电子邮件的配置参数

<table>
<tr><th>项目</th><th>计算机PC1</th><th colspan="2">计算机PC2</th></tr>
<tr><td rowspan="2">用户信息</td><td>用户名</td><td>zjpc</td><td>zpc</td></tr>
<tr><td>电子邮箱</td><td>zjpc@zjpc.edu.cn</td><td>zpc@zpc.edu.cn</td></tr>
<tr><td>服务器信息</td><td>发件服务器</td><td>smtp.zjpc.edu.cn</td><td>smtp.zpc.du.cn</td></tr>
</table>

项目	计算机PC1	计算机PC2	
服务器信息	收件服务器	pop.zjpc.edu.cn	pop.zpc.edu.cn
登入信息	用户名	zjpc	zpc
	密码	zjpc	zpc

6.4.4 实验内容

实验视频：电子邮件协议

任务一：搭建如图6-50所示的实验拓扑。

任务二：配置计算机。

任务三：配置域名服务器。

任务四：配置电子邮件服务器。

任务五：观察记录电子邮件报文的传输过程。

6.4.5 实验步骤与结果

步骤1：搭建实验拓扑。

在Packet Tracer的设备选择区域中，选择实验拓扑中的计算机、服务器、交换机和路由器，并通过线缆连接。

步骤2：配置计算机。

首先根据表6-13的IP地址参数配置计算机PC1和PC2。

然后配置计算机的电子邮件账号。单击“PC1”图标，在弹出的配置窗口中单击选择Desktop面板，单击“Email”，打开“MAIL BROWSER”窗口，单击“Configure Mail”，打开电子邮件账号配置窗口，按照表6-17的参数配置，结果如图6 51所示。

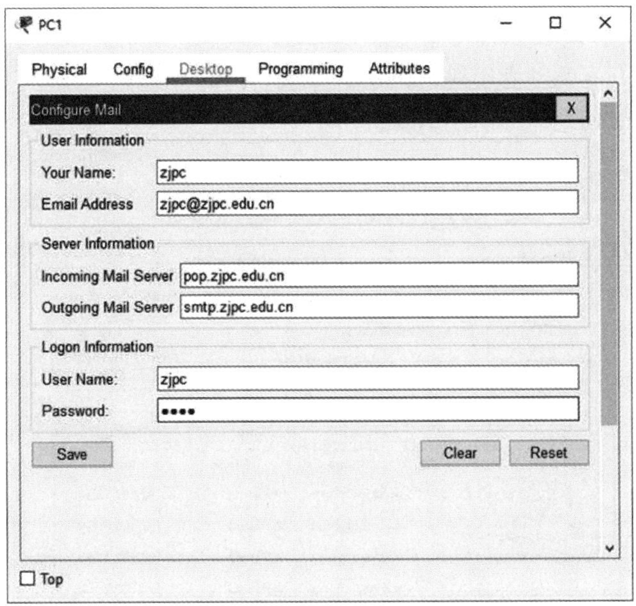

图6-51　配置电子邮件账号

用同样的方法完成PC2的配置，结果如图6-52所示。

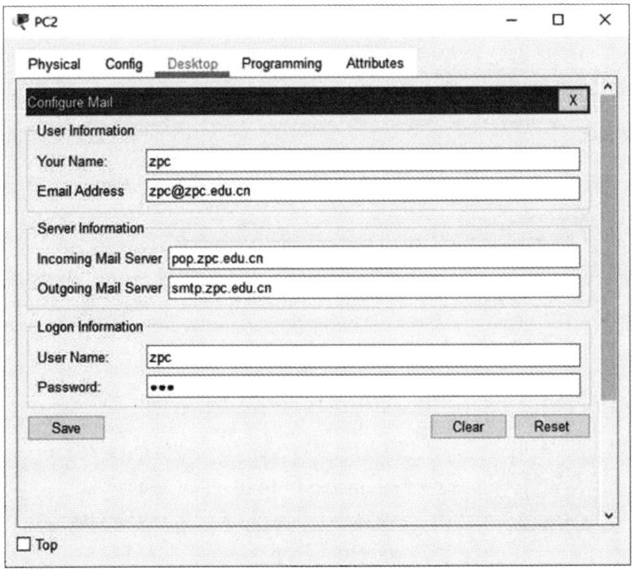

图6-52　配置电子邮件账号

步骤3：配置域名服务器。

首先根据表6-13的IP地址参数配置域名服务器DNS1和DNS2。

然后配置域名服务器的资源记录。单击“DNS1”图标，在弹出的配置窗口单击选择“Services”，在左侧列表中单击选择“DNS”，在DNS配置中启用DNS服务，根据表6-14的配置添加资源记录，结果如图6-53所示。

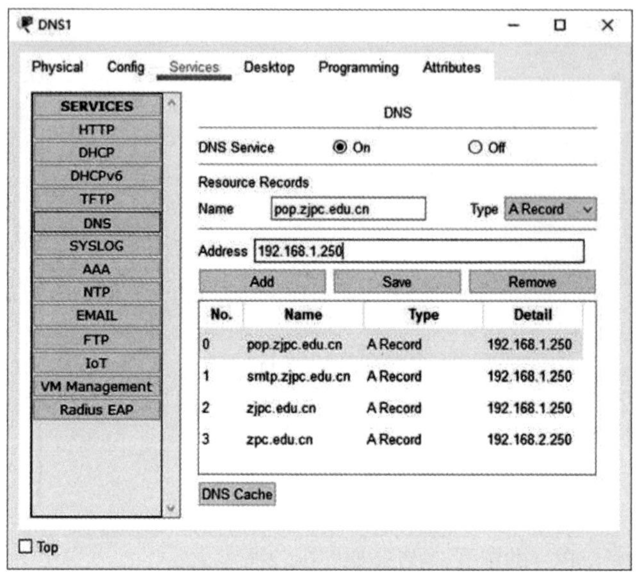

图6-53　域名服务器配置

用同样的方法，根据表6-15的参数配置DNS2，结果如图6-54所示。

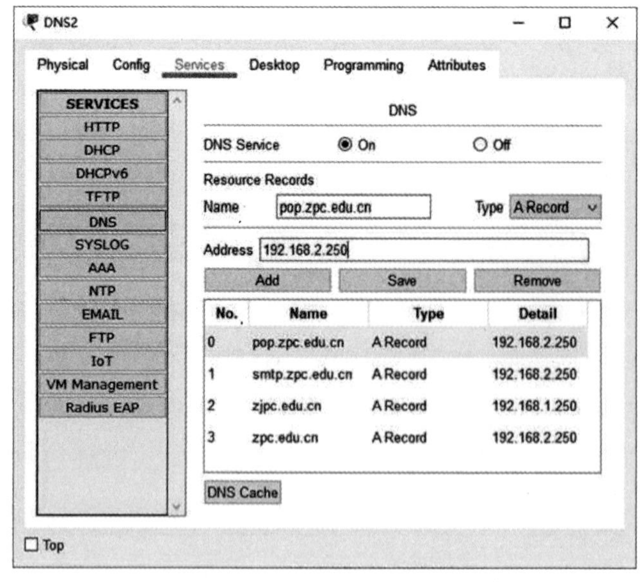

图6-54　域名服务器配置

步骤4：配置电子邮件服务器。

首先根据表6-13的IP地址参数配置电子邮件服务器MAIL-Server1和MAIL-Server2。

然后配置电子邮件服务器。单击“MAIL-Server1”图标，在弹出的配置窗口单击选择“Services”，在左侧列表中单击选择“EMAIL”，在EMAIL配置中启用SMTP和POP3服务，根据表6-16的参数配置域名、用户名和密码，结果如图6-55所示。

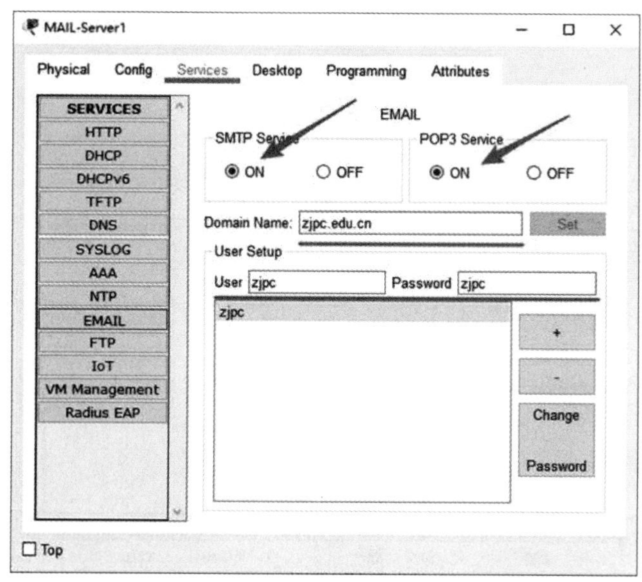

图6-55 MAIL-Server1 的电子邮件服务配置

用同样的方法，根据表6 16的参数进行配置MAIL-Server2，结果如图6-56所示。

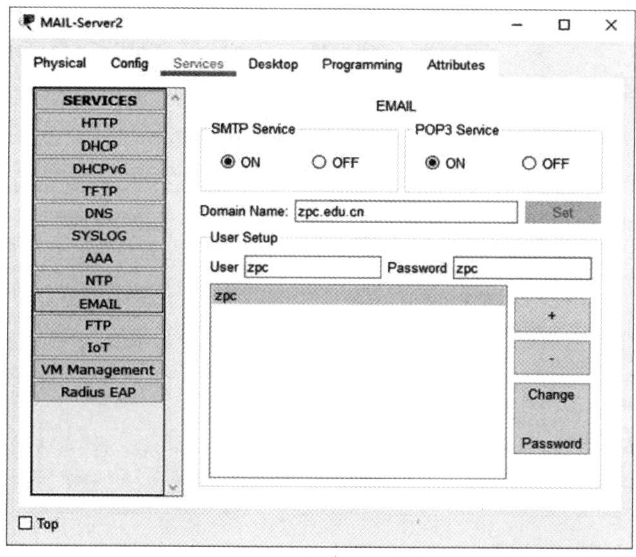

图6-56 MAIL-Server2 的电子邮件服务配置

步骤5：观察记录电子邮件报文的传输过程。

在PC1中MAIL BROWSER程序，编写如图6-57所示的1封电子邮件，收件人为zpc@zpc.edu.cn，在Cisco Packet Tracer中启动模拟仿真模式，发送电子邮件，DNS解析与电子邮件的传输过程如图6-58所示，每个事件代表数据包的1次传输，其中解析smtp.zjpc.edu.cn和zpc.edu.cn的请求和响应数据包如图6-59和图6-60所示，MAIL-Server1电子邮件服务器产生的PDU详细数据如图6-61所示，说明通过DNS协议和SMTP协议实现了域名解析和电子邮件的发送。

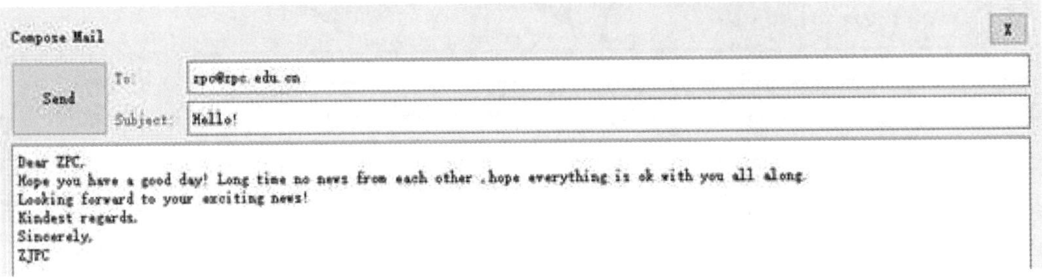

Compose Mail

Send

To: zpc@zpc.edu.cn

Subject: Hello!

Dear ZPC,
Hope you have a good day! Long time no news from each other ,hope everything is ok with you all along.
Looking forward to your exciting news!
Kindest regards,
Sincerely,
ZJPC

图6-57　PC1 发送电子邮件

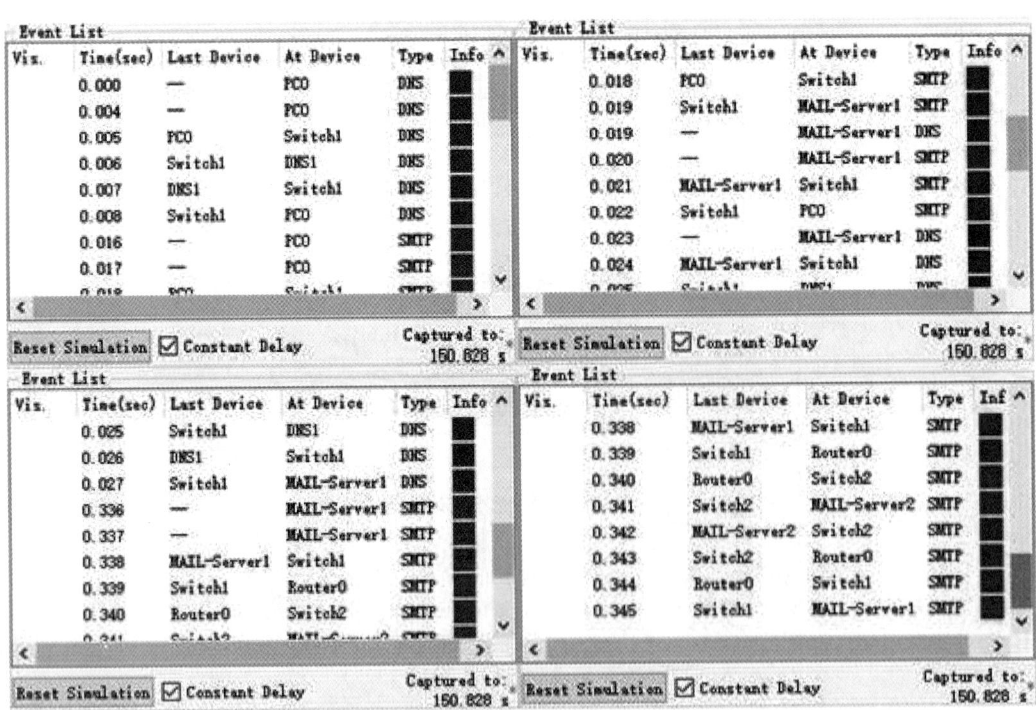

图6-58　DNS 解析与发送电子邮件事件列表

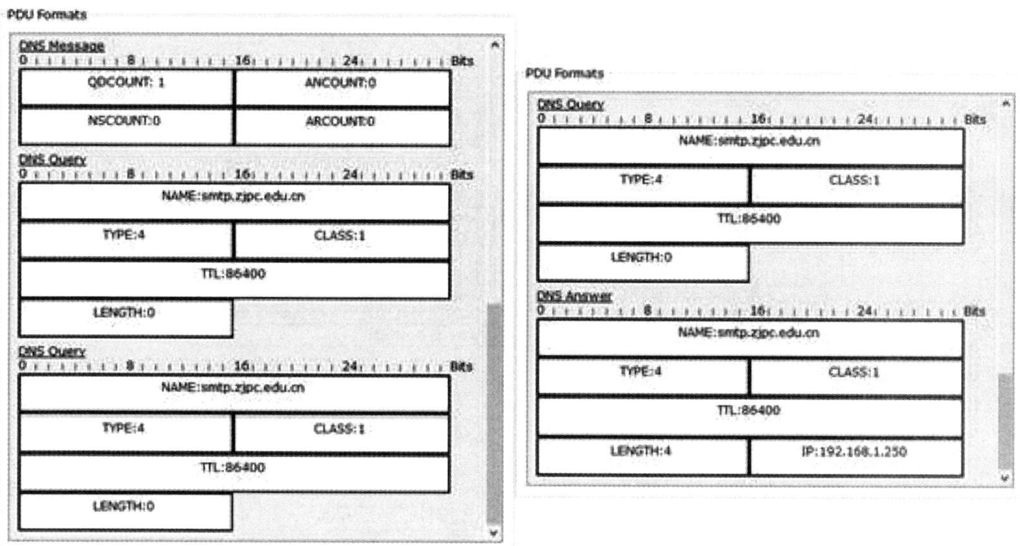

图6-59　解析 smtp.zjpc.edu.cn 的请求和响应数据包

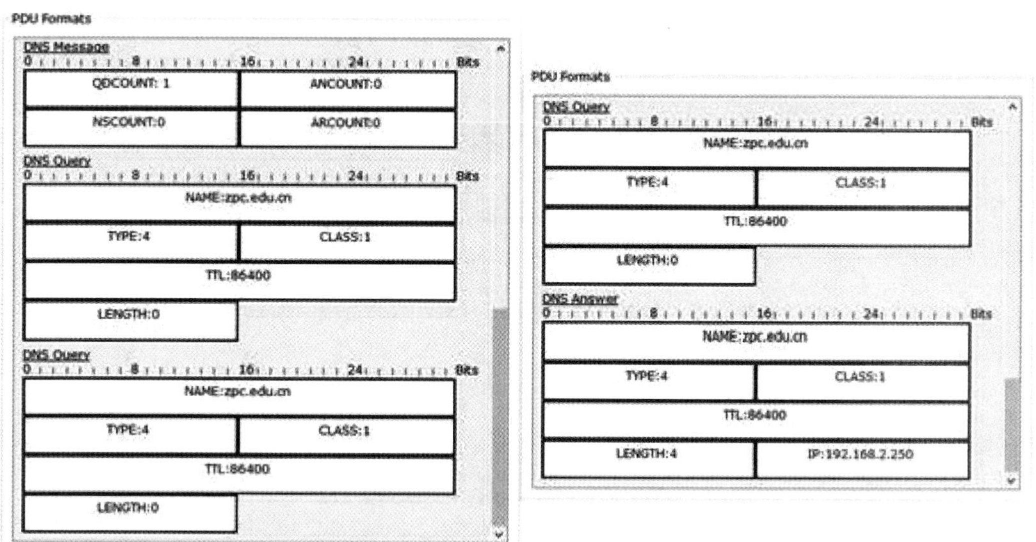

图6-60　解析 zpc.edu.cn 的请求和响应数据包

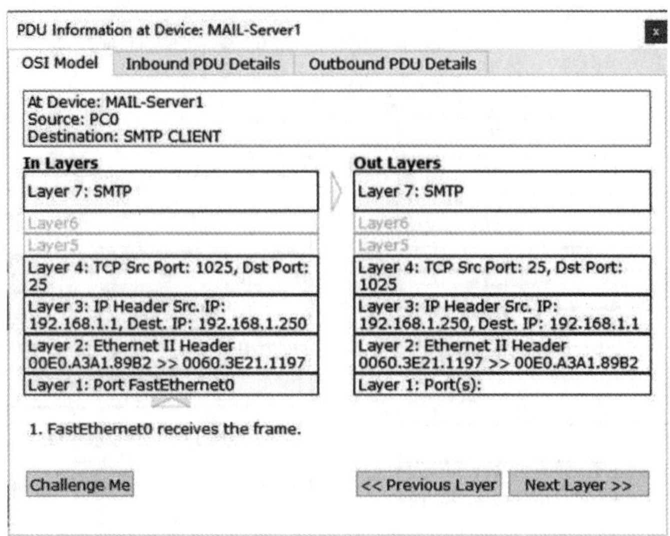

图6-61　MAIL-Server1 的PDU详细信息

在PC2中运打开MAIL BROWSER程序，如图6-62所示，同样启动Cisco Packet Tracer模拟仿真模式，接收电子邮件，DNS解析与接收电子邮件的过程如图6-63所示，每个事件代表数据包的1次传输，其中解析pop.zpc.edu.cn的请求和响应数据包如图6-64所示，MAIL-Server2电子邮件服务器产生的PDU详细数据如图6-65所示，说明通过DNS协议和POP3协议实现了域名解析和电子邮件的接收。

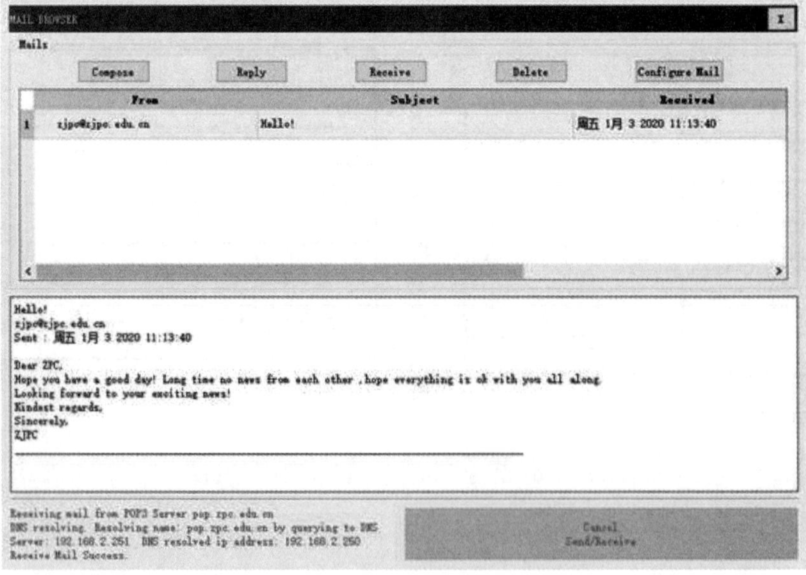

图6-62　PC2 接收电子邮件

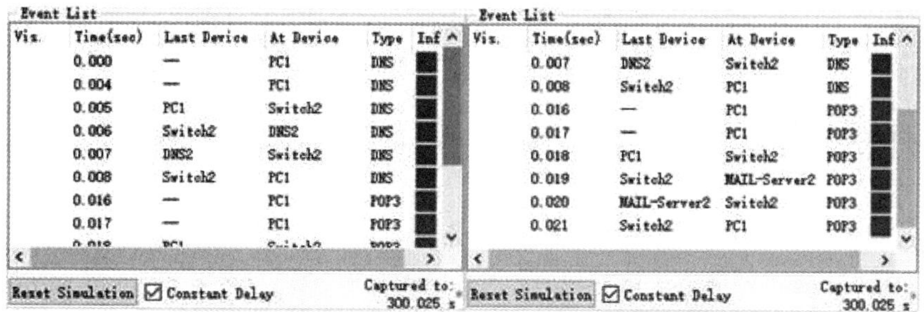

图6-63　DNS 解析和接收电子邮件事件列表

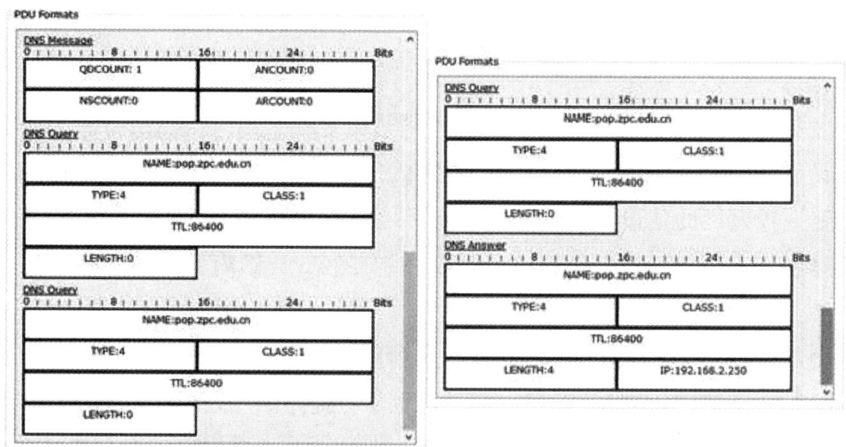

图6 64　解析 pop.zpc.edu.cn 的请求和响应数据包

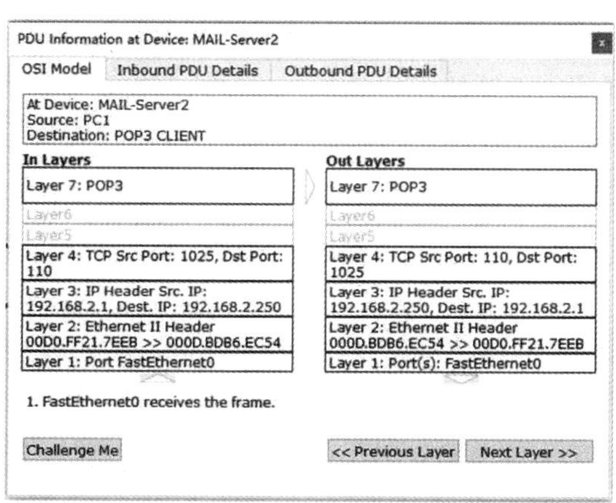

图6-65　MAIL-Server2 的 PDU 详细信息

6.4.6　思考题

简述POP3协议与IMAP4协议的异同。

第7章 综合实验

7.1 实验一：校园网络规划与实现

7.1.1 基础知识

高速发展的信息技术快速推动局域网的建设和发展，目前，我国高等学校和中小学几乎都建设了校园网，改善了办学条件，提高了教学、科研和管理水平，从而有效地提高办学质量。校园网的建设对于学校来说是一项较大的网络工程，必须精心设计、精心施工，组建经济上适合、技术上先进、开放性能良好、与国内外网络互联、稳定性较好的校园网络。

校园网建设的主要目标是为了方便教学、管理和通信。在教学上，学生可以方便地浏览和查询网上教育资源实现远程学习，通过网上学习提高信息处理能力，而教师可以方便地浏览和查询网上资源，进行教学和科研工作；在管理上，学校的教管人员可方便地对教务、行政事务、学生学籍、财务、资产等进行综合管理，同时可以实现各级管理层之间的信息数据交换，实现网上信息采集和处理的自动化，实现信息和设备资源的共享。

校园网的总体设计原则是开放性，采用开放性的网络体系，以方便网络的升级、扩展和互联。

校园网也是一种局域网，如图7-1所示，某高校校园网络结构实现了教学楼、办公楼、图书馆等楼宇之间的网络互通，并通过网络中心管理实现了与外网的联通。为了方便师生进行网络访问，实现资源共享，网络管理人员需合理有效地规划设计校园网络，其中涉及到相关计算机网络的基础知识主要有如下几点：

1. 网络规划

中小规模的校园信息平台最常见的网络是星形拓扑结构，根据办公楼、教学楼、实验楼、图书馆、体育馆、食堂等的分布情况，将所有的工作站及服务器接入一台或若干台交换机，形成一个星形网络，具有维护简单、管理方便、排错容易等特点。

为了避免局域网内大量信息在通信时，因无用的数据包过多而导致拥塞的问题，可以适当把校园网划分为不同的虚拟局域网（Virtual Local Area Network，VLAN），

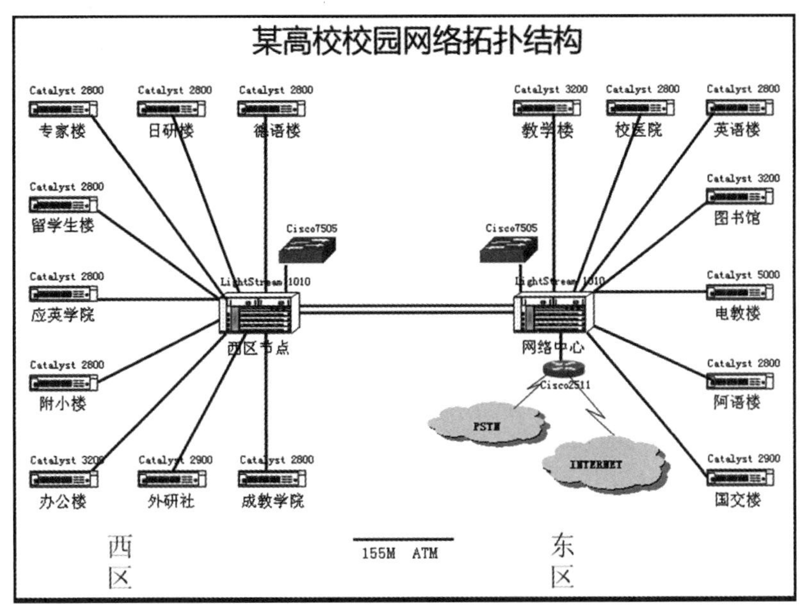

图7-1　某高校校园网络拓扑结构图

这样也可以在一定程度上提高网络的稳定性及安全性。因为校园信息平台与互联网直接相连，为了避免校内系统被来自互联网的恶意入侵者破坏，确保信息系统的安全，有必要在互联网入口处设置防火墙、入侵检测系统等设备，也采用虚拟私有网络（Virutal Private Network，VPN）技术，供校外人员通过安全的通道访问校内资源。

2．VLAN划分

根据校园网的实际需求，同一部门的工作人员可能较为分散，但需要在一个逻辑子网内。网络站点的增减，人员的变动，无论从网络管理的角度，还是用户的角度来讲，都需要虚拟网技术的支持，因此在网络主干中要支持三层交换和VLAN划分，从而提高网络的安全性和灵活性。

3．子网划分

根据分类编址，计算机网络分为A、B、C、D和E五类地址，其中A类网络有126个，每个A类网络可能有1 600多万台主机，实际不存在这样的单一巨大型网络，会导致1 600多万个地址大部分没有分配出去，同时因它们处于同一广播域，极易形成广播风暴从而使网络瘫痪。因此可以把A类和B类的网络进一步分成更小的网络，每个子网由路由器界定并分配一个新的子网网络地址，子网地址是借用基于每类的网络地址的主机部分创建的。划分子网后，通过使用掩码，把子网隐藏起来，使得从外部看网络没有变化，这就是子网掩码。因此在配置校园网络时，需要根据所在区域的设备终端数量，来确定子网的划分。

4. IP地址转换（NAT）

网络地址转换（Network Address Translation，NAT）是1994年提出的。当在专用网内部的一些主机本来已经分配到了本地IP地址（即仅在本专用网内使用的专用地址），但现在又想和因特网上的主机通信（并不需要加密）时，可使用NAT方法。

这种方法需要在专用网（私有IP）连接到因特网（公有IP）的路由器上安装NAT软件。装有NAT软件的路由器叫做NAT路由器，它至少有一个有效的外部全球IP地址（公有IP地址）。这样，所有使用本地地址（私有IP地址）的主机在和外界通信时，都要在NAT路由器上将其本地私有地址转换成全球公有IP地址，才能和因特网连接。另外，这种通过使用少量的全球IP地址（公有IP地址）代表较多的私有IP地址的方式，有助于减缓可用的IP地址空间的枯竭。

NAT的实现方式有三种，即静态转换Static Nat、动态转换Dynamic Nat和端口多路复用OverLoad。静态转换是指将内部网络的私有IP地址转换为公有IP地址，IP地址对是一对一的，是一成不变的，某个私有IP地址只能转换为某个公有IP地址。借助于静态转换，可以实现外部网络对内部网络中某些特定设备（如服务器）的访问。动态转换是指将内部网络的私有IP地址转换为公用IP地址时，IP地址是不确定的，是随机的，所有被授权访问上Internet的私有IP地址可随机转换为任何指定的合法IP地址。也就是说，只要指定哪些内部地址可以进行转换，以及用哪些合法地址作为外部地址时，就可以进行动态转换。动态转换可以使用多个合法外部地址集。当ISP提供的合法IP地址略少于网络内部的计算机数量时，可以采用动态转换的方式。端口多路复用（Port address Translation，PAT）是指改变外出数据包的源端口并进行端口转换，采用端口多路复用方式，内部网络的所有主机均可共享一个合法外部IP地址实现对Internet的访问，从而可以最大限度地节约IP地址资源，同时又可隐藏网络内部的所有主机，有效避免来自Internet的攻击，因此目前网络中应用最多的就是端口多路复用方式。

4. 网络设备选型

在网络设计时应选用扩充能力和升级能力比较强的网络设备，如华为、华三、中兴、锐捷和Cisco等公司的网络设备，所选用的交换机应支持设备管理、VLAN划分等功能。

7.1.2 实验目的

（1）提高网络拓扑结构设计能力。

（2）掌握IP地址规划和设计方法。

（3）加深网络协议的理解。

7.1.3　实验拓扑

实验拓扑结构如图7-2所示，由3台路由器、6台三层交换机、9台三层交换机、1台WWW服务器、1台DHCP服务器、1台DNS服务器、1台FTP服务器、1台E-mail服务器、2台电子邮件服务器和12台计算机组成。

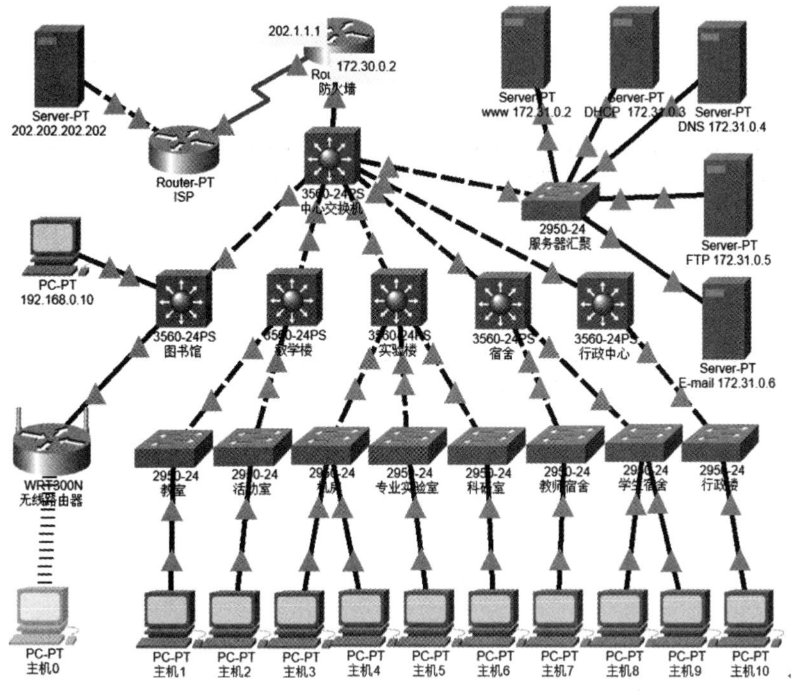

图7-2　实验拓扑

校园网组件设备选型表如表7-1所示，实验拓扑中各服务器及路由器IP地址配置如表7-2和表7-3所示。

表7-1　校园网组件设备选型表

设备	型号	数量	备注
内网服务器	Server-PT	5	分别为WWW、DHCP、DNS、FTP、E-mail服务器
外部服务器	Server-PT	1	用于调试内网主机访问外网服务器
三层交换机	3560-24PS	6	中心交换机1个，其他5个用于各楼宇之间
二层交换机	2950-24	9	服务器汇聚1个，其他8个用楼宇楼层之间

设备	型号	数量	备注
ISP路由器	Router-PT	1	用于校园网数据出口
防火墙路由器	Router-PT	1	加强对内外网来访问权限，提供防火墙功能
无线路由器	WRT300N	1	在图书馆设置无线路由器，提高无线上网服务
PC终端	PC-PT	12	模拟各楼层之间终端设备

表7-2　服务器的IP地址配置

设备	IP地址	子网掩码	默认网关
WWW服务器	172.31.0.2	255.255.0.0	172.31.0.2
DHCP服务器	172.31.0.3	255.255.0.0	192.168.2.254
DNS服务器	172.31.0.4	255.255.0.0	192.168.1.254
FTP服务器	172.31.0.5	255.255.0.0	192.168.2.254
E-mail服务器	172.31.0.6	255.255.0.0	192.168.1.254
外网服务器	202.202.202.202	255.255.255.0	202.202.202.1

表7-3　路由器的IP地址配置

设备	FAST端口	子网掩码	Serial端口	子网掩码
ISP路由器	202.202.202.1	255.255.255.0	202.1.1.2	255.255.255.0
防火墙路由器	172.30.0.2	255.255.0.0	202.1.1.1	255.255.255.0
无线路由器	172.18.0.2	255.255.0.0		

根据学校的部门数量以及主机可能数量，合理将学校分为以下几个VLAN，如表7-4所示。

表7-4　IP地址规划及VLAN的划分

VLAN号	VLAN名称	IP网段	默认网关	说明	交换机对应端口
VLAN2	Servers	172.31.0.0 /16	172.31.0.1	服务器群VLAN	FA 0/2

VLAN号	VLAN名称	IP网段	默认网关	说明	交换机对应端口
VLAN3	Admin	172.16.0.0/16	172.16.0.1	行政中心VLAN	FA 0/3
VLAN4	Dorm	172.17.0.0/16	172.17.0.1	宿舍VLAN	FA 0/4
VLAN5	Labs	172.18.0.0/16	172.18.0.1	实验楼VLAN	FA 0/5
VLAN6	Teaching	172.19.0.0/16	172.19.0.1	教学楼VLAN	FA 0/6
VLAN7	Library	172.20.0.0/16	172.20.0.1	图书馆VLAN	FA 0/7

7.1.4　实验内容

任务一：IP地址规划。

任务二：设备选择与拓扑搭建。

任务三：配置设备。

7.1.5　实验步骤与结果

任务一：IP地址规划。

根据学校的部门数量以及主机可能数量，合理将校园网分为多个VLAN，如表7-4所示。

任务二：设备选择与拓扑搭建

根据前期的网络规划中，选择合适的设备构建网络。在Packet Tracer的设备选择区域中，选择实验拓扑中的计算机、服务器、交换机和路由器，并通过线缆连接。

任务三：配置设备

1. 交换机的配置

核心交换机为Cisco 3560-24PS，将其配置为vtp Server，vtp domain为zjpc。将图书馆、教学楼和实验楼等交换机配置为vtp Client，vtp domain为senya。这里以“中心交换机”和 “服务器汇聚”交换机为例，讲解交换机的配置，其他交换机的配置可以参考“服务器汇聚”交换机。

步骤1：中心交换机配置VTP。

单击中心交换机图标，在弹出的配置窗口中单击“CLI”，打开命令行窗口，输入以下代码（后面涉及到交换机类似，之后不再说明）：

```
Switch>enable
Switch#vlan database
```

Switch(vlan)#vtp domain zjpc　//配置VTP域名为zjpc

Switch(vlan)#exit

Switch#configure terminal

Switch(config)#interface fastEthernet 0/1　//此端口是连接防火墙路由器

Switch(config-if)#switchport trunk encapsulation dot1q　//声明此端口中继连路封装协议是802.1q

Switch(config-if)#switchport mode trunk　//将端口设置为Trunk模式

Switch(config)#interface fastEthernet 0/2

Switch(config-if)#switchport trunk encapsulation dot1q

Switch(config-if)#switchport mode trunk

Switch(config)#interface fastEthernet 0/3

Switch(config-if)#switchport trunk encapsulation dot1q

Switch(config-if)#switchport mode trunk

Switch(config)#interface fastEthernet 0/4

Switch(config-if)#switchport trunk encapsulation dot1q

Switch(config-if)#switchport mode trunk

Switch(config)#interface fastEthernet 0/5

Switch(config-if)#switchport trunk encapsulation dot1q

Switch(config-if)#switchport mode trunk

Switch(config)#interface fastEthernet 0/6

Switch(config-if)#switchport trunk encapsulation dot1q

Switch(config-if)#switchport mode trunk

Switch(config)#interface fastEthernet 0/7

Switch(config-if)#switchport trunk encapsulation dot1q

Switch(config-if)#switchport mode trunk

注意：端口的配置必须要处于开启状态，可通过图形界面手动设置，也可以输入命令行：no shutdown。

此步骤亦可通过图形界面收到操作，以设置interface fastEthernet 0/1端口为例。如图7-3所示。

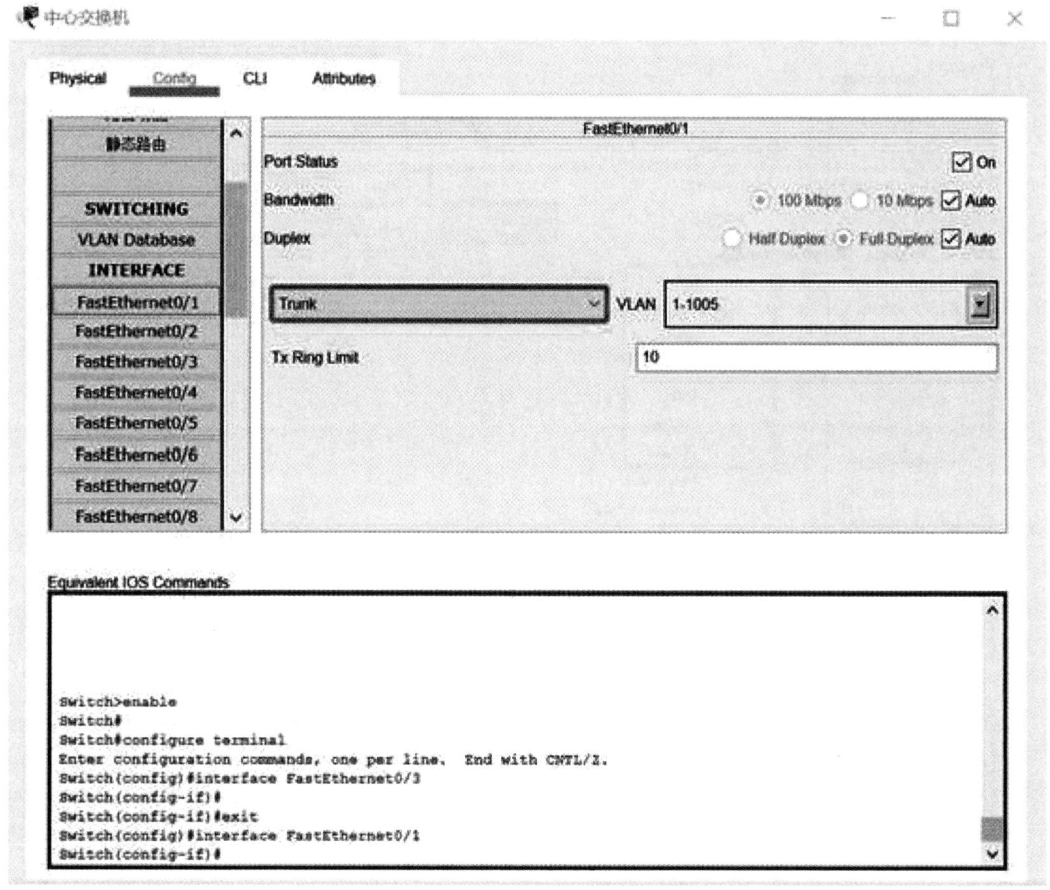

图7-3　中心交换机 interface fastEthernet 端口IP地址配置图

步骤2：配置“路由器汇聚”交换机Trunk链路，允许VLAN标记的以太网帧通过该链路。

Switch>enable

Switch#configure terminal

Switch(config)#vtp domain zjpc

Switch(config)#vtp mode client

Switch(config)#interface fastEthernet 0/1

Switch(config-if)#switchport mode trunk

步骤3：“中心交换机”创建VLAN及端口划分。

一种方式：直接在图形化界面VLAN库中添加，如图7-4所示。

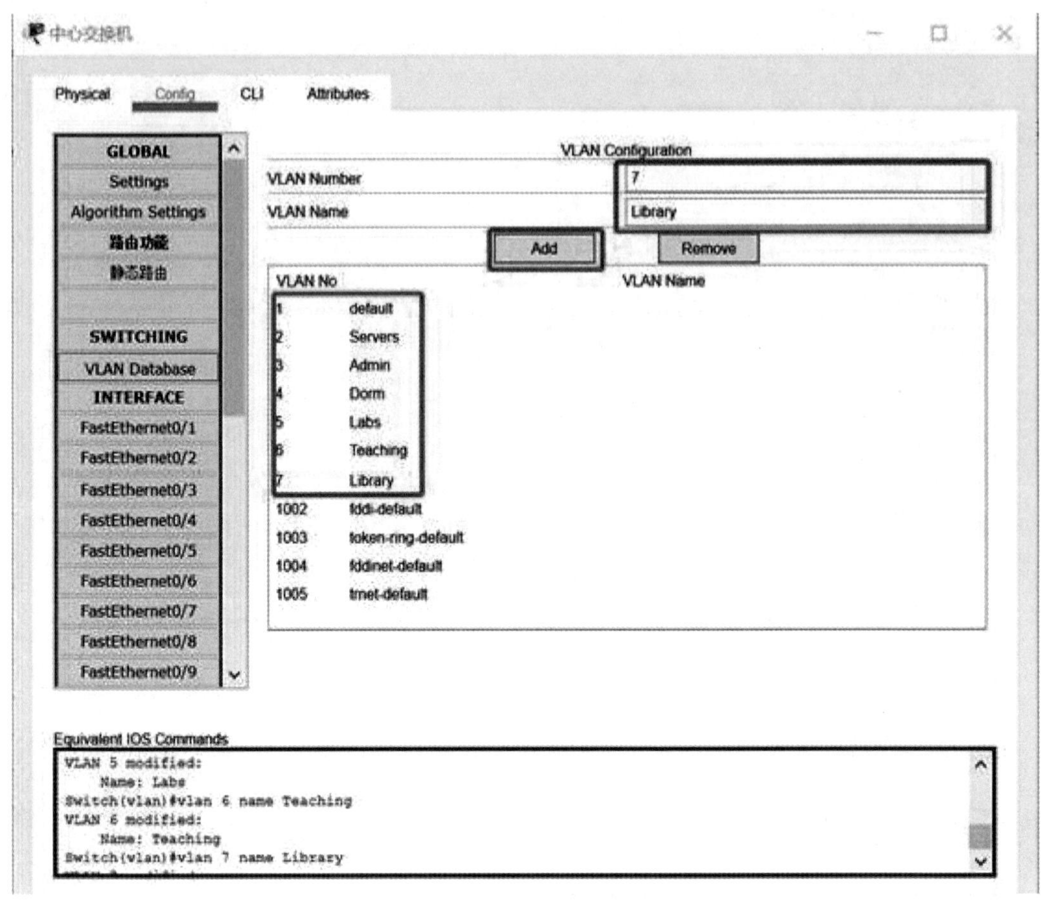

图7-4　图形化界面配置 VLAN 库

另外一种方式在采用命令行添加：

```
Switch>enable
Switch#vlan database
Switch(vlan)#vlan 2 name Servers
Switch(vlan)#vlan 3 name Admin
Switch(vlan)#vlan 4 name Dorm
Switch(vlan)#vlan 5 name Labs
Switch(vlan)#vlan 6 name Teaching
Switch(vlan)#vlan 7 name Library
Switch(vlan)#exit
Switch#show vlan   //显示VLAN的配置情况，如图7-5所示，说明配置成功。
```

```
VLAN Name                             Status    Ports
---- -------------------------------- --------- -------------------------------
1    default                          active    Fa0/4, Fa0/5, Fa0/6, Fa0/8
                                                Fa0/9, Fa0/10, Fa0/11, Fa0/12
                                                Fa0/13, Fa0/14, Fa0/15, Fa0/16
                                                Fa0/17, Fa0/18, Fa0/19, Fa0/20
                                                Fa0/21, Fa0/22, Fa0/23, Fa0/24
                                                Gig0/1, Gig0/2
2    Servers                          active
3    Admin                            active
4    Dorm                             active
5    Labs                             active
6    Teaching                         active
7    Library                          active
1002 fddi-default                     active
1003 token-ring-default               active
1004 fddinet-default                  active
1005 trnet-default                    active

VLAN Type  SAID       MTU   Parent RingNo BridgeNo Stp  BrdgMode Trans1 Trans2
---- ----- ---------- ----- ------ ------ -------- ---- -------- ------ ------
1    enet  100001     1500  -      -      -        -    -        0      0
2    enet  100002     1500  -      -      -        -    -        0      0
3    enet  100003     1500  -      -      -        -    -        0      0
4    enet  100004     1500  -      -      -        -    -        0      0
5    enet  100005     1500  -      -      -        -    -        0      0
6    enet  100006     1500  -      -      -        -    -        0      0
7    enet  100007     1500  -      -      -        -    -        0      0
1002 fddi  101002     1500  -      -      -        -    -        0      0
1003 tr    101003     1500  -      -      -        -    -        0      0
1004 fdnet 101004     1500  -      -      -        ieee -        0      0
1005 trnet 101005     1500  -      -      -        ibm  -        0      0

VLAN Type  SAID       MTU   Parent RingNo BridgeNo Stp  BrdgMode Trans1 Trans2
---- ----- ---------- ----- ------ ------ -------- ---- -------- ------ ------
```

图7-5　VLAN 的配置情况图

步骤4：在“服务器汇聚”交换机上查看VLAN，使用show VLAN命令，方法与步骤三类似，如果显示与图一样，说明配置成功。

步骤5：“服务器汇聚”交换机端口配置。

Switch(config)#interface fastEthernet 0/2　//www服务器端口加入VLAN2中。

Switch(config-if)#switchport mode access

Switch(config-if)#switchport access vlan 2

Switch(config-if)#interface fastEthernet 0/3　//DHCP服务器端口加入VLAN2中。

Switch(config-if)#switchport mode access

Switch(config-if)#switchport access vlan 2

Switch(config)#interface fastEthernet 0/4　//DNS服务器端口加入VLAN2中。

Switch(config-if)#switchport mode access

Switch(config-if)#switchport access vlan 2

Switch(config-if)#interface fastEthernet 0/5　//FTP服务器端口加入VLAN2中。

Switch(config-if)#switchport mode access

```
Switch(config-if)#switchport access vlan 2
Switch(config-if)#interface fastEthernet 0/6    //E-mail服务器端口加入vlan2中。
Switch(config-if)#switchport mode access
Switch(config-if)#switchport access vlan 2
```

步骤6：设置中心交换机，为VLAN配置IP地址。

```
Switch>enable
Switch#configure terminal
Switch(config)#interface vlan 1
Switch(config-if)#ip address 172.30.0.1 255.255.255.0
Switch(config-if)#no shutdown
Switch(config-if)#interface vlan 2
Switch(config-if)#ip address 172.31.0.1 255.255.255.0
Switch(config-if)# no shutdown
Switch(config-if)#interface vlan 3
Switch(config-if)#ip address 172.16.0.1 255.255.0.0
Switch(config-if)# no shutdown
Switch(config-if)#interface vlan 4
Switch(config-if)#ip address 172.17.0.1 255.255.0.0
Switch(config-if)# no shutdown
Switch(config-if)#interface vlan 5
Switch(config-if)#ip address 172.18.0.1 255.255.0.0
Switch(config-if)# no shutdown
Switch(config-if)#interface vlan 6
Switch(config-if)#ip address 172.19.0.1 255.255.0.0
Switch(config-if)# no shutdown
Switch(config-if)#interface vlan 7
Switch(config-if)#ip address 172.20.0.1 255.255.0.0
Switch(config-if)# no shutdown
Switch(config-if)#exit
```

步骤7：配置PC机，测试VLAN。

按照如图7-6所示给IP地址配置各个服务器，网关地址：172.31.0.1，子网掩码为255.255.0.0。

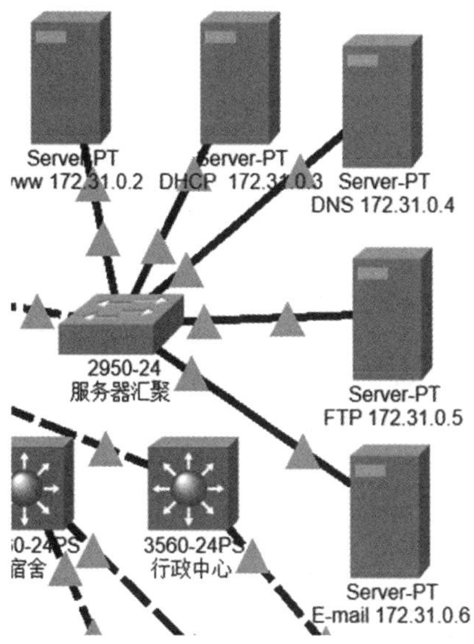

图7-6　各个服务器IP地址配置

在www服务器上ping网关和DHCP服务器，均能ping通，如图7-7所示。

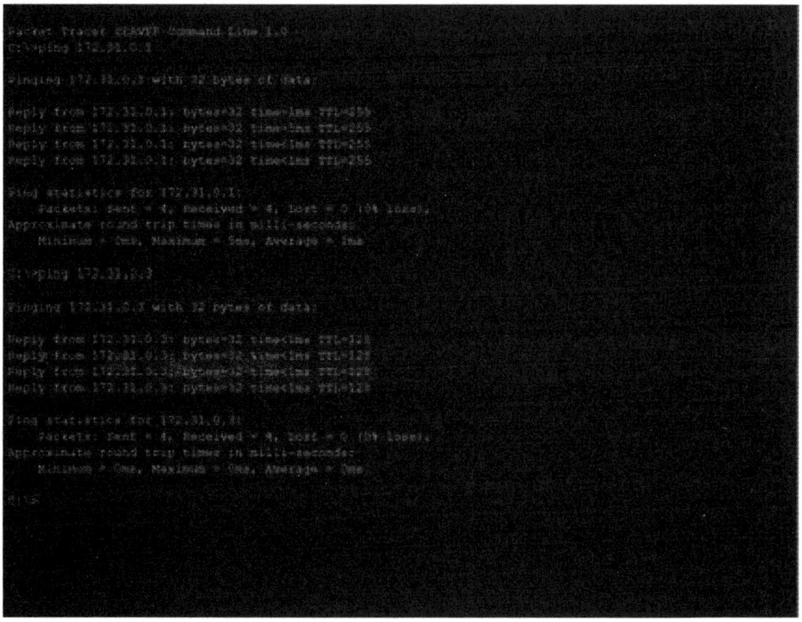

图7-7　测试 www 服务器连接 ping 网关和 DHCP 服务器

步骤8：配置“行政中心”交换机。

其他交换机均按照此方式配置好后，也可以用ping命令测试不同网段的连通性。

```
Switch>enable
Switch#configure terminal
Switch(config)#vtp domain zjpc
Switch(config)#vtp mode client
Switch(config)#interface fastEthernet 0/1
Switch(config-if)#switchport  trunk  encapsulation dot1q
Switch(config-if)#switchport mode trunk
Switch(config-if)#exit
Switch(config)#interface fastEthernet 0/2
Switch(config-if)#switchport mode access
Switch(config-if)#switchport access vlan 3
Switch(config-if)#exit
```

给连接“行政楼”交换机的PC机一个IP地址：172.16.0.2，网关地址：172.16.0.1，子网掩码：255.255.0.0。在这台交换机上ping www服务器，结果如图7-8所示。

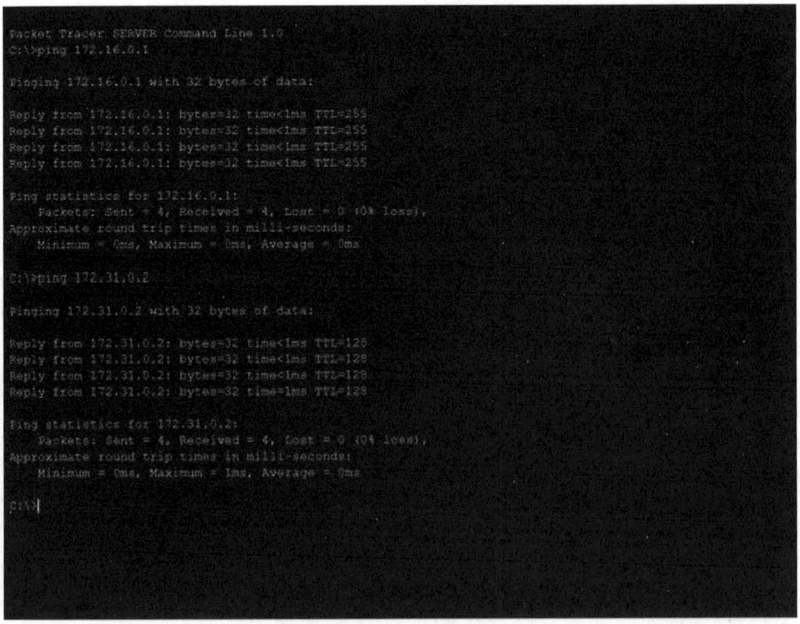

```
Packet Tracer SERVER Command Line 1.0
C:\>ping 172.16.0.1

Pinging 172.16.0.1 with 32 bytes of data:

Reply from 172.16.0.1: bytes=32 time<1ms TTL=255
Reply from 172.16.0.1: bytes=32 time<1ms TTL=255
Reply from 172.16.0.1: bytes=32 time<1ms TTL=255
Reply from 172.16.0.1: bytes=32 time<1ms TTL=255

Ping statistics for 172.16.0.1:
    Packets: Sent = 4, Received = 4, Lost = 0 (0% loss),
Approximate round trip times in milli-seconds:
    Minimum = 0ms, Maximum = 0ms, Average = 0ms

C:\>ping 172.31.0.2

Pinging 172.31.0.2 with 32 bytes of data:

Reply from 172.31.0.2: bytes=32 time<1ms TTL=128
Reply from 172.31.0.2: bytes=32 time<1ms TTL=128
Reply from 172.31.0.2: bytes=32 time<1ms TTL=128
Reply from 172.31.0.2: bytes=32 time=1ms TTL=128

Ping statistics for 172.31.0.2:
    Packets: Sent = 4, Received = 4, Lost = 0 (0% loss),
Approximate round trip times in milli-seconds:
    Minimum = 0ms, Maximum = 1ms, Average = 0ms

C:\>
```

图7-8　测试连接服务器

2. “防火墙”路由器配置

路由器在网络中实现内外网转换，即校园网内所有主机要访问必须要经过所有地址转换。路由器一个端口采用s端口，一个是快速以太网链路。路由器通过静态链路与外网202.111.0.0相连，通过快速以太网链路与内网172.0.0.0/12相连。

步骤9：基本IP设置。

```
Router>enable
Router#configure terminal
Router(config)#interface fastEthernet 0/0
Router(config-if)#ip add 172.30.0.2 255.255.0.0
Router(config-if)#no shutdown
Router(config-if)#exit
Router(config)#interface serial 2/0
Router(config-if)#ip address 202.1.1.1 255.255.255.0
Router(config-if)#no shutdown
Router(config-if)#exit
```

步骤10：添加NAT协议。

受IP地址数量的限制，校园对外的IP地址有限，如果校园需要与外进行互通，必须通过IP地址转换协议即NAT协议，进行通信。

```
Router(config)#interface serial 2/0
Router(config-if)#ip nat outside
Router(config-if)#exit
Router(config)#interface fastEthernet 0/0
Router(config-if)#ip nat inside
Router(config-if)#exit
Router(config)#router rip
Router(config-router)#version 2
Router(config-router)#no auto-summary
Router(config-router)#default-information originate
Router(config-router)#network 172.30.0.0
Router(config-router)#network 202.1.1.0
Router(config-router)#exit
Router(config)#ip nat inside source static 172.30.0.2 202.1.1.2
```

```
Router(config)#exit
Router#show ip route
Codes: C - connected, S - static, I - IGRP, R - RIP, M - mobile, B - BGP
       D - EIGRP, EX - EIGRP external, O - OSPF, IA - OSPF inter area
       N1 - OSPF NSSA external type 1, N2 - OSPF NSSA external type 2
       E1 - OSPF external type 1, E2 - OSPF external type 2, E - EGP
       i - IS-IS, L1 - IS-IS level-1, L2 - IS-IS level-2, ia - IS-IS inter area
       * - candidate default, U - per-user static route, o - ODR
       P - periodic downloaded static route
Gateway of last resort is not set
C    172.30.0.0/16 is directly connected, FastEthernet0/0
C    202.1.1.0/24 is directly connected, Serial2/0
```

3．访问公网配置

步骤11：在中心交换机开启路由功能。

```
Switch>enable
Switch#configure terminal
Switch(config)#interface fastEthernet 0/1
Switch(config-if)#no switchport
Switch(config-if)#ip address 172.30.0.1 255.255.0.0
Switch(config-if)#no shutdown
Switch(config-if)#exit
Switch(config)#ip routing
Switch(config)#router rip
Switch(config-router)#version 2
Switch(config-router)#no auto-summary
Switch(config-router)#network 172.30.0.0
Switch(config-router)#network 172.31.0.0
Switch(config-router)#network 172.16.0.0
Switch(config-router)#network 172.17.0.0
Switch(config-router)#network 172.18.0.0
Switch(config-router)#network 172.19.0.0
```

步骤12：允许各网段通过路由出去。

```
Router#configure terminal
Router(config)#access-list 1 permit 172.0.0.0 0.255.255.255
Router(config)#access-list 1 permit 172.30.0.0 0.0.255.255
Router(config)#access-list 1 permit 172.31.0.0 0.0.255.255
Router(config)#access-list 1 permit 172.16.0.0 0.0.255.255
Router(config)#access-list 1 permit 172.17.0.0 0.0.255.255
Router(config)#access-list 1 permit 172.18.0.0 0.0.255.255
Router(config)#access-list 1 permit 172.19.0.0 0.0.255.255
Router(config)#access-list 1 permit 172.20.0.0 0.0.255.255
Router(config)#interface Serial2/0
Router(config-if)#ip nat outside
Router(config-if)#exit
Router(config)#interface FastEthernet0/0
Router(config-if)#ip nat inside
Router(config-if)#end
Router#configure terminal
Router(config)#ip route 0.0.0.0 0.0.0.0 serial 2/0
```

步骤13：ISP路由器配置。

```
Router>enable
Router#configure terminal
Router(config)#host ISP
ISP(config)#interface serial 2/0
ISP(config-if)#ip address 202.1.1.2 255.255.255.0
ISP(config-if)#no shutdown
ISP(config-if)#clock rate 64000
ISP(config-if)#exit
ISP(config)#interface fastEthernet 0/0
ISP(config-if)#ip address 202.202.202.1 255.255.255.0
ISP(config-if)#no shutdown
ISP(config-if)#exit
ISP(config)#router rip
```

ISP(config-router)#version 2

ISP(config-router)#no auto-summary

ISP(config-router)#net 202.202.202.0

ISP(config-router)#net 202.1.1.0

ISP(config-router)#default-information originate

步骤14：与ISP连接的服务具体配置。

这里不再详述，只需要配置服务器的IP地址为202.202.202.202，网关地址：202.202.202.1。

步骤15：测试内网访问外网。

在www服务器上ping自己的网络:172.30.0.1，如图所示，在www服务器上ping外网服务器，如图7-9所示。

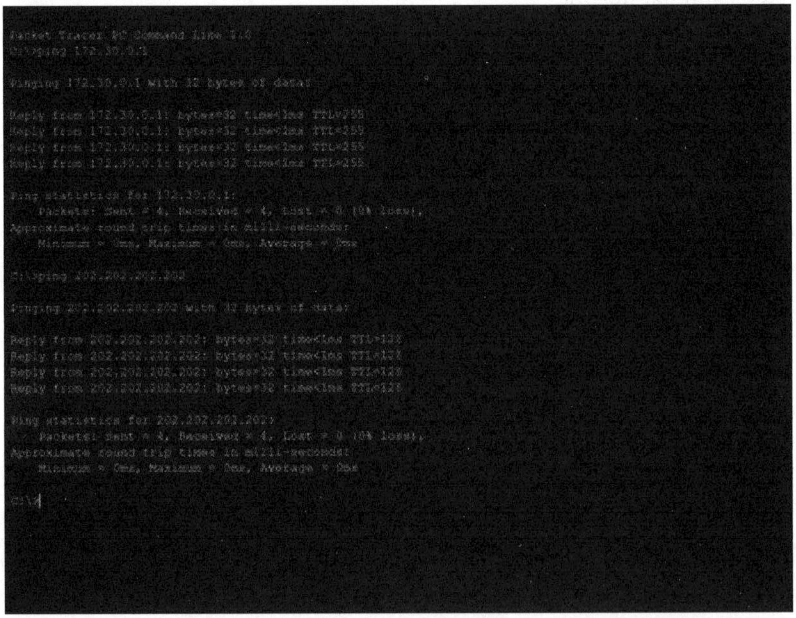

图7-9. 测试内网访问外网

4. 服务器配置

因在第6章应用层协议中分别讲解了DNS、DHCP、WWW、E-mail等相关实验，在此简单以配置FTP服务器和DHCP服务器为例。

步骤16：FTP服务器配置。

配置FTP服务器，关闭在此服务器上的DHCP、DNS、Email、WWW服务（Service），其他服务不变，在此至针对DNS配置，如图7-10所示。

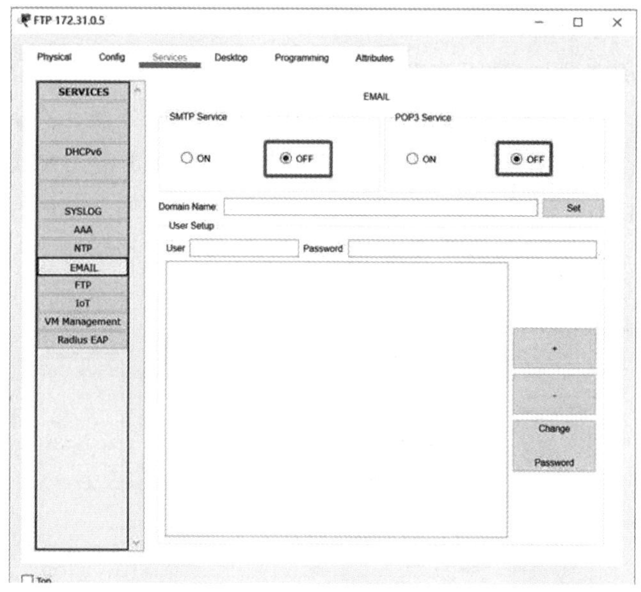

图7-10　DNS 图形化界面配置图

打开配置FTP协议界面，在Service（服务状态）界面中单击“On（开）”，分别添加User Name（用户名）和Password（密码），每个用户都勾选上“Write（可写）”“Read（可读）”“Delete（删除）”“Rename（重命名）”“List（列表）”，每次添加最后要点击“Add（添加）”到滚动文本区域里。如图7-11所示。

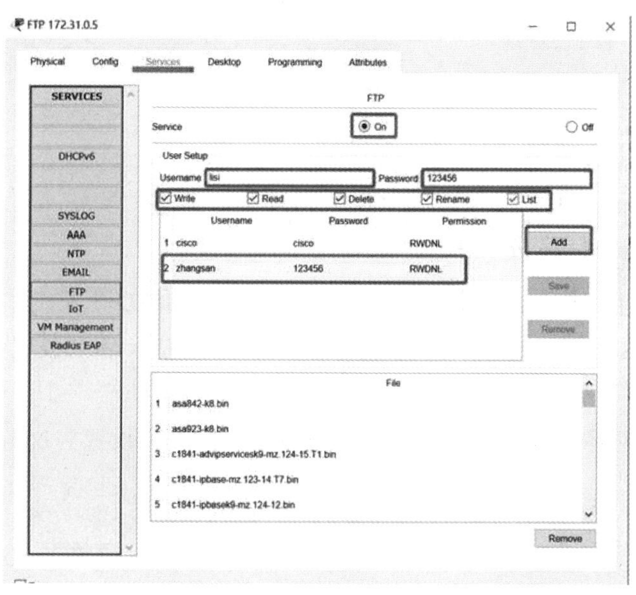

图7-11　FTP 服务器图形化界面配置图

步骤17：DHCP服务器配置。

配置DHCP服务器，关闭在此服务器上的FTP、DNS、Email、WWW服务（Service），其他服务不变，此过程类似于配置FTP服务器，在此只针对DHCP配置。Pool Name设置为“server”，默认网关设置为172.31.0.1，DNS服务器地址设置为172.31.0.3，开始IP地址设置为72.22.0.1，子网掩码设置为255.255.0.0，最大用户数设置为255，最后单击“Add”。如图7-12所示。

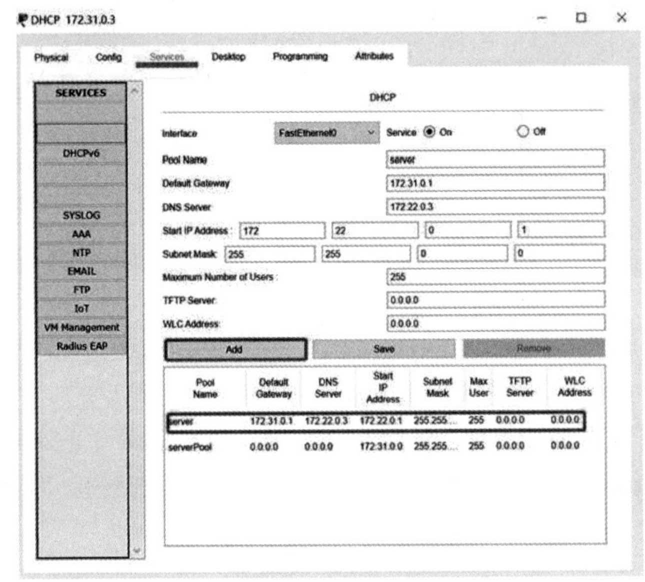

图7-12　DHCP 服务器配置

5. 配置无线网络

步骤18：配置无线路由器。

单机无线网络“Config”，选择接口无线网，将SSID设置成“zjpc”，2.4GHz Channel设置为1-2.412GHz，密码类型选择“WPA2-PSK”，密码设置为12 345 678。如图7-13所示。

再选择局域网将IP地址设置为192.168.0.1，子网掩码设置为255.255.255.0，如图7-14所示。

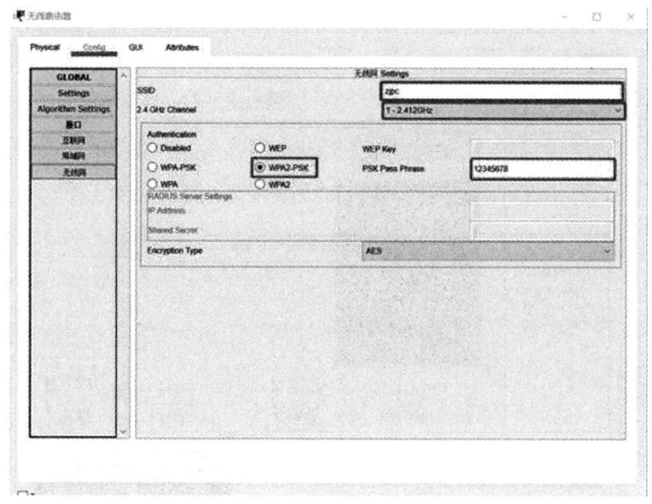

图7-13　配置无线路由器

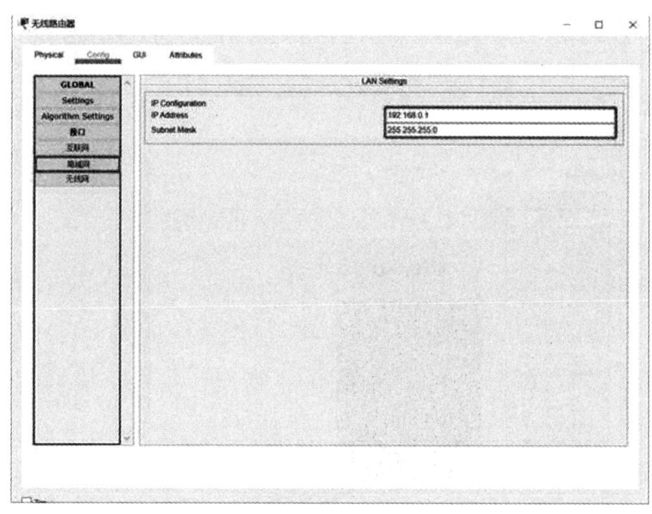

图7-14　配置无线路由器局域网IP

给主机PC0添加无线网卡，在PC上默认只有一个快速以太网接口，而没有无线网卡。首先单击PC电源开关，将PC关机，然后将PC下部的以太网拖到右下方，将以太网卡删除掉，然后将无线网卡拖到刚才以太网卡的位置，再单击PC电源开关，将PC开机，这步骤就是给模拟器的普通PC添加无线网卡，具体过程如图7-15，图7-16所示。

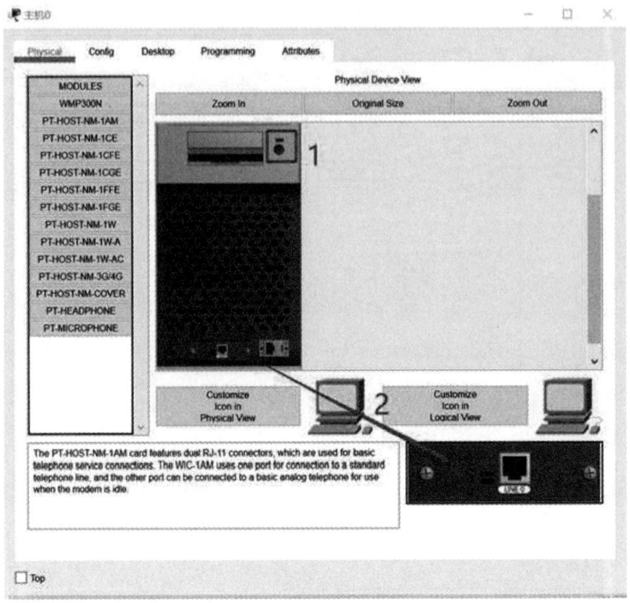

图7-15　主机 PC0 添加无线网卡1

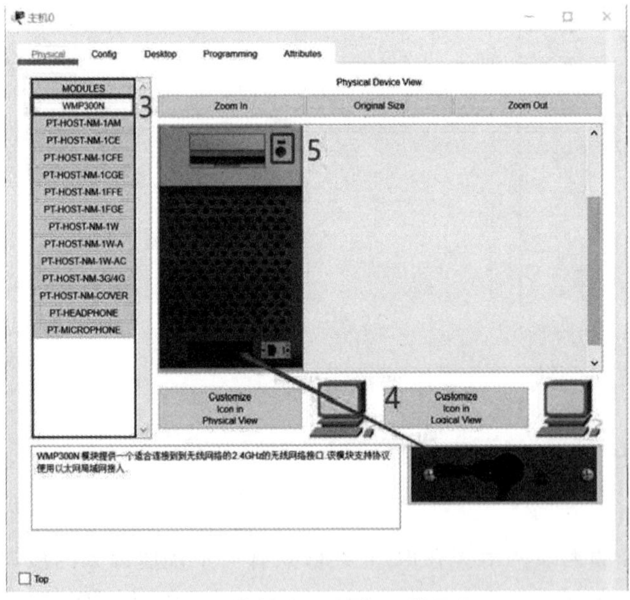

图7-16　主机 PC0 添加无线网卡2

单击主机0桌面PCWireless，选择“Connect”，然后选择“Refresh”，此时已经出现SSID为zjpc的信号，如图所示，然后单机右下方的连接，将密码“12345678”输入。如图7-17所示。

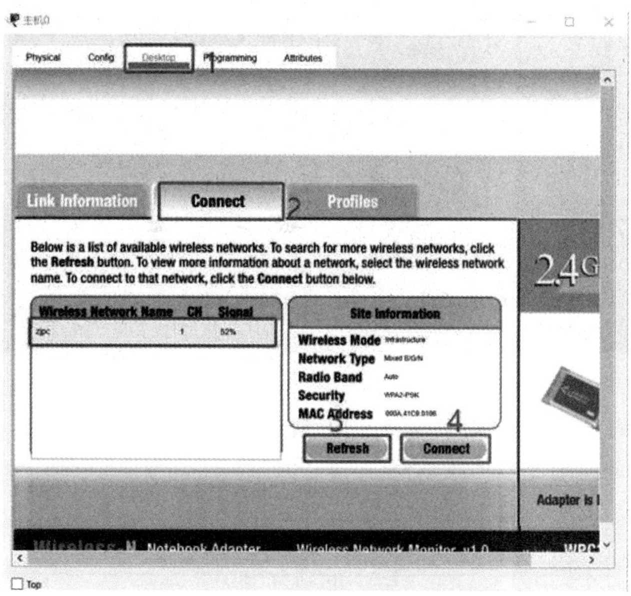

图7-17　主机 0 连接 Wireless

最终连接成功如图7-18所示。

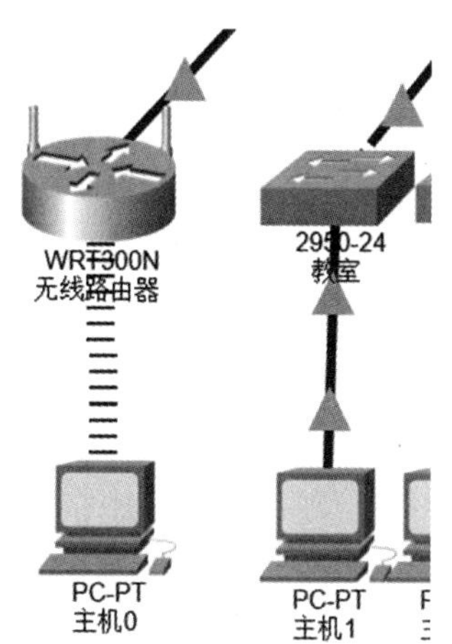

图7-18　主机成功连接无线路由器图

测试连通性，在主机0 ping无线路由器的IP地址192.168.0.1，结果如图7-19所示。

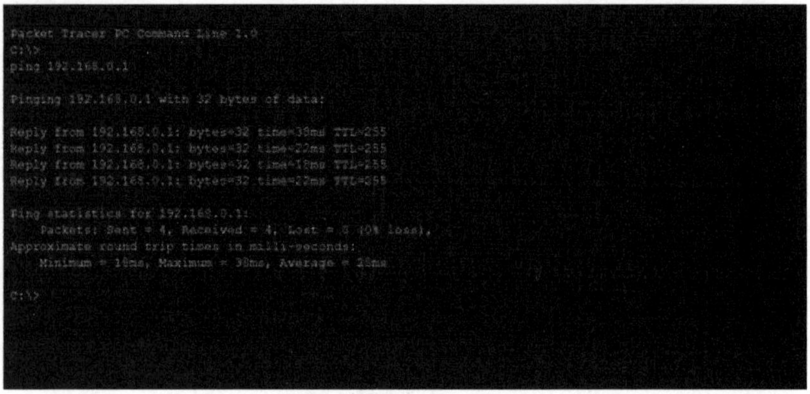

```
Packet Tracer PC Command Line 1.0
C:\>
ping 192.168.0.1

Pinging 192.168.0.1 with 32 bytes of data:

Reply from 192.168.0.1: bytes=32 time=38ms TTL=255
Reply from 192.168.0.1: bytes=32 time=22ms TTL=255
Reply from 192.168.0.1: bytes=32 time=18ms TTL=255
Reply from 192.168.0.1: bytes=32 time=22ms TTL=255

Ping statistics for 192.168.0.1:
    Packets: Sent = 4, Received = 4, Lost = 0 (0% loss),
Approximate round trip times in milli-seconds:
    Minimum = 18ms, Maximum = 38ms, Average = 25ms

C:\>
```

图7-19　测试主机 0 的连通性

7.1.6　思考题

1. 在校园网组建和设计中，该如何选择设备的选型？
2. 为何要划分不同的VLAN？VLAN的划分分别有哪几种？

7.2　实验二：无线网络

7.2.1　基础知识

最初计算机的发明是为了方便计算，而后人们想要通过物理线缆（铜绞线）组建一个电子运行的通路，使得计算机之间进行联络和通信，之后为了提高效率和速度，又发明了光纤。当网络发展到一定规模后，人们又发现，这种有线网络无论组建、拆装还是在原有基础上进行重新布局和改建，都非常困难，且成本和代价也非常高，于是无线局域网络（Wireless Local Area Network，WLAN）的组网方式应运而生。

1997年6月，第一个无线局域网标准IEEE802. 11正式颁布实施，为无线局域网技术提供了统一标准，但当时的传输速率只有1~2 Mbit/s。随后，IEEE委员会又开始制定新的WLAN标准，分别取名为IEEE802.11a和IEEE802. 11b。IEEE802. llb标准首先于1999年9月正式颁布，其速率为11 Mb/s。经过改进的IEEE802. 11a标准，在2001年年底才正式颁布，它的传输速率可达到54 Mb/s，几乎是IEEE802. 数字b标准的5倍。尽管如此，WLAN的应用并未真正开始，因为整个WLAN应用环境并不成熟。

从第一个Wi-Fi标准802.11诞生以来，无线局域网走过了20多年，速率也从11Mbps提升到了9 607 Mb/s接近了万兆的门口，在速度方面已经可以与有线网络并驾齐驱了。无线局域从只能传输文本和低质量的视频到如今各色各样的移动应用，包括3D游戏、小视频、微信都离不开Wi-Fi，而且经过不断的技术进步，无线局域网在安全和稳定上也有了质得提高，在不远的将来无线局域以其移动灵活、便捷高效的特性，一定会成为网络通信的主流之一。

1. Wi-Fi

Wi-Fi联盟（全称：国际Wi-Fi联盟组织），英文为Wi-Fi Alliance，（简称WFA），是一个商业联盟，拥有 Wi-Fi的商标。它负责Wi-Fi 认证与商标授权的工作，总部位于美国德州奥斯汀（Austin）。 成立于1999年，主要目的是在全球范围内推行Wi-Fi产品的兼容认证，发展802.11技术。目前，该联盟成员单位超过200家，其中42%的成员单位来自亚太地区，中国区会员也有5个。作为WLAN 领域内行业和技术的引领者，WFA可为全世界提供测试认证，且与整个产业链保持良好的合作关系，其会员包括了生产商、标准化机构、监管单位、服务提供商及运营商等。Wi-Fi CERTIFIED认证实现WLAN技术互操作性，提供最佳用户体验，目前已有3 000多项产品通过认证。

2. 无线局域网类型

1）无线自组网

自组网（Ad-Hoc）模式无线网络是一种省去了无线接入点而搭建起的对等网络结构，只要安装了无线网卡的计算机彼此之间可实现无线互联。由于省去了无线接入点，Ad-Hoc模式无线网络的架设过程虽然简单，但是传输距离相当有限，因此该种模式较适合满足一些临时性的计算机无线互联需求。

无线自组网又被称为Ad Hoc网络，是一组带有无线收发装置的移动端组成的一个多跳的临时性自治系统。“Ad Hoc”一词来自于拉丁语，其含义为“For the specific purpose only”，翻译为中文的意思是“专用的、自主的、特定的”。在自组网中每个用户终端不仅能移动，而且，兼有路由器和主机两种功能。一方面，作为主机，终端需要运行各种面向用户的应用程序；另一方面，作为路由器，终端需要运行相应的路由协议，根据路由策略和路由表完成数据的分组转发和路由维护工作。Ad Hoc网络是一种移动通信和计算机网络相结合的网络，是移动计算机通信网络的一种类型。

2）基于Wi-Fi搭建基础结构模式无线网络

基础结构（infrastructure）模式无线网络是最为常见的无线网络部署方式，无线客户端通过无线接入点接入网络，任意无线客户端之间通信需要无线接入点进行转发。与自组网（Ad-Hoc）模式无线网络相比，基础结构（infrastructure）模式无线网络覆盖范围更广，网络可控性和可伸缩性更好。基础结构模式（infrastructure）如图7-20所示。

图7-20　基础结构模式

从图7-20中可以看出，基础结构模式使用了无线访问点（AP）。计算机之间的通信都要经过无线访问点，例如，图7-20中A要向B发送数据，A先将数据发送给无线访问点，无线访问点再将数据转发给B。

3）基于Wi-Fi搭建无线分布式系统模式网络

无线分布式系统（Wireless Distribution System，WDS）模式无线网络是一种为了扩展无线网络的范围，能够使无线接入点设备相互通信的技术。

无线分布式系统可区分为无线桥接与无线中继两种不同的应用，分别如图7-21和图7-22所示。无线桥接的目的是链接两个不同的区域网络，桥接两端的路由器通常只与对端路由通信，而不接受其他无线设备的连接，比如个人电脑；而无线中继的目的则是为了扩大同一区域无线网络的覆盖范围，中继用的路由器对端AP通信的同时也接受其他无线设备连接。

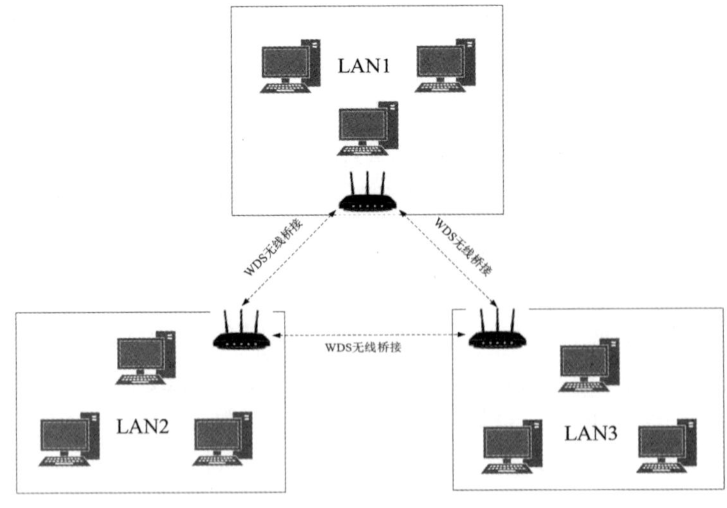

图7-21　WDS 桥接功能

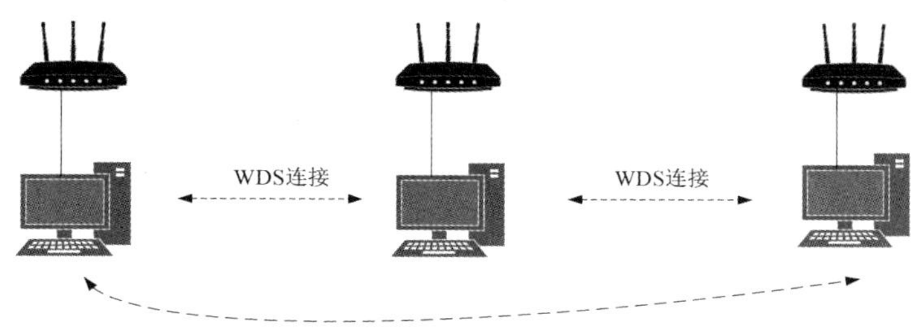

图7-22 WDS 中继功能

两种模式的主要不同点在于：对于中继模式，从某一接入点接收的数据包可以通过WDS连接转发到另一个接入点；对于桥接模式，通过WDS连接接收的数据包只能被转发到有线网络或无线主机。换句话说，只有中继模式可以进行WDS到WDS数据包的转发。

在图7-23所示中，连接到Bridge 1或Bridge 3的主机可以通过WDS链接和连接到桥2的主机通信。但是，连接到Bridge1的主机无法透过Bridge2与Bridge3主机相通。

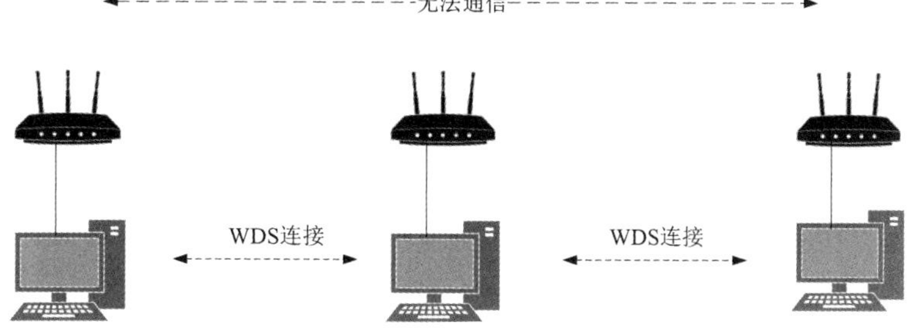

图7-23 桥接与中继的不同

3．无线网络协议802.11 帧分析

1）数据帧

数据帧(data frame) 会将上层协议的数据置于帧主体(frame body)中加以传递。图7-24显示了数据帧的基本结构,不同种类的数据帧字段数也有区别。

bits	2	2	6	6	6	2	6	0-2,312	4
	Frame Protocol	Duration/ ID	Address1	Address2	Address3	Seq-Ctl	Address4	Frame Body	FCS

图7-24 数据帧格式基本机构

不同类型的数据帧可根据功能加以分类。其中的一种方式将数据帧分为用于基于竞争的服务的及用于无竞争服务的两种数据帧。只能在无竞争周期出现的帧，就不可能在

IBSS（独立基本服务集）中使用。另一种区分方式，则是携带数据与提供管理功能的帧加以区别。如表7-5所示。

表7-5　数据帧的各种分类方式

帧类型	基于竞争服务	无竞争的服务	携带数据	未携带数据
Data	√		√	
Date+CF-ACK		√	√	
Date+CF-Poll		AP only	√	
Date+CF-ACK+CF-Poll		AP only	√	
Null	√	√		√
CF-ACK		√		√
CF-Poll		AP only		√
CF-ACK+CF-Poll		AP only		√

2）控制帧

控制帧主要用于协助数据的传送，可以用来管理无线媒介的访问(但非媒介本身)以提供MAC层的可靠性。

所有控制帧均使用相同的Frame Control(帧控制)字段，如图7-25所示。

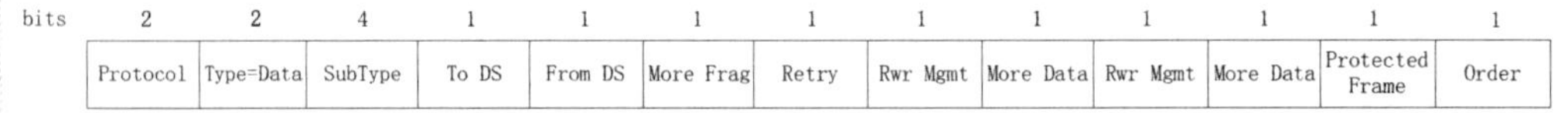

图7-25　控制帧

其含义如下：

Protocol：在图7-25中，协议版本的值为0，因为这是目前仅有的版本。

Type：控制帧的类型标识符为01。定义时，所有控制帧均使用此标识符。

Subtype：此字段代表传送的控制帧的子类型。

To DS与From DS位：控制帧负责仲裁无线媒介的访问，因此只能够由无线工作站产生。分布式系统（DS）并不会收发控制帧，因此这两个位必然为0。

More Fragments：控制帧不可能被分段，因此这个位必然为0。

Retry：控制帧不像管理帧或数据帧那样，必须在队列中等候重新发送，因此这个位必然为0。

Power Managment：此位用来指示完成当前的帧交换过程后，传送端的电源管理状态。

More Data：此位只用于管理帧及数据帧中，在控制帧中此位必然为0。

Protected Frame：控制帧不会经过加密，因此对控制帧而言，此位必然为0。

Order：控制帧是原子帧交换程序的组成要件，因此必须依次传送，所以这个位必然为0。

3）管理帧

无线网络必须建立一些管理机制才能提供类似的功能。802.11将整个过程分解为三个步骤。首先，寻求连接的移动式工作站必须找出可供访问的兼容无线网络。在有线网络中，这个步骤相当于在墙上找出适当的插座。其次，网络系统必须对移动式工作站进行身份验证，才能决定是否让工作站与网络系统连接。在有线网络方面，身份验证是由网络系统本身提供。如果必须通过网线才能取得信号，那么能够使用网线至少也算得上是一种认证。最后，移动式工作站必须与接入点建立关联，这样才能访问有线骨干网络，这相当于将网线插到有线网络系统。802.11管理帧的基本结构如图7-26所示。

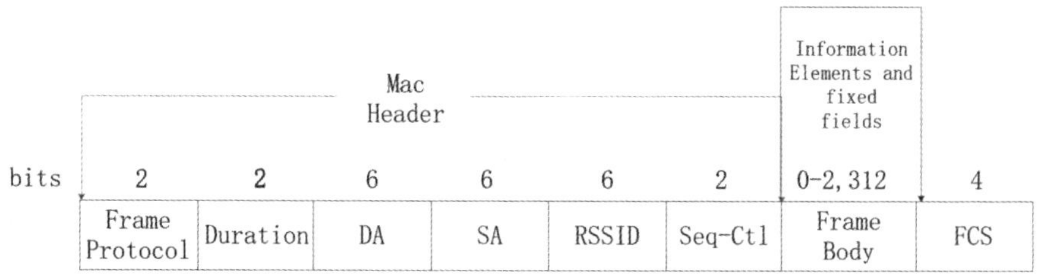

图7-26　802.11 管理帧的基本结构

所有管理帧的MAC标头都一样，与帧的子类型无关。管理帧会使用信息元素（带有数字标签的数据块）来与其他系统交换信息。

4. 无线网络安全简介

无线技术是指在不使用物理线缆的前提下，从一点向另一点传递数据的方法，包括无线电、蜂窝网络、红外线和卫星等技术。无线网络技术已经广泛应用到多个领域，然而，无线网络的安全性也是最令人担忧的，经常成为入侵者的攻击目标。主要有以下6种无线网络安全策略。

（1）无线网络安全策略之无线网环境。

（2）无线网络安全策略之网络结构。
（3）无线网络安全策略之多种模式的通道扫描。
（4）无线网络安全策略之RF信号故障。
（5）无线网络安全策略之消除对网络的猜测。
（6）无线网络安全策略之故障诊断步骤。

7.2.2 实验目的

1. 理解无线网络通信基本原理。
2. 掌握无线网络安全设置。
3. 加深网络协议的理解。

7.2.3 实验拓扑

无线网络实验拓扑结构如图7-27所示，由2台路由器（Wireless Router1和Router1）、1台交换机（Switch1）、1台服务器（Server1）、2台计算机（PC1和PC2）、1台笔记本电脑（Laptop1）组成，其中PC1、PC2和Laptop1属于同一个局域网，PC2通过有线连接无线路由器Wireless Router1，PC1和Laptop1通过无线网络连接无线路由器Wireless Router1，路由器Router1分别连接交换机Switch1和无线路由器Wireless Router1，无线路由器Wireless Router1分别连接路由器Router1和各计算机。

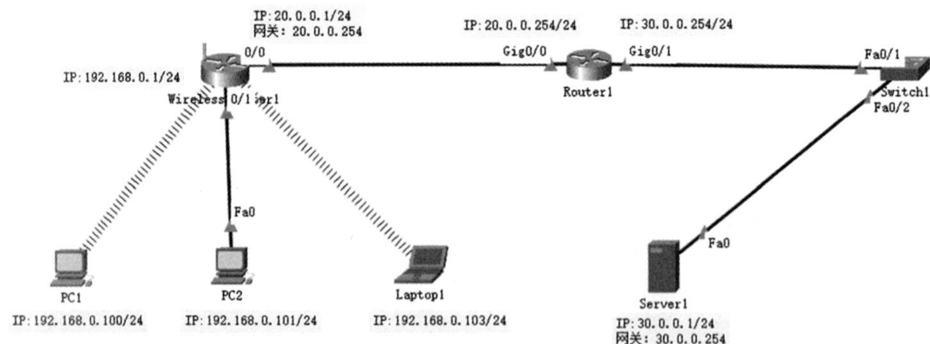

图7-27 无线网络实验拓扑结构图

实验拓扑中需要配置计算机、服务器和路由器接口的IP地址，配置如表7-6所示。

表7-6　IP地址配置表

设备	型号	IP地址	子网掩码	默认网关
服务器Server1	Server-PT	30.0.0.1	255.255.255.0	30.0.0.254
路由器Router1	Cisco 2901	G0/0 20.0.0.254	255.255.255.0	
		G0/1 30.0.0.254	255.255.255.0	
无线路由器 Wireless Router1	WRT300N	互联网：20.0.0.1	255.255.255.0	20.0.0.254
		局域网：192.168.0.1	255.255.255.0	
计算机PC1	PC-PT	自动获取	自动获取	自动获取
计算机PC2	PC-PT	自动获取	自动获取	自动获取
笔记本Laptop1	Laptop-PT	自动获取	自动获取	自动获取

7.2.4　实验内容

任务一：无线网络的组建与配置。

任务二：基于Wi-Fi的SSID隐藏技术。

任务三：基于Wi-Fi的MAC地址过滤技术。

实验素材：无线网络

7.2.5　实验步骤与结果

任务一：无线网络的组建与配置。

步骤1：根据如图7-27所示的网络拓扑，选择相应的设备型号搭建无线网络实验拓扑。

步骤2：配置路由器Router1。

单击“Router1”，选择Config选项卡，再单击“GigabitEthernet0/0”，勾选“on”前的选项框，启用该接口，并配置静态IP地址为20.0.0.254，子网掩码为255.255.255.0，配置结果如图7 -28所示。

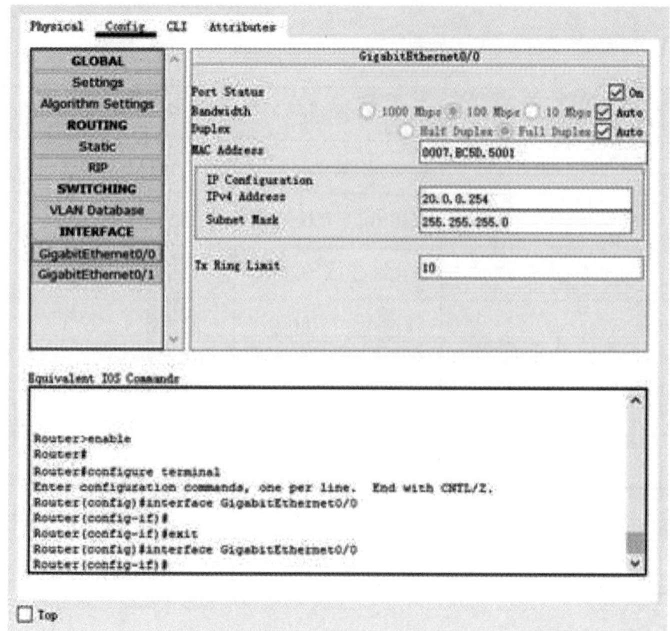

图7-28　配置 Router1

用同样的方法配置GigabitEthernet0/1，其静态IP地址30.0.0.254，子网掩码为255.255.255.0。

步骤3：配置服务器Server1。

单击服务器“Server1”，选择Desktop选项卡，再单击“IP Configuration”，在IP地址配置界面配置其静态IP地址为30.0.0.1，子网掩码为255.255.255.0，默认网关地址为30.0.0.254。

步骤4：更换计算机PC1和笔记本电脑Laptop1有线网卡为无线网卡。

以PC1为例，单击“PC1”，选择Physical选项卡，然后单击计算机上的电源按钮关闭计算机，鼠标单击选中有线网卡，拖动到右下角，从而移除有线网卡，再单击选择中无线网卡，拖动到计算机中原有线网卡的位置，最后单击电源按钮启动计算机，如图7-29所示。

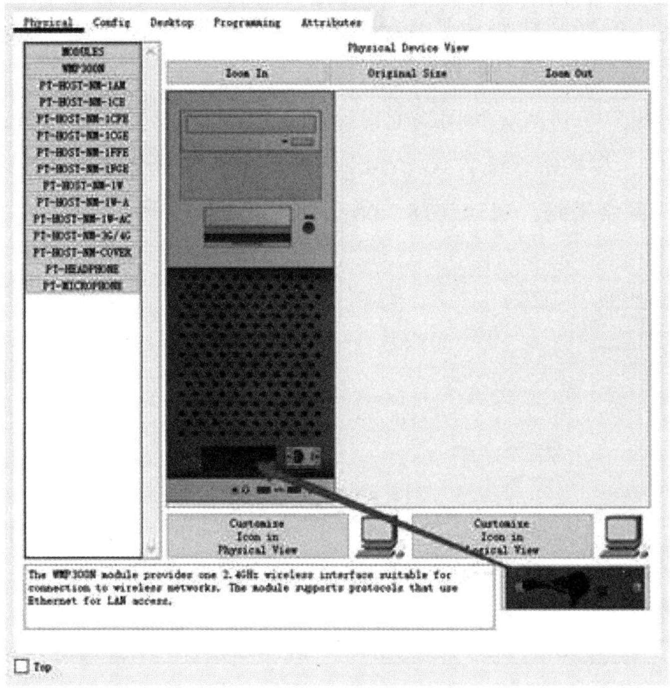

图7-29　添加无线网卡

用同样的方法更换笔记本电脑Latop1的有线网卡为无线网卡。

步骤5：配置无线路由器Wireless Router1。

单击无线路由器“Wireless Router1”，选择Config选项卡，再单击左侧的“Internet”，在互联网配置（Internet Setting）中，选择静态配置IP地址方式，配置IP地址为20.0.0.1，子网掩码为255.255.255.0，默认网关为20.0.0.254，如图7-30所示。

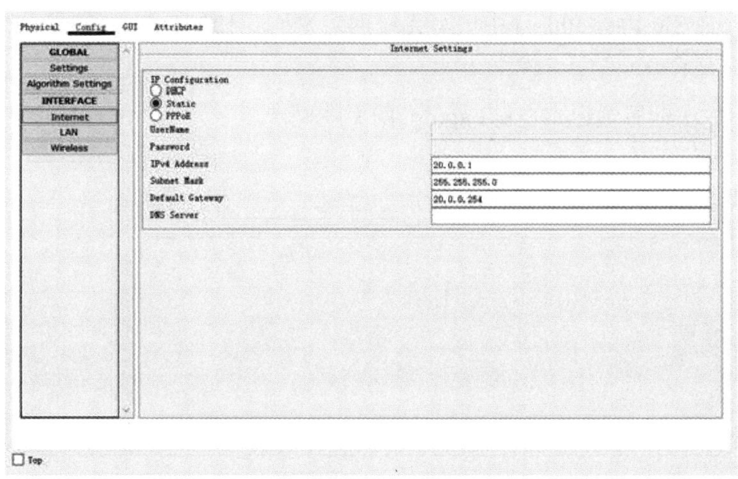

图7-30　配置无线路由器

用同样的方法配置无线路由器Wireless Router1的局域网LAN，配置IP地址为192.168.0.1，子网掩码为255.255.255.0。

单击“Wireless”，进入无线网络配置（Wireless Setting）配置界面，SSID中填写无线网络名称：ZPC，在加密认证方式（Authentication）中选择WPA2-PSK，在PSK Pass Phrase中填写无线网络密码：12345678，配置结果如图7-31所示。

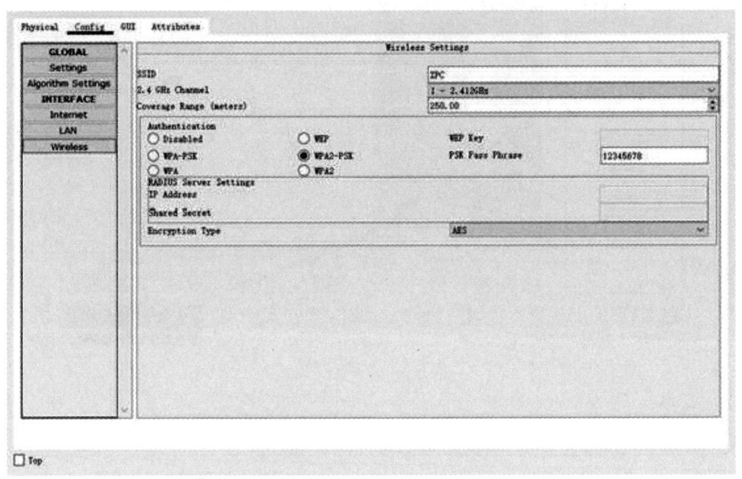

图7-31　配置无线网络结果

步骤6：配置计算机的无线网卡。

单击“PC1”，选择Config选项卡，再选择“Wireless0”，在右侧的配置界面中，SSID中填写需要加入的无线网络名称：ZPC，在加密认证方式（Authentication）中选择WPA2-PSK，在PSK Pass Phrase中填写无线网络密码：12345678，完成无线网卡配置，如图7-32所示。

用同样的方法配置笔记本电脑Laptop1的无线网卡。

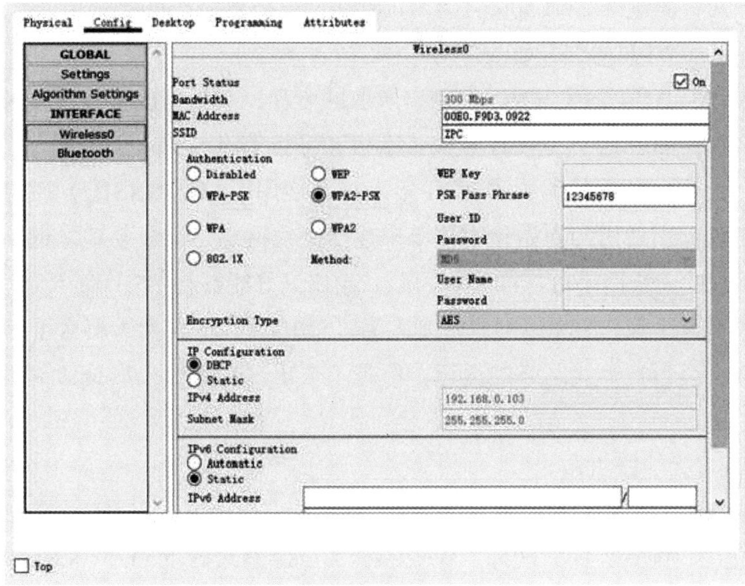

图7-32　配置计算机的无线网卡

步骤7：测试服务器Server1的WEB服务。

单击“PC1”，选择Desktop选项卡，再单击“Web Brower”，打开浏览器，在地址栏中输入：30.0.0.1，结果如图7-33所示，表示能够正确访问页面，即服务器Server1的WEB服务正常。

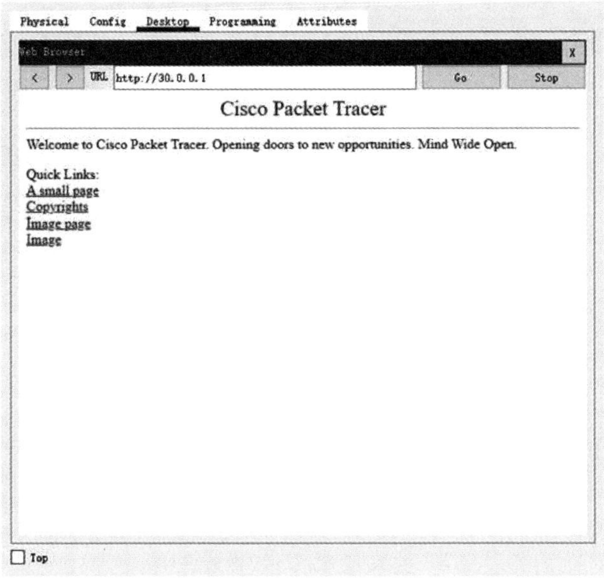

图7-33　连接成功图

用同样方法，测试PC2和Laptop1能否正常访问服务器Server1。

任务二：基于Wi-Fi的SSID隐藏技术

通俗地说，SSID便是用户为无线网络所取的名称，默认情况下，无线路由器会广播无线网络的名称，即SSID，方便计算机、手机和平板等设备加入无线网络。需要注意的是，同一生产商推出的无线路由器或AP接入点都使用了相同的SSID，一旦那些企图非法连接的攻击者利用通用的初始化字符串来连接无线网络，就极易建立起一条非法的连接，从而给用户的无线网络带来威胁。因此，建议最好能够将 SSID命名为一些较有个性的名字。如果不想让自己的无线网络被别人通过SSID名称搜索到，那么可以“禁止SSID广播”，这样不会影响无线网络的运行，但是不会出现在其他人所搜索到的可用网络列表中。

步骤8：配置无线路由器。

单击无线路由器“Wireless Router1”，选择GUI选项卡，打开无线路由器Wireless Router1图形化用户配置界面，选择“Wireless”，在Network Name（SSID）中填写无线网络名称：ZPC，单击SSID Braodcast中的Disabled，关闭SSID广播，如图7-34所示，最后保存更改。

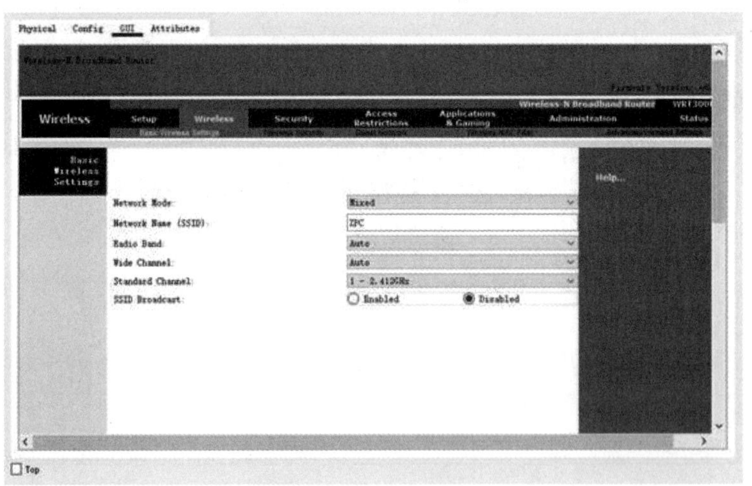

图7-34 SSID 隐藏

关闭无线网络后，PC1和Laptop1将无法连接到无线路由器，通过在计算机查看无线网络SSID无法显示ZPC的Wi-Fi，如图7-35所示。

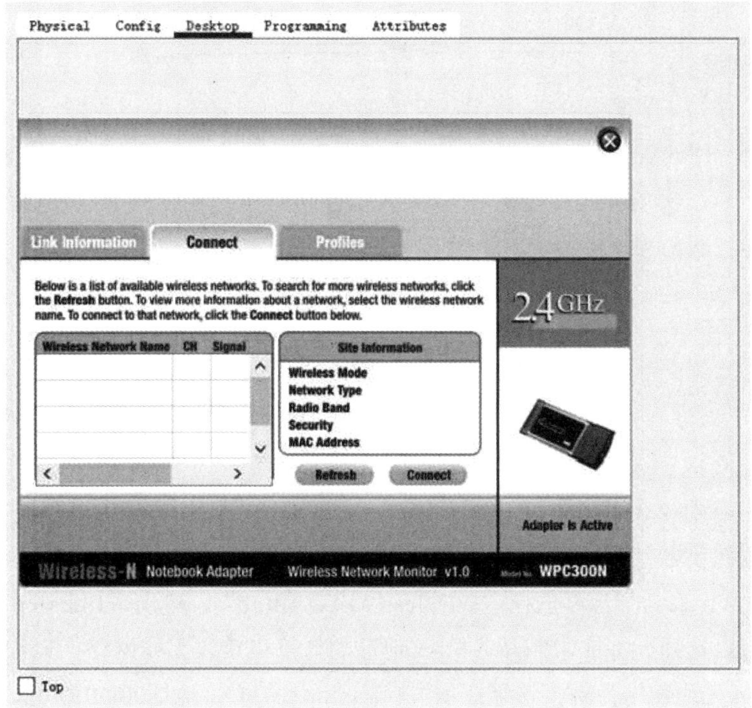

图7-35　网络配置界面

任务三：基于Wi-Fi的MAC地址过滤技术。

MAC(Media Access Control)地址，即网卡的物理地址，也称硬件地址或链路地址，这是网卡自身的唯一标示。在OSI模型中，第三层网络层负责IP地址，第二层数据链路层则负责 MAC地址。因此一个网卡会有一个IP地址，而每个网络位置会有一个专属于它的MAC位址。经由MAC地址过滤功能可以定义某些MAC地址可接入此无线网络，部分被拒绝接入。这样就能达到访问控制的目的，避免非相关人员随意接入网络，窃取资源。

步骤9：开启无线路由器Wireless Router1。

在无线路由器中开启SSID广播，使得PC1和Laptop1能够与无线路由器连通。

步骤10：查看Laptop1的MAC地址。

在Laptop1笔记本电脑的命令行中输入命令：ipconfig，可查看其MAC地址，也可通过把鼠标图标放到笔记本电脑上，就会显示MAC地址，如图7-36所示，该地址为00D0.D308.06A5。

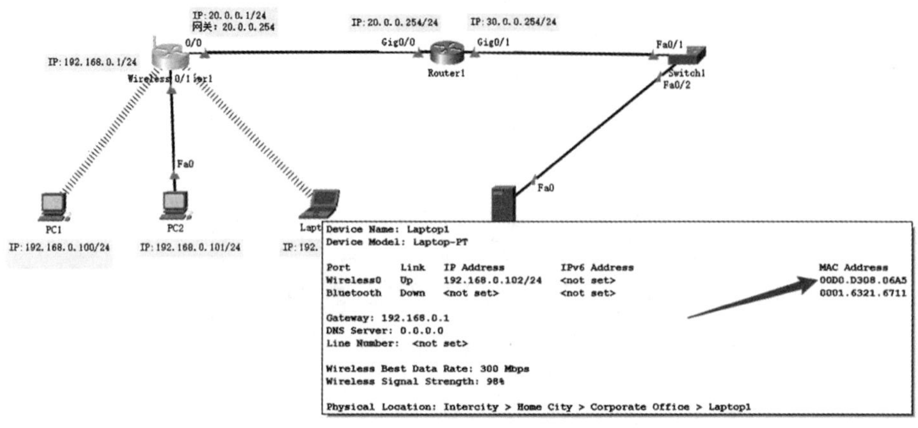

图7-36 Laptop1的MAC 地址

步骤11：配置MAC地址过滤。

单击无线路由器“Wireless Router1”，选择GUI选项卡，打开路由器的配置界面，GUI中选择“Wireless”，再选择“Wireless MAC filter”，单击“Enabled”启用MAC地址过滤，可以选择允许或限制某些MAC地址的计算机接入无线网络。以限制笔记本电脑Laptop1接入无线网络为例，将笔记本电脑Laptop1的MAC地址00D0.D308.06A5填入到无线客户端列表中的MAC 01位置，但是由于不同的厂商对MAC地址的表示方法不同，因此需要将笔记本电脑Laptop1的MAC地址00D0.D308.06A5修改为无线路由器Wireless Router1中的MAC地址格式00：D0：D3：08：06：A5，再填写入MAC 01位置，配置结果如图7 37所示，配置完成后务必单击配置界面最下方的Save Settings以保存配置，在WRT300无线路由器中最大可配置MAC地址数为50个。

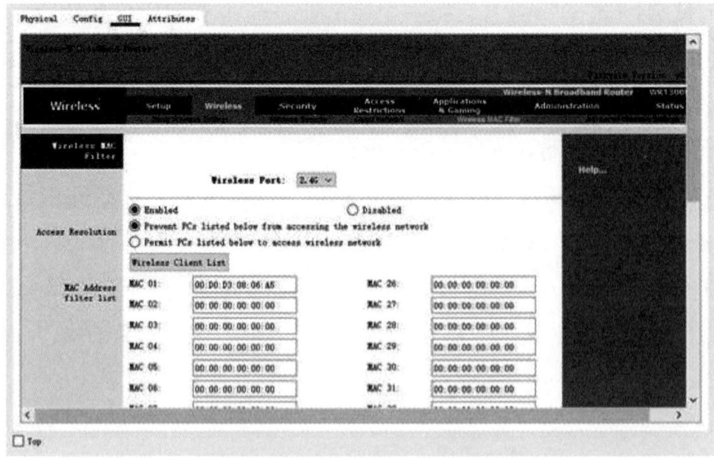

图7-37 配置 MAC 地址过滤

修改后发现笔记本电脑不能连接到无线路由器，其它电脑都可以连接。将Access Resolution选择“否”，发现除了笔记本电脑能连接无线路由器，其它都不能通过无线连接无线路由器。

7.2.6　思考题

在配置无线路由器时，如何区分WLAN和LAN接口？

参考文献

[1] 谢希仁. 计算机网络［M］. 8版. 北京：电子工业出版社，2021.
[2] 谢钧，谢希仁. 计算机网络教程［M］. 5版. 北京：人民邮电出版社，2018.
[3] 杨功元. Packet Tracer使用指南及实验实训教程［M］. 2版. 北京：电子工业出版社，2017.
[4] 张举. 计算机网络实验教程——基于Packet Tracer［M］. 北京：电子工业出版社，2021.
[5] 王秋华. 计算机网络技术实践教程——基于Cisco Packet Tracer［M］. 西安：西安电子科技大学出版社，2019.
[6] 叶阿勇. 计算机网络实验与学习指导——基于Cisco Packet Tracer模拟器［M］. 2版. 北京：电子工业出版社，2017.
[7] 刘彩凤. Packet Tracer经典案例之路由交换入门篇［M］. 北京：电子工业出版社，2017.
[8] 刘彩凤. Packet Tracer经典案例之路由交换综合篇［M］. 北京：电子工业出版社，2020.
[9] 冯颖，杨运强，朱峰. 网络互联技术项目实训：基于packet tracer 6.0实现［M］. 北京：北京邮电大学出版社，2017.
[10] 陈小中，冒志建. 基于PacketTracer的园区网络构建［M］. 北京：中国铁道出版社，2020.
[11] 张文库，肖学华. 网络设备管理与维护实训教程——基于Cisco Packet Tracer模拟器［M］. 2版. 北京：科学出版社，2021.